国家科学技术学术著作出版基金　资助出版

光伏系统发电技术

张　臻　编著

电子工业出版社
Publishing House of Electronics Industry
北京·BEIJING

内 容 简 介

本书是基于近年来作者所在高校科研团队在太阳电池组件及系统领域的研究工作，结合行业龙头企业的光伏产品研发与系统集成关键技术问题，参考大量国内外光伏系统发电技术著作和文献编写而成的。本书全面、深入地介绍了光伏系统发电理论与应用技术，全书共 9 章：光伏发电概述，光伏系统部件，光伏系统设计，光伏系统效率，积灰与积雪对太阳电池组件的影响，太阳电池组件与系统热学问题，光伏系统的经济性分析，光伏系统中太阳电池组件产品技术方向，光伏系统新趋势。本书对光伏系统的设计方法、发电量与发电功率预测、经济性分析等内容的阐述力求系统，深入浅出，便于自学。

本书可供从事太阳电池组件产品开发、光伏系统精细设计、高效运维等领域的科研工作者、教学人员、研究生和本科生参考。

图书在版编目（CIP）数据

光伏系统发电技术 / 张臻编著.—北京：电子工业出版社，2020.5

ISBN 978-7-121-35808-1

Ⅰ. ①光… Ⅱ. ①张… Ⅲ. ①太阳能发电 Ⅳ. ①TM615

中国版本图书馆 CIP 数据核字（2018）第 292031 号

责任编辑：郭穗娟

印　　刷：北京虎彩文化传播有限公司

装　　订：北京虎彩文化传播有限公司

出版发行：电子工业出版社

　　　　　北京市海淀区万寿路 173 信箱　邮编　100036

开　　本：787×1 092　1/16　印张：13.5　字数：342 千字

版　　次：2020 年 5 月第 1 版

印　　次：2023 年 5 月第 4 次印刷

定　　价：98.80 元

凡所购买电子工业出版社图书有缺损问题，请向购买书店调换。若书店售缺，请与本社发行部联系，联系及邮购电话：(010)88254888，88258888。

质量投诉请发邮件至 zlts@phei.com.cn，盗版侵权举报请发邮件至 dbqq@phei.com.cn。

本书咨询联系方式：(010)88254502，guosj@phei.com.cn。

前　言

面对全球化石燃料逐渐枯竭的危机和生态环境受到污染的问题，以及自然灾害频繁发生的局面，人们深刻地认识到改善能源消费结构、大力发展可再生能源、走绿色发展道路已经到了刻不容缓的地步。近年来，我国政府制定了多种促进光伏产业发展的政策，通过国内光伏业界的共同努力和社会各界的大力支持，形成了完整的光伏产业链，光伏装机容量已经达到世界领先水平。目前，我国的光伏系统发电技术在世界光伏产业中举足轻重，光伏产业已经形成了"世界光伏看中国"的局面。

近 20 年来，光伏系统发电技术发展较快，新型太阳电池的研究不断取得突破，光伏系统应用形式多样化，光伏系统各部件的性能与技术水平不断上升，光伏系统设计方法和评价算法也不断更新。为了进一步提升光伏系统发电技术水平与竞争力，促进光伏产业发展，需要对现阶段的光伏系统精细设计、系统性能评估模型和光伏系统经济性模型进行深入研究和综合分析。

本书共 9 章，主要内容如下：

第 1 章介绍太阳辐照分布、光伏系统应用类型以及国内外光伏产业的历史与发展趋势。

第 2 章介绍光伏系统中太阳电池组件、逆变器、支架、电缆以及储能装置主要组成部件的工作原理、特性与技术要求等。

第 3 章阐述并网光伏系统、离网光伏系统和微网光伏系统的特点、设计思路与设计方法。

第 4 章阐述光伏系统效率的定义、计算模型、影响因素，以及计算模型的温度修正方法、天气因素修正方法、光谱修正方法等，并结合实际进行算例分析。

第 5 章针对太阳电池组件表面积灰与积雪问题，分析积灰与积雪成因、特性，介绍由积灰与积雪引起的组件功率损失模型以及解决方案。

第 6 章阐述均匀辐照下太阳电池组件的传热机制，针对实际案例进行太阳电池组件稳态传热下工作温度的计算，并介绍非均匀辐照下太阳电池组件热斑温度计算模型与仿真分析方法。

第 7 章介绍光伏系统成本 LCOE 的计算方法、投资回收模型及发电成本影响因素与改善途径，并针对实际案例进行发电成本计算与影响因素敏感性分析。

第 8 章介绍高效晶体硅太阳电池与组件、高可靠性组件、智能组件和双面组件的产品特性与技术发展趋势。

第 9 章针对光伏系统应用发展现状与趋势，介绍光伏跟踪系统、水面漂浮光伏系统和双面双玻光伏系统的结构、类型、发电性能与设计方法等。

在本书编写过程中，得到河海大学研究生赵远哲、吴军、黄国昆、钱茜、刘富光、刘志康、潘武淳、祝曾伟和杨正等的支持，他们提供了详细的研究数据，并协助撰写了部分内容。此外，邓士峰、盛昊、邵玺、蹇康和陈城等对本书提出了修改意见；天合光能股份有限公司曾义先生，天合光能股份有限公司的光伏系统发电技术专家全鹏先生和姜猛先生，江苏中信博新能源科股份有限公司王士涛先生，以及华为公司唐小棠先生等，为本书提供了众多信息与实物图片。中山大学沈辉教授、西安交通大学黄国华教授、河海大学丁坤教授和王磊博士为本书提供了指导和建议。在此，特向他们表示诚挚的谢意！

由于编著者水平有限，书中难免有疏漏和不当之处，恳请广大读者和业内专家批评指正。

编著者

2020 年 1 月

目　　录

第1章　光伏发电概述

全球石油危机爆发以来，如何处理好未来的能源困境已经成为当前人类社会的首要任务。在经济可持续发展的前提下，大幅度开发、利用可再生能源的内在潜力，是解决今后能源问题的主要趋势。随着太阳电池生产技术和光伏发电应用技术的不断创新，光伏发电的成本在不断地降低。光伏发电与其他可再生能源相比，其技术优越性正在慢慢地展现出来。本章对光伏发电进行概述，介绍太阳辐照，我国太阳能资源分布，光伏系统的类型及其应用，以及国内外光伏产业发展历程。

1.1　太阳辐照

太阳是一个不断进行氢核聚变的巨大球体，其能量主要来源于氢聚变成氦的聚变反应，每秒有 $6.57×10^{11}$kg 的氢聚变成 $6.53×10^{11}$kg 的氦，连续产生 $3.90×10^{23}$kW 能量。这些能量以电磁波的形式、以 $3×10^5$km/s 的速度穿越太空，射向四面八方[1]。这种电磁波所包含的能量就是太阳辐照能。太阳的氢核聚变基本上是一个稳定的过程，其辐射到太空的总辐照量也基本上保持不变，根据日地距离即可以计算出地球每秒接收到的太阳辐照量。虽然地球每秒大概只接收到太阳总辐照量的二十二亿分之一，但这却是地球表层能量的主要来源。

1.1.1　太阳光谱

太阳辐照是由不同频率和波长的电磁波组成的，一般可根据电磁波的波长范围进行划分，如表 1-1 所示。

表 1-1　不同电磁波的波长范围

名　称	波长范围	名　称	波长范围
紫外线	0.01～0.4μm	超远红外线	15～1000μm
可见光	0.4～0.76μm	毫米波	1～10mm
近红外线	0.76～3.0μm	厘米波	1～10cm
中红外线	3.0～6.0μm	分米波	10cm～1m
远红外线	6.0～15μm	—	—

其中，可被人眼感知的太阳光称为可见光，它的波长范围只占整个太阳辐射出的电磁波中的一小部分，如表 1-2 所示。由于大气条件、海拔和人眼感知能力的不同，可见光的波长范围略有差异。

表 1-2   可见光的波长范围

可见光名称	波长范围/nm	可见光名称	波长范围/nm
紫光	400～430	黄光	560～590
蓝光	430～470	橙光	590～620
青光	470～500	红光	620～760
绿光	500～560	—	—

太阳辐照能量随波长的分布图称为太阳光谱。它包括了波长在 10^{-3}cm 以下的宇宙射线和波长为 $10^5 \sim 10^{13}\mu m$ 的无线电波谱的绝大部分。虽然太阳光谱的范围很宽，但是其能量主要集中在紫外线、可见光和红外线这几个波段。图 1-1 所示为达到地球表面 AM1.5 下的太阳光谱在紫外线、可见光和远/近红外线中的能量密度分布，从图中可以看出，不同波段的能量密度不同。其中，能量密度在波长为 $0.475\mu m$ 左右时出现峰值，且从峰值点向左（波长减小的方向），光波的能量急剧下降，而从峰值点往右（波长增加方向），光波的能量下降缓慢。

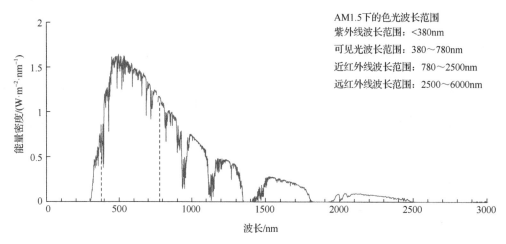

图 1-1   AM1.5 下的太阳光谱在紫外线、可见光和远/近红外线中的能量密度分布

太阳电池在太阳辐照下通过光生伏特效应产生电流。对于太阳电池而言，不同波长的辐照光转换成电的能力不同，这种特性称为太阳电池的光谱特性。太阳电池并不能将每一种波长的光都转换成电流，能使主要商业化晶体硅太阳电池响应而产生电流的波长范围为 320～1100nm[2]。

1.1.2   直射与散射

太阳辐照穿过地球大气层到达地面的过程中，其中以平行光的形式到达地面的太阳辐照称为太阳直接辐照（简称直射），受大气层中的分子和颗粒作用而产生反射和折射的太阳辐照称为太阳散射辐照（简称散射）。太阳直接辐照和散射辐照之和称为太阳总辐照[3]。与直接辐照不同，散射辐照在到达地面时并无特定方向，一般假定散射光是各向同性的。由于不同地区大气层中的分子和颗粒存在较大差异，在不同纬度、不同海拔和不同气候的地区，其总辐照及散射辐照所占的比例也存在较大差异。

1.1.3 影响地面接收太阳辐照的因素

自太阳表面辐射出的能量，穿过厚厚的大气层才到达地球表面[4]。这期间辐照光所受到的影响因素很多，主要包括日地距离、太阳赤纬角、大气成分、大气质量和大气透明度。

1. 日地距离

地球绕太阳公转的轨道是椭圆形的，太阳位于椭圆两个焦点中的一个焦点上。从太阳表面辐射至地球表面的辐照能与日地距离的平方成反比。日地距离是时刻变化的，当地球处在远日点时，日地距离约为 15 210 万千米；当地球处在近日点时，日地距离约为 14 710 万千米。日地之间的平均距离约为 149 597 870 km，在天文学上将其定义为 1 个天文单位（AU），并从 1984 年开始启用。日地距离时刻变化，到达地球大气层表面的辐照能也时刻变化。为了方便计算，在工程应用上定义了太阳常数。太阳常数是指在地球大气层外，太阳在单位时间内投射到距离太阳平均日地距离处，并且垂直于射线方向的单位面积上的全部辐照度。太阳常数是一个相对稳定的常数。但是由于受太阳黑子活动的影响，太阳常数会产生一定的变化，一年当中的变化幅度在 1%以内。目前，太阳常数的大小被定为

$$S_0 = (1357 \pm 7)\text{W/m}^2 \tag{1-1}$$

注：此标准在 1981 年由世界气象组织（WMO）定义。

2. 太阳赤纬角

地球绕太阳公转的轨道平面称为黄道面，地球的自转轴称为地轴。地轴与黄道面不垂直相交而是呈 66.5°夹角，并且这个角度在公转中始终维持不变；正是由于地轴与黄道面有一个夹角，造成一天中时刻变化的太阳直射角度。通常将太阳直射到地球上的光线与地球赤道面的交角称为太阳赤纬角（δ）。在一年当中，太阳赤纬角每天都在变化，但不超过 $\pm23°27'$ 的范围，夏季最大变化为夏至日的 $+23°27'$，冬季最小变化为冬至日的 $-23°27'$[5]。太阳赤纬角仅与一年中的某一天有关，而与地点无关。也就是说，同一天内地球上任何位置的太阳赤纬角都是一样的，其大小可按照库珀（Cooper）方程进行计算，即

$$\delta = 23.45\sin\left(2\pi \times \frac{284+n}{365}\right) \tag{1-2}$$

式中，n——从 1 月 1 日开始计算的天数，例如在春分日 n=81，则 $\delta = 0$。

式（1-2）为近似计算公式，更精确的结果可以用以下公式来计算：

$$\delta = 23.45\sin\left(\frac{2\pi d}{365}\right) \tag{1-3}$$

式中，d——自春分日起的第 d 天。

表 1-3 示出了各月每隔 4 日的太阳赤纬角，这些数值被广泛应用于相关计算中。

表 1-3　太阳赤纬角（δ）　　　　　　　　　　单位：（°）

月　份		1 月	2 月	3 月	4 月	5 月	6 月	7 月	8 月	9 月	10 月	11 月	12 月
各月每隔 4 日的太阳赤纬角 / δ（°）	1 日	−23.01	−17.51	−8.29	4.02	14.90	22.04	23.12	17.91	7.72	−4.22	−15.36	−22.11
	5 日	−22.65	−16.40	−6.76	5.60	16.11	22.53	22.80	16.82	6.18	−5.79	−16.55	−22.59
	9 日	−22.17	−15.21	−5.20	7.15	17.25	22.93	22.37	15.67	4.61	−7.34	−17.65	−22.97
	13 日	−21.60	−13.92	−3.61	8.67	18.30	23.21	21.83	14.42	3.02	−8.86	−18.67	−23.24
	17 日	−20.92	−12.61	−2.02	10.15	19.26	23.39	21.18	13.12	1.41	−10.33	−19.60	−23.40
	21 日	−20.14	−11.22	−0.40	11.58	20.14	23.45	20.44	11.75	−0.20	−11.75	−20.44	−23.45
	25 日	−19.26	−9.78	1.21	12.95	20.92	23.40	19.60	10.33	−1.81	−13.12	−21.18	−23.39
	29 日	−18.30	—	2.82	14.27	21.60	23.24	18.67	8.86	−3.42	−14.42	−21.83	−23.21

3．大气成分与大气质量

1）大气成分

在太阳辐照穿过地球大气层的过程中，一部分能量被反射回宇宙，另一部分被大气层吸收并转换为热量，还有一部分则被散射。表 1-4 示出了地球大气成分对太阳辐照的削弱作用。

表 1-4　地球大气成分对太阳辐照的削弱作用

作用形式	大气成分	波长范围	作用特点
吸收	臭氧（平流层）	紫外线	吸收强烈，有选择性，大部分可见光可穿过
	水汽、CO_2（对流层）	红外线	
反射	云层、尘埃	各种波长同样被反射	无选择性，反射光呈白色
散射	空气分子、微小尘埃	蓝光最易被散射	向四面八方散射，有选择性

在通过大气层之后，太阳总辐照不论在辐照量上还是在太阳光谱上，都发生了不同程度的削弱和变化。太阳辐照通过大气层后被减弱的程度主要取决于太阳辐照经过大气层的路程和大气层的透明程度。图 1-2 示出了大气层与太阳辐照的关系。

2）大气质量

大气对地球表面接收太阳光的影响程度被定义为大气质量，用 AM 表示。在标准状态下（气压为 P=760mmHg，气温为 0℃）下，选取太阳光垂直投射到地面单位截面积的空气柱的质量为 1 个大气质量数（m）[6]。因此，大气上界的大气质量数值为 0；在标准状态下的海平面上大气质量数值为 1。一般在其他位置，大气质量数值均大于 1。在地面光伏应用中，统一规定大气质量数值为 1.5，通常写作 AM1.5。大气质量数值越大，说明光线经过大气的路径越长，太阳辐照在途中衰减得越多，到达地面的能量就越少。

大气质量数 m 与太阳高度角成反比，随着太阳高度角的增大而减小，特别是当太阳高度角较小的时候，m 值的变化幅度较大，如图 1-3 所示。

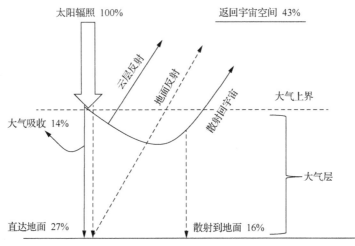

图 1-2 大气层与太阳辐照的关系

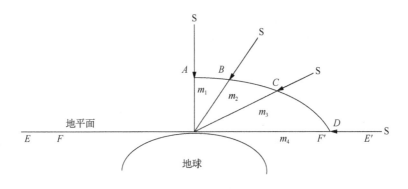

图 1-3 大气质量数与太阳高度角的关系

不同太阳高度角对应的大气质量数如表 1-5 所示。

表 1-5 不同太阳高度角对应的大气质量数

太阳高度角 θ_s	90°	60°	30°	10°	5°	3°	1°	0°
大气质量数 m	1	1.15	2	5.6	10.4	15.4	27	35.4

当太阳高度角 θ_s 为 30°～90° 时，地面上某一点的大气质量数可用下式计算：

$$m = \frac{1}{\cos\theta_z}\frac{P}{P_0} \tag{1-4}$$

式中，θ_z——太阳天顶角，$\theta_z = 90° - \theta_s$；

　　　P——当地大气压；

　　　P_0——海平面大气压。

式（1-4）是从三角函数关系推导出来的，忽略了折射和地面曲率等因素的影响，当 $\theta_s < 30°$ 时会产生较大误差。因此，在具体的光伏系统工程计算中，可采用下式计算：

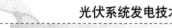

$$m(\theta_s) = \sqrt{1229 + (614\sin\theta_s)^2} - 614\sin\theta_s \tag{1-5}$$

4. 大气透明度

大气透明度是一个表示大气对太阳光线透过程度的参数，用透过光强与总入射光的比值来表示[7]。影响大气透明度大小的因素有水汽、微尘、云雾和海拔等。根据布格尔-兰伯特（Bouguer-Lambert）定律，到达地面的太阳辐照量 I 为

$$I = a^m I_0 \tag{1-6}$$

式中，m——大气质量数；

$\quad\quad a$——大气透明度；

$\quad\quad I_0$——到达地球大气层外表面的太阳总辐照量。

由于大气透明度小于等于 1，而大气质量数一般大于 1，因此到达地面的太阳辐照度随着大气透明度的增加而增大，随着大气质量数的增大而减小。

1.2　我国太阳能资源分布

我国幅员辽阔，拥有的太阳能资源十分丰富。由于受海拔高度、地形、纬度和气候等因素的影响，我国太阳能资源的分布并没有表现出明显的规律[8]。总体上，我国西部的高海拔地区的太阳年辐照量高于东部地区，而且除新疆和西藏外，北部地区的太阳年辐射量基本上是高于南方地区的。根据各地接收太阳总辐照量的大小，全国大致可以分为四类地区，见表1-6。

表 1-6　我国太阳能资源地区划分

地区分类	资源丰富程度	年辐照量/（MJ/m²）	包括的主要地区	国外与此相当的地区
一类	资源丰富地区	6680～8400	宁夏北部、甘肃北部、新疆东部、青海西部和西藏西部等	印度和巴基斯坦北部
二类	资源较丰富地区	5850～6680	河北西北部、山西北部、内蒙古南部、宁夏南部、甘肃中部、青海东部、西藏东南部和新疆南部等	印度尼西亚的雅加达一带
三类	资源中等地区	4200～5850	山东、湖南、湖北、河南、河北东南部、山西南部、新疆北部、吉林、辽宁、云南、陕西北部、甘肃东南部、黑龙江、广东、广西、浙江、福建、江苏、安徽和台湾等	美国的华盛顿地区
四类	资源较差地区	3350～4200	四川盆地、贵州等	法国的巴黎和俄罗斯的莫斯科

整体上，我国属于太阳能资源较为丰富的国家，全国有 2/3 的地区年太阳总辐照量在 5000MJ/m² 以上。西藏西部地区因为海拔高，大气透明度高，降雨少，太阳辐照最为丰富，

辐照量高达 2333(kW·h)/m^2，位居全球第二，仅次于撒哈拉沙漠。一般而言，一个地区的太阳年总辐照量是变化的。据全国各地的气象监测站统计，各地区的太阳总辐照量和直接辐照在 1961—1990 年呈下降趋势，在 1990—2000 年略有回升，散射辐照变化不明显[9]。中国北方和青藏高原的直接辐照对总辐照量的贡献率大于散射辐照，而南方的情况与此相反。除了太阳黑子活动和全球气候变暖的影响，人为因素也会对太阳总辐照量造成影响。例如，城市因为发展而忽视环境保护，大量排放烟气灰尘，使大气透明度降低，大气溶胶含量增加，导致太阳总辐照量降低。

受纬度、海拔高度、地形和气候等因素的影响，我国的太阳辐照度虽不是均匀分布的，但也呈现出一些显著的特征[10]。太阳总辐照度以青藏高原的西南地区为辐照高值中心向外辐射，以四川盆地和云贵高原的东北部为辐照低值中心向外辐射。虽然两个中心值在同一个纬度附近，但是受地形和气候的影响，就形成了两种截然不同的辐照环境。青藏高原海拔高，云量分布少，太阳辐照从大气层到地面的路径缩短，大气和云层对它造成的损失少，总辐照强度随海拔升高而增加。而四川盆地及云贵高原东北部的海拔低且常年多云，大气中的水汽含量多，大气透明度低，对太阳总辐照度造成极大的影响。

1.3　光伏系统的类型及应用

光伏发电是将太阳能转换成电能，为电网或相关负载提供电力，其核心是光伏系统。根据系统模式（是否与电网相连、是否含有储能装置）的不同，可将光伏系统分为离网光伏系统、并网光伏系统和微网光伏系统。

1.3.1　离网光伏系统

离网光伏系统是一种可脱离电网而独立运行的光伏系统，主要应用于环境恶劣的地区，如高原、海岛和偏远山区等[11]。离网光伏系统由太阳电池方阵、太阳能充/放电控制器、逆变器、蓄电池和交/直流负载等组成，如图 1-4 所示。

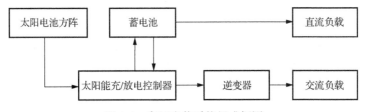

图 1-4　离网光伏系统组成框图

太阳能充/放电控制器是离网光伏系统中的核心组成部分。它的基本作用是实现对蓄电池充/放电的控制以及保护蓄电池。此外，还包括对太阳能最大功率点进行跟踪，对太阳方位和高度进行跟踪，对太阳电池进行保护等。某些充/放电控制器还具备一定的通信功能，能把光伏系统的数据传输给远程设备，对相关系统参数进行在线收集。

离网光伏系统可以作为一个独立的小型光伏系统使用，为一些偏远地区提供电力。目前，离网光伏系统主要为民用系统，特别是在距电网较远的偏远地区或孤岛上使用。在房屋顶上安装数块太阳电池，再安装一套控制装置和蓄电池组，就可以独立解决供电问题。一般家用系统的容量为1kW至数千瓦，如果统一建立独立的光伏系统，其容量就可以达到数百千瓦。在广大农村（特别是山区）的通信信号发射塔大多采用离网光伏系统进行供电，在大大减少铺设线路成本的同时，也降低了维修难度。此外，路灯和广告指示牌也会安装光伏发电设备，白天太阳电池板发电，晚上蓄电池组给予供电。目前，离网光伏系统广泛应用于电动车的充电桩供电。

1.3.2　并网光伏系统

目前，并网光伏系统是光伏应用的最主要方式。并网光伏系统结构框图如图1-5所示。与离网光伏系统相比，并网光伏系统需要与电网相连，把光伏系统产生的电能通过并网逆变器输送给电网。电网通过对光伏系统输出的电能进行再次分配，以达到电力调峰和为用户负载提供能量等目的[12]。

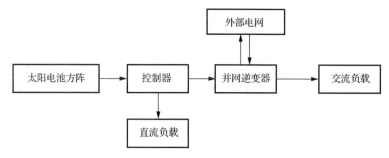

图 1-5　并网光伏系统结构框图

并网光伏系统主要有集中式大型并网光伏系统和分布式小型并网光伏系统。集中式大型并网光伏系统一般建在光照资源丰富的地区，由太阳电池方阵和并网逆变器组成，不经过蓄电池储能，直接将系统所发的电能通过并网逆变器全部输入电网。这与离网光伏系统相比，减少了蓄电池的储能和释放过程，减少了能量损耗，节约了占地空间，降低了系统成本[13]。

分布式小型并网光伏系统，一般为户用或商用屋顶式光伏系统、幕墙式光伏系统、渔光互补式光伏系统和农光互补式光伏系统等。其原则是就近发电，就近并网，就近转换，就近使用[14]。分布式小型并网光伏系统与电网相连，接近用电侧，由当地消纳，减少输配电成本。图1-6所示为分布式小型并网光伏系统应用实例。

有别于集中式大型并网光伏系统投资大、建设周期长、占地面积大等特点，分布式小型并网光伏系统因地制宜，不占用太多地方甚至不占用地面用地。它使用的范围很广，适用于全国大部分地区；系统相互独立，可自行控制，安全性高；它在一定程度上能弥补大电网稳定性的不足，具有调峰的功能，可以缓解当地电网的用电负担，是未来光伏发电应用的主流。

（a）户用屋顶式光伏系统

（b）幕墙式光伏系统

（c）渔光互补式光伏系统

（d）农光互补式光伏系统

图1-6 分布式小型并网光伏系统应用实例

1.3.3 微网光伏系统

美国电力可靠性技术解决方案协会（CERTS）将微网光伏系统定义为一种负荷和微电源的集合，其结构如图1-7所示。该结构中有3条馈线，分别为馈线A、馈线B和馈线C。馈线C与外界主电网通过公共连接点（PCC）直接联系，当外界主电网出现问题时，微网光伏系统的馈线A和馈线B可以脱离主电网而形成独立的供电系统。

以上定义的微网采用多能源互补方案，解决了区域冷、热、电等能源综合供应问题。在纯供电系统中，往往只考虑微网系统在电力能量管理方面的作用，去除相应热负荷，搭建成微网系统。对于大电网来说，微网可视为电网中的一个可控单元，可以在数秒内做线响应，以满足外部输配电网络的需求。一般来说，微网综合管理多个分布式电源。这样，可以减少单个分布式电源并网对电网造成的影响，同时有利于配网系统的运行管理[15]。对用户来说，微网可以满足用户的多元化需求，提高能源的利用率。当电网出现故障时，微网可脱离电网独立运行，从而保证用户侧供电的可靠性。

在微网中，光伏系统作为经济性较好、使用范围较广的可再生能源，通常是微网的主要发电单元之一。通过微网的多能互补与能量管理，可解决光伏发电波动性与间歇性问题。包含光伏系统的微网结构如图1-8所示。

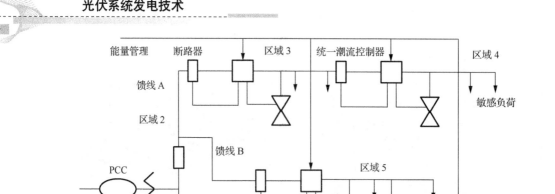

注：统一潮流控制器是一种功能最强大、特性最优越的新一代柔性交流输电装置。

图 1-7　CERTS 定义的微网光伏系统结构

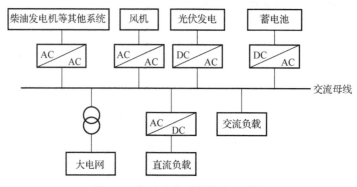

图 1-8　包含光伏系统的微网结构

　　采用光伏系统作为主要电源的微网，通常可分为并网型微网光伏系统和离网型微网光伏系统。并网型微网光伏系统主要应用于城市以及人口稠密的区域，其应用价值侧重于提高供电可靠性，提升光伏系统等可再生能源利用比例；而在边远农村和海岛等无电或弱电网地区，离网型微网光伏系统往往作为大电网供电的商业替代方案[16]，用于解决基本用电需求的问题。与传统柴油发电相比，搭建离网型微网光伏系统具备一定的经济性。

　　从应用场景来看，户用的微网光伏系统规模较小，但具备占地面积小、对电网供电依赖性小和灵活智能等优点。此类微网系统可满足用户的多元化需求，兼具光伏发电和智能用电的作用，提高了城市供电的可靠性[17]。工业用微网光伏系统则往往与储能装置相结合，充分发挥储能系统削峰填谷的作用，发挥电价的杠杆作用，抑制高峰时期用电量的快速增长，提高低谷时候的用电量，在保证用电可靠性的同时提高企业的经济效益[18]。海岛用微网光伏系统作为解决偏远海岛地区供电问题的最经济方案，在充分利用海岛可再生能源的基础上，利用储能和可调负荷等技术，提高了偏远海岛的供电可靠性[19]。

1.4 光伏产业发展历程和趋势

1.4.1 国外光伏产业发展历程

自20世纪70年代全球石油危机爆发以来，各国政府开始重视能源的可持续发展，并制定了一系列政策，鼓励和支持发展新能源。光伏发电技术得到了西方发达国家的高度重视，相关国家投入大量的人力和物力研发光伏发电技术。

20世纪90年代，太阳电池的种类不断增多，应用日益广泛，市场规模也逐步扩大，并且随着光伏发电技术的不断改进和提升，光伏发电技术开始转向民用和商用的阶段。很多国家竞相出台发展光伏产业的计划及相关扶持政策。1997年，美国率先提出"百万光伏屋顶计划"。同年，日本和欧盟也先后提出"新阳光计划"和"百万光伏屋顶计划"。1999年，德国开始实施"十万光伏屋顶计划"，并出台相应的扶持政策，实行低息贷款，并且以0.5～0.6欧元/(kW·h)的高价收购输入电网的光伏电量，推动了光伏发电市场和产业的发展。此外，瑞士、法国、意大利、西班牙、芬兰等国也纷纷制定了光伏发电发展计划。进入21世纪，光伏产业发展迅速，其全球总装机容量在2008年达到了16GW$_p$；2015年几乎达到了227GW$_p$，至2016年则超过了300GW$_p$。而随着光伏产业技术的不断进步和规模的扩大，光伏发电成本快速降低。在欧洲、日本和澳大利亚等多个国家和地区，在商业和居民用电领域均已实现平价并网。

1.4.2 国内光伏产业发展历程

我国对太阳电池的研究始于1958年。1973年，开始在地面应用太阳电池；1979年，开始生产单晶硅太阳电池。20世纪80年代中后期，初步形成了生产能力达到4.5MW$_p$的光伏产业[20]。2016年，中国单片太阳电池产量约为49GW$_p$，太阳电池组件产量约为53GW$_p$，光伏产业发展迅速，生产自动化、数字化水平不断提高，生产布局全球化趋势逐渐加深[21]。

受世界潮流的影响，我国先后投入了大量的人力和物力研究光伏发电技术，并出台了相关政策大力扶持发展光伏企业。近年来，我国将光伏产业发展作为能源领域的一个重要方面，并纳入国家能源发展的基本政策[22]。已于2006年1月1日正式实施的《可再生能源法》明确规定了政府和社会在光伏发电开发利用方面的责任和义务，确立了一系列制度和措施，鼓励光伏产业发展，支持光伏发电并网，优惠并网电价和全社会分摊费用，并在贷款、税收等诸多方面提供光伏产业多种优惠。2009年12月26日，第十一届全国人民代表大会常务委员会第十二次会议通过了关于修改《中华人民共和国可再生能源法》(简称《可再生能源法》)的决定。修改后的《可再生能源法》进一步强化了国家对可再生能源的政策支持，该决定已于 2010 年 4 月 1 日施行。国家发改委从 2011 年开始发布光伏标杆并网电价政策，加快了我国光伏发电市场的快速发展，逐步制定差异化光伏发电补贴标准，并伴随产业技术进步，逐步下调光伏发电补贴水平。2017 年，国家能源局印发了《关于推进光伏发电"领跑者"计划实施和 2017 年"领跑者"基地建设有关要求的通知》，通过光伏发电"领跑者"计划和基地建设促进光伏发电技术进步、产业升级、市场应用和成本下降。从 2018 年起，国家发改委、财政部和国家能源局印发试行《关于实行可再生能源绿色电力证书核发及自愿认购交易制度的通知》，进一步完善了风电和光伏发电的补贴机制，并建立了可再生能源交易体系，引导全社会绿色消费[23]。

目前，我国太阳电池组件生产量逐年增加，成本不断降低，市场不断扩大，装机容量逐年增加。我国光伏技术应用产业已形成了较好的基础，但总体上还有以下几点不足：技术水平较低，太阳电池光电转换效率、封装水平同国外相比存在一定的差距；出口依赖性大，国内太阳电池生产能力迅速提升，只顾一味扩大生产规模，容易出现产能过剩危机；成本仍然较高。目前，光伏市场的培育和发展缓慢，缺乏开拓性支持政策、法规和措施，光伏系统商业化市场仍受到一定的限制。

在 2016 年国家能源局发布的《太阳能发展"十三五"规划》中明确指出，在"十二五"规划期间，我国光伏发电的规模正在快速扩大。在 2010—2015 年短短几年内，全国光伏发电总装机从 860MW$_p$ 增长到了 43.18GW$_p$。2016 年，我国光伏产业新增装机容量达到 34.54GW$_p$，累计装机容量 77.42GW$_p$。2017 年，我国光伏发电新增装机容量为 53GW$_p$，同比增长 54%，新增和累计装机容量均为全球第一。根据《可再生能源中长期发展规划》预测，到 2050 年，我国可再生能源的电力装机容量将占全国电力装机的 25%，其中光伏发电装机容量将达到 600GW$_p$。

1.4.3 光伏产业发展趋势

开发新能源和可再生清洁能源，是解决能源危机的主要手段。充分地开发利用太阳能资源是当今各国政府的重要能源战略决策。随着先进技术产业化开始加速，光伏发电的成本正在不断降低，其效率也在不断提升。目前，单晶硅太阳电池的实验室效率已达 25.6%，批量生产效率超过 21%；多晶硅太阳电池的实验室效率已达 22.04%，批量生产效率超过 19%。

在太阳电池技术方面，钝化发射区背面钝化（PERC）技术、N 型硅双面电池技术和多晶黑硅电池技术等高效率电池生产技术，成为当前太阳电池企业技术改进的主流方向。企业普遍通过这些技术对产业进行优化，以应对高效电池片市场需求量的快速增长。

在成本方面，当前我国光伏业供应链的每个环节均已形成规模，同时每一环节仍有技术进步空间，为进一步降低成本提供了空间。自 2010 年以来，光伏产品生产成本持续下降，为光伏平价并网和大规模推广应用奠定了坚实基础。2012—2017 年光伏产品成本变化如表 1-7 所示[24]。

表1-7 2012—2017年光伏产品成本变化

种　　类	太阳电池组件	光伏系统	逆变器	电　　价
下降比例	90%	88.3%	91.5%	77.5%

在太阳电池组件产品与系统集成方面，智能组件、高效组件、高可靠性组件、双面太阳电池组件的应用，提高了光伏系统在不同环境要求下的可靠性与经济性（详见本书第 8 章）。光伏跟踪系统、水面光伏系统以及双面组件光伏系统的研究与应用，从系统层面对光伏系统进行了优化，提高了系统的发电量，降低了光伏系统的度电成本（详见本书第 9 章）。

从世界范围来看，光伏发电已经完成初期开发和示范阶段，光伏产业作为战略性新兴能源产业，其生产和应用成本正在不断降低，在其发展中应当致力于技术创新与突破，利用适当的政策进行引导；在光伏产业链不同环节以及光伏技术发展的不同阶段及时进行关键技术的预测与识别；在多方合作和内外部环境协同作用下完成光伏产业技术的突破[25]。

第 2 章　光伏系统部件

为了实现可靠稳定的供电，通常需要多种部件协调工作并组合成光伏系统。完整的光伏系统一般包括太阳电池组件、逆变器、支架、电缆和储能装置等部件与设备。

2.1　太阳电池组件

2.1.1　太阳电池的工作原理

太阳电池组件的核心部分为太阳电池。太阳电池是一种将光能直接转化成电能的半导体器件，是由半导体的 P-N 结组成的。在没有光照的情况下，单片太阳电池的电性能等效于二极管；在光照情况下，由于光生伏特效应，单片太阳电池产生电势差，可以对外输出电能。

1. N 型半导体

当纯净硅掺入少量的 V 族元素磷（或砷、锑等）时，由于磷（或砷、锑等）有 5 个价电子，硅有 4 个价电子，磷（或砷、锑等）在与周围的硅原子形成完整的共价键时，会多出 1 个价电子。这个多余的价电子极易挣脱磷原子的束缚变为自由电子，形成电子占主导的导电半导体，也称为 N 型半导体[1]。

2. P 型半导体

当纯净硅掺入少量的Ⅲ族元素硼（或镓、铟等）时，由于硼（或镓、铟等）有 3 个价电子，硅有 4 个价电子，硼（或镓、铟等）在与周围的硅原子形成完整的共价键时，会缺少 1 个价电子。这样，大量的共价键上就会出现大量的空穴，形成空穴占主导的导电半导体，也称为 P 型半导体。

3. P-N 结

将 P 型半导体（掺硼）和 N 型半导体（掺磷）紧密地结合在一起，两种导电类型不同的半导体之间就会形成一个过渡区域，也就是 P-N 结。在 P-N 结的两侧，P 区内的空穴比电子多，N 区内的电子比空穴多。两侧存在电子和空穴浓度不均匀的现象，造成了高浓度载流子向低浓度载流子的扩散运动。

多数载流子的扩散运动形成内建电场。在电场力的作用下，正电荷顺着电场的方向运动，负电荷逆着电场的方向运动。P-N 结两侧的 P 区和 N 区存在一个电势差，称为势垒，其大小表示为

$$V_d = \frac{kT}{q}\ln\frac{n_N}{n_P} = \frac{kT}{q}\ln\frac{p_P}{p_N} \tag{2-1}$$

式中，q——电子电荷量，其值为 1.602×10^{-19}C；

T——热力学温度，单位为 K；

k——玻耳兹曼常数；

n_N、n_P——N 型或 P 型半导体材料中的电子浓度；

p_N、p_P——N 型或 P 型半导体材料中的空穴浓度。

当太阳光照射到半导体的表面时，如果某些光子的能量大于等于半导体本身的禁带宽度，就可以使电子摆脱原子核的束缚，从而在半导体的内部产生电子-空穴对。这种现象就是内光电效应。发生内光电效应的实质是吸收光子的能量大于等于半导体材料本身的禁带宽度，即

$$hv \geqslant E_g \tag{2-2}$$

式中，hv——光子能量；

h——普朗克常量；

v——光波频率；

E_g——半导体材料的禁带宽度。

由于 $c = v\lambda$，其中 c 为光速，λ 为光波波长，所以

$$\lambda \leqslant \frac{hc}{E_g} \tag{2-3}$$

令 $\frac{hc}{E_g} = \lambda_g$，则式（2-3）表示光子的波长在小于等于 λ_g 的情况下才会产生电子-空穴对，其中 λ_g 为截止波长。P-N 结的两侧出现了正电荷和负电荷的累积，形成与内建电场相反的光生电场。光生电场除了可以抵消内建电场，还会使 P 型半导体带正电，N 型半导体带负电，产生光生电动势，即光生伏特效应。光电转换的物理过程如下：

（1）单片太阳电池吸收光子，使 P-N 结的两侧产生电子-空穴对，如图 2-1（a）所示。

（2）在 P-N 结的两侧距离 P-N 结一个扩散长度以内所产生的电子和空穴，通过扩散的形式到达空间电荷区，如图 2-1（b）所示。

（3）电子-空穴对被电场分离，P 区的电子从高电位移向 N 区，N 区的空穴从低电位移向 P 区，如图 2-1（c）所示。

（4）在 P-N 结开路的情况下，由于在 P-N 结的两侧累积了电子和空穴，就会产生开路电压 V_{OC}。一旦把负载连接到太阳电池上，电路中就会有电流流过，如图 2-1（d）所示。

若太阳电池两端短路，则电流达到最大，称为短路电流 I_{SC}。

目前，典型的晶体硅太阳电池是以 P 型半导体作为基体材料的，上面一层为 N^+ 型，从而形成 N^+/P 型的结构。从太阳电池顶区引出的电极是上电极，从下层引出的电极为下电极。

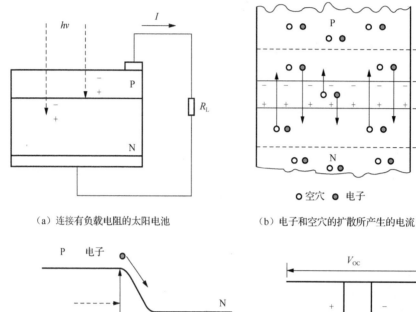

（a）连接有负载电阻的太阳电池　　　（b）电子和空穴的扩散所产生的电流

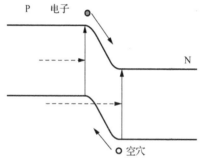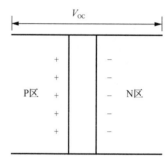

（c）电子和空穴在内建电场产生电流的能带图　　　（d）开路电压的产生

图 2-1　光电转换的物理过程

2.1.2　太阳电池组件的伏安特性

单片太阳电池的电流和电压一般满足不了应用需求，因而需要把单片太阳电池串联或并联在一起，并封装保护，形成太阳电池组件。根据 2.1.1 节太阳电池的工作原理，可建立电路模型有效模拟太阳电池与太阳电池组件的输出电性能[3]，以满足光伏系统的设计需要。现有的描述太阳电池与太阳电池组件的等效电路模型通常有两种：单二极管模型和双二极管模型。

1. 单二极管模型

理想的太阳电池等效模型是并联一个二极管的电流源[4]。其中，基于三参数的单二极管模型如图 2-2 所示。

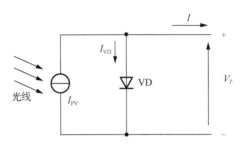

图 2-2　基于三参数的单二极管模型

太阳电池的输出电流 $I = I_{PV} - I_{VD}$，其中 I_{VD} 按下式计算：

$$I_{VD} = I_o \left[\exp\left(\frac{V_T q}{n N_S k T} \right) - 1 \right] \tag{2-4}$$

二极管的电压为

$$V_T = \frac{N_S k T}{q} \tag{2-5}$$

式（2-4）和式（2-5）中，　I_{PV}——光生电流，单位为 A；

I_o——二极管的反向饱和电流，单位为 μA；

n——二极管理想因子；

V_T——电压，单位为 V；

N_S——串联的单片太阳电池的数量；

k——玻耳兹曼常数，其值为 1.381×10^{-23} J/K；

T——P-N 结的温度，单位为 K；

q——电子电荷量，其值为 1.602×10^{-19} C。

当 $V = 0$ 时，$I_{SC} = I = I_{PV}$；而当 $I = 0$ 时，电压最大，此时

$$V = V_{OC} = n \cdot V_T \cdot \ln\left(1 + \frac{I_{SC}}{I_o} \right) \tag{2-6}$$

在相同环境条件下，太阳电池的输出功率为

$$P = V \left\{ I_{SC} - I_o \left[\exp\left(\frac{V \cdot q}{n \cdot N_S \cdot k \cdot T} \right) - 1 \right] \right\} \tag{2-7}$$

理想的单二极管模型结构简单，参数较少。在复杂情况下，该模型无法体现太阳电池的输出特性。在实际的生产中，由于太阳电池生产商所采用工艺的局限性，即使是同一批生产出来的单片太阳电池，其伏安特性曲线也会有所差异。为了更精确地表示单片太阳电池的特性，在理想的单二极管模型基础上，引入串联电阻和并联电阻，等效电路主要由一个光生电流源、一个并联二极管、一个串联电阻和一个并联电阻构成。基于五参数的单二极管模型如图 2-3 所示。并联电阻在该模型中用 R_{SH} 表示，体现太阳电池正反向漏电流特性；用 R_S 表示太阳电池串联电阻，体现太阳电池内部的电压损失。通常，R_{SH} 值越大越好，R_S 值越小越好。

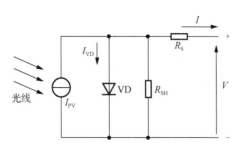

图 2-3　基于五参数的单二极管模型

由图 2-3 可知，单二极管模型太阳电池的伏安（V-I）特性方程为[5]

$$I = I_{PV} - I_o \left[\exp\left(\frac{V + I \cdot R_S}{n \cdot V_T} \right) - 1 \right] - \frac{V + I \cdot R_S}{R_{SH}} \tag{2-8}$$

单二极管模型因其中包含 5 个参数 I_{PV}、I_o、R_{SH}、R_S、n（二极管理想因子），因此常被称为五参数模型[5]。这种模型不仅适合模拟单片太阳电池，也适用于由多片太阳电池组成的组件和方阵。在不同的气象条件下，该模型可输出较准确的太阳电池参数。

2. 双二极管模型

为了更准确地模拟低辐照度下太阳电池的特性，引入双二极管模型。双二极管模型中太阳电池的等效电路主要由光生电流源、两个二极管、串联电阻和并联电阻组成。基于七参数的双二极管模型如图 2-4 所示。

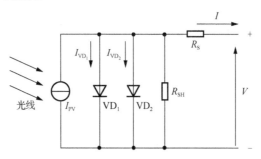

图 2-4　基于七参数的双二极管模型

由图 2-4 可知，双二极管模型太阳电池的 V-I 特性方程可写为[6]

$$I = I_{PV} - I_{o1} \left[\exp\left(\frac{V + I \cdot R_S}{a_1} \right) - 1 \right] - I_{o2} \left[\exp\left(\frac{V + I \cdot R_S}{a_2} \right) - 1 \right] - \frac{V + I \cdot R_S}{R_{SH}} \tag{2-9}$$

式中，　I_{PV}——太阳电池的光生电流；

R_S——单片太阳电池的串联电阻；

R_{SH}——单片太阳电池的并联电阻；

V——太阳电池的输出电压；

I_{o1}——由等效二极管 VD_1 中的电子-空穴对扩散产生的反向饱和电流；

I_{o2}——由等效二极管 VD_2 中的电子-空穴对在空间电荷区复合产生的反向饱和电流；

a_1——VD_1 的结构因子；

a_2——VD_2 的结构因子。

a_1、a_2 又被分别定义为

$$a_1 = \frac{N_S n_1 kT}{q} \qquad (2\text{-}10)$$

$$a_2 = \frac{N_S n_2 kT}{q} \qquad (2\text{-}11)$$

式（2-10）和式（2-11）中，n_1，n_2——等效二极管的理想因子；

N_S——串联的单片太阳电池数量；

q——电子电荷量，其值为 $1.602 \times 10^{-19} C$；

k——玻耳兹曼常数，其值为 $1.381 \times 10^{-23} J/K$。

双二极管模型共有 7 个参数，即 I_{PV}、I_{o1}、I_{o2}、R_{SH}、R_S、n_1、n_2，故该模型又称为七参数模型。

2.1.3　太阳电池组件在不同辐照度下的性能

太阳电池组件的主要输出特性参数有开路电压 V_{OC}、短路电流 I_{SC}、最大输出功率点电压 V_m、最大输出功率点电流 I_m 以及太阳电池组件的最大输出功率 P_m 等，其伏安（$V\text{-}I$）特性曲线如图 2-5 所示。

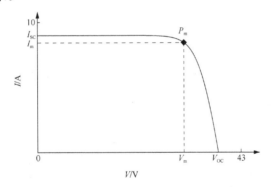

图 2-5　太阳电池组件的伏安（$V\text{-}I$）特性曲线

太阳电池组件的发电效率随辐照度的变化而改变。其 $V\text{-}I$ 特性曲线如图 2-6 所示。从图中曲线可以看出，在不同的辐照度下，$V\text{-}I$ 特性曲线与横坐标轴的交点不相同，说明随着辐照度从 $1000W/m^2$ 开始下降，太阳电池组件的开路电压 V_{OC} 也会随之减小，但减小的幅度不大[7]。太阳电池的短路电流 I_{SC} 在图 2-6 中显示为太阳电池组件的输出特性曲线与纵坐标轴的交点。

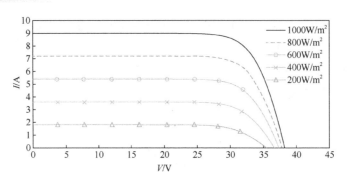

图 2-6　太阳电池组件在不同辐照度下的 *V-I* 特性曲线

在工程应用中，太阳电池组件在不同辐照度下的开路电压 V_{OC} 的计算公式为

$$V_{OC} = V_m \left(1 + \beta \Delta T\right) + c \ln\left(I / I_{ref}\right) \tag{2-12}$$

式中，V_m ——太阳电池组件在标准测试条件（STC）下的电压；

β ——太阳电池组件电压的温度系数。

$\Delta T = T - 25\ ℃$，其中 T 为太阳电池组件的工作温度值，单位为℃；

$c = (V_{OC,200} - V_{OC,ref}) / \ln(I_{200} / I_{ref})$，下标 200 表示在 $200 W/m^2$ 条件；

I ——外界的辐照度；

I_{ref} ——标准测试条件下的辐照度，其值为 $1000 W/m^2$。

短路电流 I_{SC} 的计算公式如下：

$$I_{SC} = I_m \frac{I}{I_{ref}} \left(1 + \alpha \Delta T\right) \tag{2-13}$$

式中，I_m ——太阳电池组件在标准测试条件下的电流；

I ——外界的辐照度；

I_{ref} ——标准测试条件下的辐照度，其值为 $1000 W/m^2$；

α ——太阳电池组件电流的温度系数；

$\Delta T = T - 25\ ℃$。

受地域和天气的影响，太阳电池组件在很多时候都会在辐照度小于标准辐照度（$1000 W/m^2$）的情况下工作。因此，除了评估各太阳电池组件在标准条件下的工作效率，还要评估其在低于标准辐照度下（统称为低辐照度）的工作状况[8]。

2.1.4　太阳电池组件的工作温度与温度系数

太阳电池组件实际发电性能受其工作温度影响。图 2-7 所示为 $260W_p$ 的普通多晶硅太阳电池组件在不同工作温度（15℃、25℃、35℃）下的 *V-I* 特性曲线。由图 2-7 可知，当太阳电池组件的工作温度为 15℃时，太阳电池的开路电压 V_{OC}（*V-I* 特性曲线与横坐标轴的交点）是三种工作温度状态下的最大值，短路电流 I_{SC}（*V-I* 特性曲线与纵坐标轴的交点）是三者之中的最小值。随着太阳电池组件工作温度 T_{PV} 的升高（T_{PV} 由 15℃上升至 35℃），

开路电压 V_{OC} 减小，短路电流 I_{SC} 略微增大，填充因子（Fill Factor）减小，太阳电池的输出电性能不断降低。

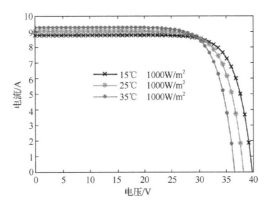

图 2-7　260W$_p$ 的普通多晶硅太阳电池组件在不同工作温度下的 V-I 特性曲线

当太阳电池组件的温度升高时，其工作效率会随之下降。随着太阳电池组件中太阳电池温度的升高，开路电压会减小，大约每升高 1℃，太阳电池组件的电压就会减小约 2 mV。光生电流随着温度的升高略有上升，大约每升高 1℃，太阳电池的光生电流就会增加约 0.1%。总的来说，温度每升高 1℃，输出功率会减少 0.35%～0.5%[9]。对于不同的太阳电池，其温度系数也不一致。温度系数是太阳电池性能的评判标准之一。太阳电池组件温度系数包括电流温度系数、电压温度系数和峰值功率温度系数。

从图 2-7 可知，对于晶体硅太阳电池，短路电流随温度变化的影响不大，这从式（2-14）可以看出：

$$\frac{1}{I_{SC}}\frac{dI_{SC}}{dT} \approx +0.0006(℃)^{-1} \qquad (2\text{-}14)$$

晶体硅太阳电池的开路电压 V_{OC} 受温度影响较大，通常 V_{OC} 的值越高，受温度的影响就越小，这从式（2-15）可以看出：

$$\frac{1}{dV_{OC}}\frac{dV_{OC}}{dT} \approx -0.003(℃)^{-1} \qquad (2\text{-}15)$$

式中，　T ——晶体硅太阳电池的温度，单位为℃；

　　　　V_{OC} ——晶体硅太阳电池的开路电压，单位为 V；

　　　　I_{SC} ——晶体硅太阳电池的短路电流，单位为 A。

2.2　逆　变　器

2.2.1　逆变器类型

并网光伏系统主要由太阳电池组件、直流/交流电缆、逆变器、汇流箱和并网柜等组成。

逆变器作为整个光伏系统的核心部件，其作用是将太阳电池方阵产生的直流电转换成交流电，并使光伏系统发电所产生的能量以最小的转换损耗、最佳的电能质量并入电网。光伏并网逆变器通常按输出功率、输出相数和结构分类[10]。

1. 按输出功率分类

由于光伏系统的类型、规模和大小各不相同，所选用的逆变器也不相同。通常情况下，集中式地面光伏系统选用图 2-8（a）所示的集中式逆变器，分布式光伏系统选用图 2-8（b）所示的组串式逆变器，户用智能光伏系统选用图 2-8（c）所示的微型逆变器（简称微逆）。3 种逆变器的比较如表 2-1 所示。

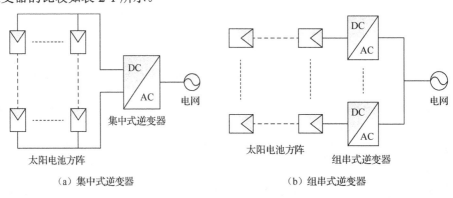

（a）集中式逆变器　　　　　　　　（b）组串式逆变器

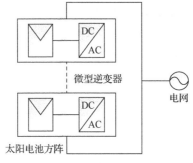

（c）微型逆变器

图 2-8　常用逆变器的类型

表 2-1　3 种逆变器的比较

比较项目	种类 集中式逆变器	组串式逆变器	微型逆变器
定义	单体、集装箱；由多个串联的太阳电池组件并联接入同一台逆变器的直流输入端	太阳电池组件接入一个逆变器后，逆变器能单独对每串或每两串太阳电池组件实现最大功率点跟踪（MPPT）	将单片太阳电池组件与单个逆变器相连，转化成交流电直接并入电网
功率范围	50kW 以上	通常为几千瓦到几十千瓦	通常为 50～400W
适用场合	大型地面光伏系统	分布式光伏系统（商用/户用）	家庭式屋顶户用

续表

	集中式逆变器	组串式逆变器	微型逆变器
优势	① 损耗小，系统效率高，成本低； ② 输出的电能质量很高，接近正弦波电流	① MPPT 跟踪精度高，发电量较大； ② 整个系统的可靠性较高	① 发电量最大； ② 可靠性很高
不足	① MPPT 跟踪精度低，发电量低； ② 可靠性较低	① 价格相对较贵； ② 电能质量略差	① 数量很多，价格昂贵； ② 接线复杂，维护困难

2. 按输出相数分类

根据输出相数的差异，逆变器又可分为单相、三相和多相逆变器。单相逆变器能够把直流电转换成 220V 的交流电，适用于功率级别较小（10kW 以下）的逆变器。三相逆变器能把直流电转换为振幅相同、频率相同、相位相差为 120° 的交流电，即输出 380V 的交流电压，主要用于大功率逆变器（10kW 以上，最大到 MW 级别）。多相逆变器的输出相数大于三相，能满足低压大功率场合，相数增多可提高系统稳定性，适用于要求高可靠性的场合。

3. 按结构分类

逆变器根据内部有无隔离变压器，分为隔离型逆变器和非隔离型逆变器[11]。

1）隔离型逆变器

带隔离变压器的逆变器即隔离型逆变器。它能使光伏发电端与电网端之间产生电气隔离，提高了安全性。隔离型逆变器包含工频隔离型逆变器和高频隔离型逆变器。工频隔离型逆变器先将太阳电池组件输出的直流电转换为 50Hz 的工频交流电，再经过工频变压器并入电网，具有电气隔离和电压匹配的功能。这种结构的主要缺点是体积大、质量大和损耗大。高频隔离型逆变器则是先将太阳电池组件输出的直流电转换成高频脉宽的交流脉冲电压，再通过高频变压器进行电气隔离，最后通过交流—直流—交流变换并入电网，极大地减小了逆变器的体积和质量。

2）非隔离型逆变器

非隔离型逆变器分为直接耦合型逆变器和高频非隔离型逆变器。直接耦合型逆变器将太阳电池组件的输出直流电压直接变换为与电网电压同幅值、同相位、同频率的正弦交流电。高频非隔离型逆变器则是先对太阳电池组件输出的直流电进行直流升压，然后逆变成交流电并入电网。此类逆变器结构简单、质量小、成本低、效率高；但是由于缺少电气隔离，对系统的绝缘性能要求较高。

2.2.2 逆变器内部结构和工作原理

逆变器主要由交流/直流滤波模块、电解电容模块、升压模块、逆变模块、直流侧输入模块和保护模块组成，如图 2-9 所示。逆变器的工作流程：光伏输入在逆变器直流侧汇总，经过直流滤波模块滤波后，输入电解电容模块实现能量的再分配；随后，升压模块将输入直流电压提高到逆变器所需的值，最大功率点（MPP）跟踪器保证太阳电池方阵产生的直流电能最大限度地被逆变器所利用；由绝缘栅双极型晶体管（IGBT）等组成的逆变模块作为核心模块，通过 IGBT 开关元件将直流电等价转换成交流电；最后，保护模块在逆变器运行状态下进行实时监控，在过流或过压等非正常情况下，可触发继电器使逆变器停止工作，以保护内部元器件免受损坏。逆变器本质上是一种由半导体器件组成的电力转换装置，主要用于把直流电转换成交流电。升压模块把存储在模块中直流电的电压升高到逆变器输出控制所需的电压并完成最大功率点跟踪。逆变模块的作用是把升压后的直流电转换成电网频率的交流电。

逆变器各模块的主要元器件与各模块的功能如表 2-2 所示。

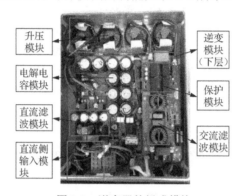

图 2-9　逆变器的组成模块

表 2-2　逆变器各模块的主要元器件与各模块的功能

组 成 模 块	元 器 件	功 能
直流滤波模块	电容、电感、电流传感器	直流电滤波
电解电容模块	电解电容	存储能量再分配
升压模块	电解电容、Boost 电感、二极管、MOS 管	最大功率跟踪
直流侧输入模块	直流接线柱、断路器	光伏直流电输入
逆变模块	IGBT、MOS 管、光电耦合器、变压器	直流转交流
保护模块	继电器 L、继电器 N	电路保护
交流滤波模块	电感、电容	抑制谐波含量

2.2.3　逆变器失效故障分析

单相小型光伏并网用逆变器中的 IGBT 作为核心元器件，在实际运行工作中会产生大量的热量，约有 1%～1.5% 的有功功率会转化为热能释放出来。这部分热量会积聚在逆变器内部，导致逆变器内部集成的功率器件管芯发热、结温升高[12]。若不能及时而有效地将逆变器内部热量释放，则会使逆变器的可靠性降低；严重时，还会导致三极管炸裂或电容爆炸。

在所有逆变器失效中，电容失效率占相当高的比重[13]，大多数逆变器故障是由直流侧电解电容的失效引起的。电阻、贴片电容等的工作寿命一般都可以达到 20 年以上；电感以及变压器只要其工作温度不超过极限温度，就可以认为逆变器能长期工作而不失效；二极管和三极管的工作寿命可以达到 10 万小时以上；继电器寿命一般为 100 万次以上。文献[14]指出，电解电容器的工作寿命对工作温度有很大的依赖性。若工作温度降低，则在额定温度以下，工作温度每降低 10℃，电解电容器的工作寿命将增加一倍。这是因为在较低的温度下，末端密封的电解质气体减少，所以电容器干燥被延迟。为了提高逆变器的可靠性，除了选择合适额定电压的电容器，正确的热设计也是非常重要的因素。电容被广泛用于逆变器及开关模式电源等电力电子领域。2003 年，Fuchs 发现电容故障概率为 60%[15]。文献[16]完成了一项类似的工作，得出结论：43%以上的开关模式电源故障与电容器有关。除此之外，IGBT 也被认为是引起逆变器失效的主要原因之一。

电解电容与功率器件失效最为严重，电容的失效形式有击穿短路失效、开路失效、电参数变化失效、漏液失效、引线腐蚀或断裂失效和绝缘子破裂失效。这些失效会致使电解电容的漏电流随温度升高而增加。绝缘栅双极型晶体管（IGBT）的主要失效形式包括翘曲、炭化、键丝剥离和键合处熔化。在键丝翘曲前，键合处会伴有熔化和重构现象，主要原因是电流过大引起的瞬时过热，导致元器件失效而损坏集电极[17]。

2.2.4 逆变器可靠性的影响因素

光伏并网用逆变器的可靠性取决于其内部元器件的可靠性。而影响内部元器件可靠性的因素有内部散热结构、元器件的工作结温或壳温以及元器件本身的降额设计等。

1. 内部散热结构

据统计，在逆变器失效原因统计中，前期散热设计缺陷占很大比重，约占 60%；元器件本身质量问题约占 25%；逆变器制造安装时发生失误等原因约占 15%[18]。因此，设计缺陷是光伏发电失效最主要的原因。合理的散热设计是增强逆变器可靠性的关键因素。从源头设计合理的散热方案是提高逆变器可靠性的重要保障。目前，逆变器散热主要有自然散热、强制风冷、液冷和相变冷却等方式，逆变器不同散热方式及其优缺点比较如表 2-3 所示。研究表明[19]：强制风冷的散热效果是自然冷却的 10～20 倍；更高效的散热方式还有液冷和相变冷却，这两种方式的散热效果约为自然冷却的 100～120 倍。从结构的复杂性角度和实现的难易程度来看，相比于液冷等散热方式，强制风冷散热系统更简单、更易实现、可靠性更高。因此，对功率稍大的组串式逆变器都采用强制风冷的散热方式。

表 2-3 逆变器不同散热方式及其优缺点比较

散热方式	散热原理	优 点	缺 点
自然冷却	依靠温差、空气流动进行对流散热	维护要求低，防护等级高	散热性能差，体积大、质量大
强制风冷	依靠风扇驱动空气流动进行对流散热	体积小质量小	风扇维护难度大

续表

散热方式	散热原理	优　点	缺　点
液冷	依靠冷却液在散热管内循环流动进行散热	散热性能好	结构复杂、经济性差、存在泄漏风险
相变冷却	依靠液体介质的蒸发潜热带走热量	散热效率高	工艺复杂、介质回路密封性要求高、经济性差

　　组串式逆变器的散热方式主要有自然冷却和强制风冷。在同样的环境温度下，强制风冷的逆变器，其内部核心器件温升比自然冷却的逆变器低约 20℃。强制风冷的散热性能更优，可以适应更加严苛的外界环境，保证发电量，实际使用寿命更有保障。对于强制风冷型逆变器，风扇防护等级一般只能达到 IP54 或 IP55，导致整个系统达不到 IP65 的防护等级。在恶劣的工作环境下，风扇的维护难度加大，维护成本增加，系统的可靠性降低。文献[20]提出在结温波动幅度最大时，加快风扇的转速，使得结温波动变小，但高速运行可能会降低风扇自身的可靠性；文献[21]采用空气冷板以及强迫风冷技术设计逆变器散热，采用铝材散热器对风道布置进行特殊设计，提高了散热效率，但同时也增加了散热成本。被动散热方式的自然对流散热，常采用热隔离、灌胶散热、一体式散热片等自然散热方式。散热片是散热模块最重要的部件，其作用是将内部热量传递给空气，利用空气流动带走系统热量。自然散热具有稳定性好、可靠性高、无噪声、免维护、无功耗、无运动件等诸多优点。

　　根据不同功率，国内外主流逆变器散热方式的选择如表 2-4 所示。

表 2-4　国内外主流逆变器散热方式的选择

功率<20kW	20kW≤功率≤25kW	功率>25kW
自然冷却	自然冷却/强制风冷	强制风冷
SMA Sunny Boy 系列 1～5kW	自然冷却：华为 SUN2000-20/23kW	山亿 SolarLake30000TL-PM
阳光电源 SG2.5K～SG12K 系列	强制风冷：阳光电源 SG20K	台达 SOLIVIA30TL（30kW）RPIM50A（50kW）
华为 SUN2000-8～17kW	强制风冷：SMA Sunny TRIPOWE 20000TL/25000TL	阳光电源 SG30K～60K 系列
GOODWE DNS3.6～6kW	强制风冷：台达 SOLIVIA20TL	SMA MLX60kW

　　由上述可知，散热方式主要根据逆变器的功率大小进行选择。当功率小于 20kW 时，采用自然冷却可实现产品综合性能与体积、质量的最优匹配；当功率为 20～25kW 时，根据实际情况与需求采用自然冷却或强制风冷；当功率大于 25kW 时，散热热流密度较大，采用强制风冷更经济、更高效、更实用。

　　对于单相小型逆变器，其整体散热结构主要采用以下方式：

　　（1）采用分层设计。例如，一款科士达的小型逆变器，其内部集成电路板有五层，越靠近下部，散热片温度越高。这样设计可以缓解逆变器内部的散热，缺点是造成了逆变器设计结构较复杂，体积较大。

（2）采用电感灌胶技术。以最佳灌胶原料配比，提高导热系数，有助于热量散出。

（3）把电感大功率器件埋入散热片中。将电感大功率器件及升压电感安装在背部散热片处，加快高温元件散热。

（4）在对角线上安装对流风扇。主要目的是为了使逆变器内部热量均匀，防止出现高温热点。

2. 内部元器件的工作温度

逆变器的核心器件对温度变化较为敏感，当温度过高时会导致功率开关性能降低甚至使其损坏，影响发电效率，最终导致器件寿命降低。逆变器内部元器件的温度随外部环境条件的变化而变化。外部环境温度和当地辐照条件会导致逆变器内部核心元器件工作温度发生改变，影响整体性能。逆变器散热方案的优劣决定着产品的性能和质量。对风扇和散热片等各种散热设备的研发和优化，是减轻功率元器件温度升高的有效途径。

一般来说，光伏并网用逆变器没有并联冗余。这意味着任何一个元器件的故障都会导致整个逆变器的故障。电容器对温度非常敏感，通常由大电流引起的电容器工作温度大于规定的温度，可能会缩短太阳电池组件的使用寿命。但是，由于电解质在较高温度下蒸发较快，所以当电容器运行在正常工作温度以下时，电容器寿命会延长。对于大功率元器件绝缘栅双极型晶体管（IGBT）等，如果器件持续工作在高温或大电流条件下，那么其产生的损耗将引起温度迅速上升。由于芯片的热容量小，若温度超过本征硅温度，元器件将失去阻断能力，使栅极控制保护失效，导致 IGBT 损坏。对于常规大功率元器件而言，一般最高允许的温度为 125℃左右。

相关数据显示，在太阳辐照度较大的中午，光伏系统整体发电量反而降低。产生这一现象的原因主要有两方面：一方面是中午外部环境温度升高，导致太阳电池组件和逆变器工作性能降低；另一方面是随着太阳辐照度增强，输入逆变器的负载率加大，超出了最佳工作负载点，在高温、高负载下逆变器会出现自动降额。特别是在光伏系统超配的情况下，逆变器额定功率就略小于太阳电池组件的额定功率，在太阳辐照度较大时，输入逆变器的功率不断变大；若此时外部环境温度也很高，逆变器便会因高温保护而自动降额，使发电效率大幅下降。

3. 降额设计

对于每一台逆变器，都有降额设计。降额设计是指使元器件在使用中所承受的工作应力低于规定的额定值，从而降低元器件的基本失效率，达到提高可靠性的目的。合理地选择降额系数及应力水平，可以大幅度提高逆变器的可靠性。通常，降额设计分为 3 个等级：Ⅰ级为最大降额，适用于设备遭受巨大故障导致安全问题或者造成较大经济损失的情况，此时降额程度最大；Ⅱ级为中等降额，适用于发生的故障会使所需完成的任务降级和增加不合理维修费用的情况；Ⅲ级降额最小，适用于设备故障对完成任务有较小影响的情况，也是最易设计的降额情况。降额设计主要考虑的是电应力和温度应力。当内部环境温度过高时，逆变器就必须考虑降额。逆变器一般都会设计为大于 45℃时降额运行。对电流与温度的降低必须限制在一个合理的降额范围之内。合理的降额范围可以显著提高逆变器的可靠性。降额程度过大对于可靠性的提高并无太大作用，还会由于降额过多，造成整体效率低下。因此，在降额设计时，必须掌握元器件的失效规律，保证元器件的失效模型和失效机理不变，合理选择降额等级。

2.2.5 逆变器转换效率计算

逆变器的整机转换效率是指输入逆变器的直流功率与转换后的交流输出功率的比值，即输入逆变器的直流功率与通过逆变后再经滤波传输到电网的交流输出功率的一个比值。由于逆变器内部的元器件都需要消耗能量，逆变器的转换效率一定小于 1。整机瞬时转换效率的数学公式如下：

$$\eta = \frac{P_{AC}(t)}{P_{DC}(t)} \times 100\% \qquad (2\text{-}16)$$

工信部发布的《光伏制造行业规范条件（2018 年本）》明确规定：含变压器型的光伏逆变器中国加权效率不得低于 96%；不含变压器型的光伏逆变器中国加权效率不得低于 98%（单相二级拓扑结构的光伏逆变器相关指标分别不低于 94.5%和 96.8%）；微型逆变器相关指标分别不低于 94.3%和 95.5%。根据国家检测标准，在高温 40℃ 环境下，逆变器应该正常工作，最大功率转换效率不应低于 96%[22]。

以下为欧洲、美国加利福尼亚州和我国使用的效率计算公式。

1. 欧洲使用的效率计算公式

选取德国慕尼黑地区一年的辐照度数据，针对欧洲效率的分挡区间，统计不同区间的年累计发电量。在此基础上，计算出每段功率挡上的年总发电量的权重占比。最终确定欧洲使用的效率权重取值，得出计算公式：

$$\eta = 0.03 \times \eta_{5\%} + 0.06 \times \eta_{10\%} + 0.13 \times \eta_{20\%} + 0.10 \times \eta_{30\%} + 0.48 \times \eta_{50\%} + 0.20 \times \eta_{100\%} \qquad (2\text{-}17)$$

2. 美国加利福尼亚州使用的效率计算公式

美国加利福尼亚州使用的效率是由美国加利福尼亚州能源协会选取美国洛杉矶地区与达拉斯地区一年的辐照度，使用与欧洲效率相同原则求算的效率，其计算公式如下：

$$\eta = 0.04 \times \eta_{10\%} + 0.05 \times \eta_{20\%} + 0.12 \times \eta_{30\%} + 0.21 \times \eta_{50\%} + 0.53 \times \eta_{75\%} + 0.05 \times \eta_{100\%} \qquad (2\text{-}18)$$

3. 我国使用的效率计算公式

按照国家标准 GB/T 31155—2014，我国太阳能资源区分为四类。每一类地区中选取代表性地区统计不同功率区间的年累计发电量，根据欧洲使用的效率计算以及美国加利福尼亚州使用的效率取点的原则，分为 7 挡，计算出每段功率挡上的年发电量的权重占比，具体情况见表 2-5。

表 2-5　我国太阳能资源区逆变器加权效率的权重系数

逆变器负载率		5%	10%	20%	30%	50%	75%	100%
加权值	Ⅰ类	0.01	0.02	0.04	0.12	0.30	0.43	0.08
	Ⅱ类	0.01	0.03	0.07	0.16	0.35	0.34	0.04
	Ⅲ类	0.02	0.05	0.09	0.20	0.34	0.28	0.02
	Ⅳ类	0.03	0.06	0.12	0.22	0.33	0.22	0.02

2.3　支　架

支架是指根据光伏系统发电建设的具体地理位置、气候及太阳能资源条件，将太阳电池组件以一定的朝向和角度排列并固定间距的支撑结构。支架作为光伏系统发电重要的组成部分，直接影响着太阳电池组件的运行安全、破损率及建设投资。

2.3.1　按支架的材质分类

根据采用材质的不同，支架有混凝土支架、铝合金支架和钢支架等。

混凝土支架主要应用于大型光伏系统上，因其质量大，故只能安放于野外且地基较好的地区，但稳定性高，可以支撑尺寸巨大的太阳电池组件。

铝合金支架一般用于民用建筑屋顶光伏系统。铝合金具有耐腐蚀、质量小和美观耐用的特点，但其承载力低，几乎无法应用在光伏系统项目上。另外，铝合金的价格比热镀锌后的钢材稍高。

钢支架性能稳定，制造工艺成熟，承载力高，安装简便。广泛应用于民用和工业用光伏系统的钢支架可以组合使用，采用现场安装方式，只需使用特别设计的连接件将槽钢拼装即可，施工速度快，无须焊接，保证了防腐层的完整性；但缺点是连接件工艺复杂，种类繁多，对生产制造、设计要求高，价格较高[23]。

2.3.2　按支架的安装方式分类

在工程应用中，根据支架安装地点及安装方式的不同，可将其分为固定式支架和跟踪式支架。

1. 固定式支架

固定式支架不随太阳入射角的变化而转动，以角度固定的方式接收太阳辐照。根据倾斜角设定情况，固定式支架可以分为最佳倾斜角固定式支架、斜屋面固定式支架和倾斜角可调固定式支架。

1）最佳倾斜角固定式支架

搭建最佳倾斜角固定式支架，需要收集当地气象数据，计算当地最佳倾斜角。在平顶屋光伏系统和地面光伏系统中，最佳倾斜角固定式支架得到广泛使用。其应用类型包括平顶屋-混凝土基础支架、地面光伏系统-混凝土基础支架和平顶屋-混凝土压载支架等。

2）斜屋面固定式支架

相较于平面屋顶，斜屋面承载能力一般较差。在斜屋面上，太阳电池组件大都直接平铺安装，其方位角及倾斜角一般与屋面一致，故辐照量存在一定损失。

3）倾斜角可调固定式支架

倾斜角可调固定式支架考虑太阳的运动，在太阳入射角变化转折点，可定期调节固定式支架的倾斜角，增加太阳光直射吸收，以提高各季节入射辐照量。倾斜角可调固定式支架包含推拉杆式可调支架、圆弧式可调支架和千斤顶式可调支架等。

2. 跟踪式支架

跟踪式支架通过机械传动装置，使太阳电池方阵随着太阳入射角的变化而移动，从而使太阳光尽量垂直入射到太阳电池组件面板，提高太阳电池方阵发电能力。根据跟踪轴数量与安装方向的不同，跟踪式支架可分为水平单轴光伏跟踪系统支架、倾斜单轴光伏跟踪系统支架和双轴光伏跟踪系统支架。

1）水平单轴光伏跟踪系统支架

如图 2-10（a）所示，在水平单轴光伏跟踪系统中，太阳电池方阵随着水平轴的转动在东西方向上跟踪太阳，以获得较大的发电量。水平单轴光伏跟踪系统支架广泛应用于低纬度地区，根据南北方向有无倾斜角，可分为标准水平单轴光伏跟踪系统支架和带倾斜角的水平单轴光伏跟踪系统支架。

2）倾斜单轴光伏跟踪系统支架

如图 2-10（b）所示，倾斜单轴光伏跟踪系统支架适用于较高纬度地区，其跟踪轴在面向赤道方向（北半球朝南）设置了一定的倾斜角，安装在跟踪轴上的太阳电池组件围绕该倾斜轴旋转，在东西方向上跟踪太阳，通过调整方位角可以获取更大的发电量。

3）双轴光伏跟踪系统支架

如图 2-10（c）所示，双轴光伏跟踪系统支架采用两根轴转动（竖轴和水平轴）对太阳进行实时跟踪，以保证太阳光线与太阳电池组件板面垂直。与水平单轴跟踪系统相比，双轴光伏跟踪系统不仅跟踪太阳的方位角，也对其高度角进行跟踪，因而所获得的发电量增益更大。双轴光伏跟踪系统支架适合在各个纬度地区使用。

（a）水平单轴光伏跟踪系统支架　　（b）倾斜单轴光伏跟踪系统支架　　（c）双轴光伏跟踪系统支架

图 2-10　跟踪式支架

2.3.3　按支架的应用场合分类

根据主要应用环境和用途的不同，支架有地面光伏系统支架、屋顶光伏系统支架和漂浮光伏系统支架等，如图 2-11 所示。

（a）地面光伏系统支架　　　　（b）屋顶光伏系统支架　　　　（c）漂浮光伏系统支架

图 2-11　不同应用场合的支架

地面光伏系统支架一般采用混凝土条形（块状）基础形式，可快速安装，以配合大型地面光伏系统的施工进度；所有零部件采用紧固件连接，安装方便快捷，稳定性高。屋顶光伏系统支架通常要求与建筑屋面结合，考虑防水、承重等问题，根据屋顶类型不同有多种稳固牢靠的基础连接方式；可根据不同需求开发独特配件满足要求，优质铝合金材料因其质量小而被较多采用。漂浮光伏系统支架采用耐候性能好的塑料与高强钢、铝合金等结合方式安装，这种支架质量小，抗风能力更强，固定方式灵活，可适应水位的变化。

2.4　电　　缆

在光伏系统中，电缆是连接系统设备、进行电力传输和保障系统运行的关键部件。直流电缆是逆变器输入侧所用电缆，主要连接太阳电池组件、直流汇流箱和逆变器的进线；交流电缆是逆变器输出侧所用电缆，一般为三相（在小型户用的 220V 光伏并网中为单相），主要用于连接逆变器的出线、箱式变电站、并网配电设备。

2.4.1　光伏电缆性能要求

光伏系统所处环境恶劣（日光照射强度大、温差大、水汽较多等）。在这种环境下，若使用低档或普通的绝缘及护套材料，电缆护套在日光照射及昼夜温差较大的情况下会出现表面开裂现象，这增大了电缆短路的风险。光伏电缆通用要求如表 2-6 所示[24]。

表 2-6　光伏电缆通用要求

类　　别	通　用　要　求	相　关　标　准
电性能	导体直流电阻值、交流耐压性能、绝缘电阻值	EN 50395
力学性能	绝缘力学性能、护套力学性能符合标准	IEC 60811，IEC 60754
阻燃性能	pH 值及电导率、HCl 及 HBr 的含量、F 的含量及单根垂直燃烧符合标准	EN 50267-2-1，EN 60684-2，EN 60332-1-2

由于光伏电缆主要应用于户外环境，光伏电缆不仅要满足普通电缆的基本性能要求，还须具有较好的耐候性能。光伏电缆须根据不同安装地点的实际情况选择电缆材料，达到耐紫外线、耐臭氧、耐寒、耐油和耐化学侵蚀等要求。

2.4.2 电缆材质

普通电缆的材料主要为铜和铝。与铝芯电缆相比，铜芯电缆具有更强的抗氧化能力、寿命长、稳定性能较好、压降小和电量损耗小的特点；柔性好，允许的弯度半径小，拐弯方便，穿管容易；抗疲劳性能较好，反复折弯不易断裂，接线方便；机械强度高，能承受较大的机械拉力，给施工带来很大便利。虽然铝芯电缆在弯曲性能、抗蠕变性能等方面与铜芯电缆相比存在一定差距，但在同样体积下，铝的实际质量大约是铜的三分之一。相同载流量时铝芯电缆的质量大约是铜芯电缆的一半，采用铝芯电缆取代铜芯电缆，可以减轻电缆质量，在一定程度上降低成本。

2.4.3 直流电缆

直流电缆主要应用于太阳电池组件之间的连接，太阳电池组件与直流汇流箱的连接，以及直流汇流箱与逆变器输入侧的连接。直流电缆的电压等级为 1000V，其最高允许电压为 1800V。光伏直流电缆的横截面积有 2.5mm²、4.0mm²、6.0mm² 等规格。直流汇流箱的出线电缆一般规格为 2×35mm²、2×50mm²、2×70mm²、2×95mm² 等。

在光伏系统中，根据不同使用环境和技术要求，低压直流输送部分使用的电缆对不同部件的连接有不同的要求。总体要考虑的因素有电缆的绝缘性能、耐热阻燃性能、抗老化性能及线径规格等，具体要求如下：

（1）太阳电池组件之间的连接电缆，一般使用太阳电池组件接线盒附带的连接电缆直接连接。当长度不够时，还可以使用专用延长电缆。这类连接电缆使用双层绝缘外皮，具有优越的防紫外线、水、臭氧、酸、盐的侵蚀能力，以及优越的全天候能力和耐磨损能力。

（2）太阳电池方阵与直流汇流箱之间以及汇流箱与逆变器之间的连接电缆，也要求使用通过认证的多股软线。电缆截面积规格根据太阳电池方阵输出的最大电流而定。各部位直流电缆截面积确定原则如下：对太阳电池组件之间的连接电缆、交流负载的连接电缆，一般选取的电缆额定电流为各电缆中最大连续工作电流的 1.25 倍；对太阳电池方阵之间以及太阳电池方阵与逆变器之间的连接电缆，一般选取的电缆额定电流为各电缆中最大连续工作电流的 1.5 倍。

2.4.4 交流电缆

交流电缆主要用于逆变器与升压变压器的连接、升压变压器与配电装置的连接，以及配电装置与电网或用户的连接。

光伏系统存在不同的电压接入等级，一般有 0.4kV、10kV、35kV、110kV。须根据不同的电压接入等级，选择不同电压等级的电缆。对同一电压等级的连接电缆，应根据流过电流的大小选择不同载流量的电缆。另外，还须根据铺设环境的不同，选择不同材质、不同铠装的电缆。例如，在 10kV 及以上电压等级中，依据是否为架空线路、是否埋地、接入距离远近等条件，选择铝芯电缆或铜芯电缆；根据直埋或走桥架等敷设条件，选择钢带铠装式或无铠装式电缆。

除选择合适规格的电缆以减小发电损失与避免安全隐患外，电缆铺设应注意以下几点：

（1）电缆与热力管道平行安装时应保持不小于 2m 的距离，交叉安装时应保持不小于 0.5m 的距离。

（2）电缆与其他管道平行或交叉安装时均要保持 0.5m 的距离。

（3）电缆直埋安装时，对电压为 1～35kV 的电缆，其直埋深度应不小于 0.7m。

（4）10kV 及以下电缆平行安装时相互净距离不小于 0.1m。

（5）电压为 10～35kV 的电缆平行距离不小于 0.25m，交叉时距离不小于 0.5m。

（6）电缆的最小弯曲半径要求：多芯电缆不得低于 $15D$，单芯电缆不得低于 $20D$（D 为电缆外径）。

2.5　储　能　装　置

随着新能源发电技术的不断发展，越来越多的可再生能源发电系统接入电网。然而，可再生能源发电的波动性、间歇性和难预测性[25]，给现有电力系统运行带来了巨大挑战。要解决此问题，就迫切需要额外的备用容量来实现动态供需平衡，以及提供调频、调压辅助服务[26]。其中，储能作为解决大规模可再生能源发电接入电网的一种有效技术而备受关注。

2.5.1　光伏储能装置的作用及具体要求

储能装置具有响应时间短、便于调度、施工安装快等优点，是光伏系统的有效补充。储能装置若配置在电源侧，则可平抑短时输出功率的波动，跟踪调度计划输出功率，提高可再生能源发电的确定性、可预测性和经济性；储能装置若配置在系统侧，则可实现削峰填谷、负荷跟踪、调频调压、热备用、电能质量治理等功能，提高系统自身的调节能力；若配置在负荷侧，则可利用电动汽车等储能形成虚拟电厂，参与可再生能源发电调控。在光伏系统中，对相应的储能部件有以下基本要求：使用寿命长，低价格和低维护成本，充电效率高，自放电率低，放电能力强（深入放电）等。

2.5.2　电池储能

目前，电池储能是应用最广泛的储能技术之一。电池储能具有模块化、响应快、商业化程度高的特点。随着技术革新和新型电池的研制成功，电池的效率、功率、能量和循环寿命均显著提高。电池储能系统安装灵活，建设周期短，在电力系统中被广泛应用。

1. 铅蓄电池

在当前的工程应用中，铅蓄电池尽管存在比能量（单位体积的能量）较小、特性受温度影响较大等问题，但由于它具有成本低廉、原料丰富、制造技术成熟、可大规模生产的优势而得到广泛的商业化运用。

在铅蓄电池的使用中，放电深度、放电速率、外界温度的变化以及局部放电现象等因素，都会影响铅蓄电池在系统中工作时的使用寿命，这给相关储能系统的设计带来不便。由于光伏发电间歇性与电性能波动等特殊性，铅蓄电池容量的设计需要考虑充/放电深度、充/放电效率、温度补偿等多种因素。

2. 锂离子电池

锂离子电池单体输出电压高，工作温度范围宽，比能量高，效率高，自放电率低，循环寿命长，已在便携式设备中获得了广泛的应用。锂离子电池可分为磷酸铁锂电池与三元聚合物锂电池。近年来，锂离子电池在电动汽车和电网储能中的应用得到了快速的推进。磷酸铁锂电池与三元聚合物锂电池主要性能参数对比如表 2-7 所示。

表 2-7　磷酸铁锂电池与三元聚合物锂电池主要性能参数对比

类型 参数	磷酸铁锂电池	三元聚合物锂电池
能量密度/（W·h/kg）	90～120	200
充电效率	以 10C 以上的倍率充电时，恒流比例迅速降低，充电效率迅速降低	以 10C 以上的倍率充电时，效率远高于磷酸铁锂电池
温度特性	耐高温	高温安全性差，低温性能优于磷酸铁锂电池
技术应用	可用	可用
发展现状	相关特性基本达到理论的极限	相关特性还有很大的发展空间
总体性能	在循环性能、安全方面较好	在比能量、比功率、大倍率充电、低温性能等方面优于磷酸铁锂电池

相对于铅蓄电池而言，锂离子电池成本较高，初始投资仍是影响锂离子电池在光伏储能领域广泛应用的重要因素。在充/放电随机性较大和充电频繁的应用场合，循环寿命制约着锂离子电池的应用。同时，锂离子电池在过充、内部短路等情况下会发生温升现象，存在一定的安全风险[27]。随着动力锂离子电池的大规模发展，其性能将继续提升，成本进一步降低，锂离子电池将成为光伏系统应用中的主流储能方式。

3. 钠硫电池

钠硫电池是工作在 300℃ 左右的高温电池，比能量高，效率高，几乎无自放电，深度放电性能好。钠硫电池由于具有体积小、容量大、寿命长、效率高的特性，广泛应用于削峰填谷、应急电源、风力发电等储能方面[28]。目前，在国外已经有上百座钠硫电池储能电站在运行，钠硫电池已经成为各种先进二次电池中最为成熟和最具潜力的一种储能选择。

然而，钠硫电池的缺点也比较明显。相关资料显示，由于钠硫电池的工作温度较高，在它工作时需要附加供热设备来维持温度，从而增加运行成本。在高温条件下，腐蚀问题也会影响钠硫电池的寿命。在钠硫电池的实际使用中，钠硫电池的安全可靠问题与保温和耗能问题亟待解决。目前，钠硫电池研究的重点在以下两方面：

（1）研究通过合金、电镀、渗透等方法制备合适的耐腐蚀材料；

（2）电池的工作温度控制与散热技术。

4．其他电池储能方式

1）镍电池储能

镍电池是当前研究的电池储能方式热点之一。当前可用的或正在开发的镍电池包括镍锌（Ni-Zn）、镍镉（Ni-Cd）、镍氢和钠-氯化亚镍（Na-NiCl$_2$）等。镍氢电池的应用相对而言较为广泛。镍氢电池可以和锌锰电池、镍镉电池互换使用。圆形镍氢电池主要朝着产品规格的多样性和商业化方面发展，而方形镍氢电池的发展重点是作为动力车的动力源。

2）液流电池储能

液流电池是通过化学反应将化学能直接转化为电能的储能电池。液流电池的电活性物质在 2 个电解槽内储存，并通过可逆的电化学反应生成能量。目前，液流电池主要有锌溴电池、钒电池、多硫化溴电池及锌铈电池。与传统电池相比，液流电池的灵活性高，电化学反应都发生在溶液中，不仅使用寿命长、可深度放电，而且安全可靠、无污染、维护简单。

除上述应用较多的电池储能方式外，还有一些化学电池虽然拥有较好的性能，但因为生产技术不够成熟或者成本过大等问题而停留在实验室或小规模示范应用阶段。

2.5.3　储能电池的性能评估

光伏储能系统存储光伏系统产生的电能，并且在光伏系统电力不足的时候，通过相应的电力调度，对外提供电力。了解储能电池的参数含义，评估储能电池的性能状态，对合理利用储能系统，提高系统运行的可靠性和经济效益有着重要意义。储能电池的主要性能参数如表 2-8 所示。

表 2-8　储能电池的主要性能参数

性能指标	单　位	含　义
额定容量	A·h 或 kW·h	室温下，完全充电的蓄电池，在一定的放电条件（1A）下，放电到规定的终止电压时所能给出的电量
充/放电率	C	与电池容量（A·h）有关，又称为电池 C 率，1C 即电池经过 1 小时可充电或放电完所用电流的大小
放电深度	%	蓄电池在一定的放电速率下，电池放电到终止电压时，实际放出的有效容量与电池在该放电速率下的额定容量的百分比
循环寿命	次	在一定的充/放电条件下，电池使用到某一容量规定之前，电池所能承受的循环次数
比能量	W·h/kg 或 W·h/L	电池单位质量（体积）所能输出的电能

储能电池性能评估主要针对电池的荷电状态（SoC）、健康状态（SoH）与剩余使用寿命（RUL）三大指标进行检测与评估。

1. 储能电池荷电状态评估

荷电状态（State of Charge，SoC）是描述电池剩余容量的指标，代表的是电池使用一段时间或长期搁置不用后的剩余容量与电池此时所具有的实际容量的比值，常用百分数表示，即

$$SoC = \frac{Q_C}{Q_f} \times 100\% \tag{2-19}$$

式中，Q_C——电池剩余容量（剩余容量=额定容量-净放容量-自放容量-温度补偿容量），单位为 A·h；

Q_f——电池此时所具有的实际容量（实际容量=额定容量-衰减容量），单位为 A·h。

一般来说，电池完全充满电时的状态定义为 SoC=1；电池放电到不能再放出电量时的状态定义为 SoC=0。由于 SoC 值是个隐性的指标，受到温度、充/放电电流、循环次数等因素的影响，难以获得其准确值。在工程应用中，储能电池的 SoC 值采用以下几种方法估算。

1）开路电压法

开路电压法是一种通过测量储能电池的开路电压来估算其 SoC 值的方法。开路电压法将电池充分静置，通过大量的实验数据获得电池的开路电压（V_{OC}），电池的 SoC 通过 V_{OC} 与 SoC 之间的对应关系进行估算：

$$V_{OC} = f(SoC) \tag{2-20}$$

其中 $f(SoC)$ 一般是通过对电池进行充/放电实验拟合得到的。

2）安时积分法

安时积分法应用于初始 SoC 值已知时的 SoC 计算。在初始 SoC 值已知的情况下，计算充/放电过程变化的电荷量，然后用电池的起始状态 SoC 减去（或加上）变化的电荷量，通过将测量的充/放电电流对时间进行积分来确定电池 SoC 值的变化，得到下一时刻的储能电池 SoC 值，即

$$SoC = SoC_0 \pm \frac{1}{C_N} \int_0^t \eta I \mathrm{d}\tau \tag{2-21}$$

式中，SoC_0 为初始状态参数，C_N 为电池 SoC=1 时的容量，η 为充/放电时对应的效率。

3）放电实验法

放电实验法是最可靠、简单直接的一种 SoC 估计方法：用电池以恒定电流放电到截止电压时间内所放出的容量来表示电池的 SoC 估算值，即

$$SoC = \frac{Q_C}{Q_f} \times 100\% \quad \left(Q_C = \int_0^t I \mathrm{d}\tau\right) \tag{2-22}$$

式中，t 为电池放电的时长，I 为恒定放电电流。

4）线性模型法

线性模型法基于 SoC 变化量、电流、电压和上一个时间点的 SoC 值，建立线性方程：

$$\Delta SoC(i) = \beta_0 + \beta_1 I(i) + \beta_2 U(i) + \beta_3 SoC(i-1)$$
$$SoC(i) = \Delta SoC(i) + SoC(i-1)$$
（2-23）

式中，$I(i)$——当前状态的电流值；

$U(i)$——当前状态的电压值；

$SoC(i)$——当前状态估计值；

$\Delta SoC(i)$——估算变化量；

β_0、β_1、β_2、β_3——参数（利用一系列已知的参考数据，由最小二乘法求得）。

5）电池阻抗法

电池阻抗法通过使用电化学阻抗谱（Electrochemical Impedance Spectroscopy，EIS）得到电池充/放电在不同阶段的测量阻抗谱曲线，拟合等效电路模型中各参数随电池循环次数变化的规律，建立特征量与 SoC 之间的对应关系。

上述估算方法测量对象以及相关优缺点对比见表 2-9。

表 2-9　储能电池 SoC 估算方法对比

	测量指标	优　点	缺　点
开路电压法	开路电压	计算简单	离线测量，静置时间较长，需连续、动态测量时不适用
安时积分法	充/放电电流	在线测量、计算简单	高温状态和电流波动时，产生的误差较大，易受外界影响
放电实验法	放电量	易操作、数据准确	离线测试，等待时间长
线性模型法	电流、电压	适用性强	普适性还需要进一步探究
电池阻抗法	电化学阻抗	测试方便	电池内阻值较小且成因复杂；高 SoC 时效果不明显

此外，随着智能算法研究的深入，还可以使用 BP（Back Propagation）神经网络法[29、30]、遗传算法、自适应卡尔曼滤波法[31]等智能算法，对储能电池进行 SoC 值的估算。由于涉及相关程序的编写以及算法的应用，在此不再赘述，有兴趣的读者可自行深入研究。就当前的相关研究而言，传统的简单预测方法（开路电压法、安时积分法等）的研究已经较为成熟。复杂估算方法是对传统方法的继承与改善，在某些方面有较大的优势，但仍存在较多问题。为提高 SoC 估算的精度，须建立更加准确的储能电池模型。同时，应当通过相关实验，建立大量的数据库，提供充足的样本数据以满足估算的要求。

2. 储能电池健康状态（SoH）评估

健康状态（State of Health，SoH）反映了电池老化的情况，是指电池在使用一段时间或长期搁置后充满电量时，电池可释放出的最大容量与电池初始额定容量的比值，常用百分数表示：

$$SoH = \frac{Q_{now}}{Q_{new}} \times 100\% \tag{2-24}$$

式中，Q_{now}——当前条件下电池可释放出的最大容量，单位为 A·h；

Q_{new}——电池初始额定容量，单位为 A·h。

不同于 SoC 被用于描述电池短期内的变化，SoH 反映的是储能电池长期的变化；SoC 指的是电池剩余容量百分比，而 SoH 指的是当前的容量与出厂标称容量的百分比。与 SoC 的估算相似，SoH 也可通过放电实验法、循环次数折算法、电化学阻抗分析法等传统估算测量方法进行估算。此外，还有直接测量方法、最小二乘法、自适应卡尔曼滤波和观测方法、模糊逻辑、智能算法等估算方法，以及其他估算方式，如小波变换法、德尔菲法等。表 2-10 示出了常见 SoH 估算方法的优点和缺点对比。

表 2-10 常见 SoH 估算方法的优点和缺点对比

	测量方式	优　点	缺　点
直接测量法	直接测量内阻等	计算量小	误差较大
最小二乘法	电池参数预测老化程度	方便应用到能量管理系统中	忽略了温度等实际工况
自适应卡尔曼滤波法	最优化自回归数据处理	算法精度高	对模型依赖程度高
模糊逻辑方法	模糊逻辑理论处理数据	结果精确	需要大量实验数据
统计方法	运用概率统计规律	概率密度函数法计算量小	理论要求高

上述各个方法均有各自的优缺点[32]。目前，应用最广泛的为自适应卡尔曼滤波法，其精度较高，计算量相对较小，更适用于实际的电池 SoH 估算。如何在 SoH 估计时，滤除温度、工作电流、工作点等因素的影响仍然是一个待解决的问题。另外，对电池进行更精确的建模将有助于 SoH 估计方法的研究。

3. 储能电池剩余使用寿命（RUL）评估

剩余使用寿命（Remaining Useful Life，RUL）是指系统运行一段时间后，储能电池剩余的使用寿命。使用寿命可从循环寿命、使用寿命和存储寿命 3 个方面来表征。对储能电池的剩余使用寿命进行评估，主要就是探究电池在一定的使用条件下，其健康状态或性能不足以满足其设备的继续工作，或者退化到其规定的阈值之前所累计的充放循环次数（循环寿命）。RUL 准确的值难以获得，需要通过相关方式进行预测。目前，对 RUL 的预测方法主要分为两类：基于性能的预测方法和基于经验的统计方法。

1）基于性能的预测方法

该方法主要通过获取历史工作状态数据及监测数据，对其性能退化做出预测。目前，电池寿命预测的主流方法就是基于数据驱动的 RUL 预测方法。先收集有效衰减数据与结尾失效时间数据，采用统计方法确定电池剩余寿命的概率分布，再采用一定的预测方法对未来储能电池工作状态进行拟合，直到储能电池性能衰减到其固定的阈值，得出相对准确的 RUL 值。

2）基于经验的统计方法

该方法主要通过建立一个能够精确反映电池性能状态参数（如容量、内阻、放电终止电压等）随时间的变化趋势，或者系统前后两个时刻状态变量之间的递推关系的经验模型，实现电池 RUL 预测。此方法虽然具有较快的运算速度，但是只能应用于特定的场合，需要先具有比较充分的电池经验知识，对数据要求较高。

近年来，动力电池 RUL 预测技术已经有了很大的进展，形成了一系列的理论体系，并且在实验中得到了较好的验证效果。但是，由于动力电池的使用环境复杂，性能退化状态差异大，难以识别，电池的真实衰减程度很难从 RUL 单方面评估。动力电池的寿命预测仍面临着一系列挑战。未来的主要研究方向包括多退化模式下电池性能的 RUL 预测、融合型退化建模与算法、改进遗传算法优化等[33]。

2.5.4　其他储能方式

在光伏系统中，电池储能系统对于新能源发电的中小规模储能较为适用。除此以外，还有超级电容器储能、抽水蓄能、压缩空气储能、飞轮储能、超导磁储能等其他储能方式。

1. 超级电容器储能

超级电容器是介于传统电容器和充电电池之间的一种新型储能装置，其容量可达几百至上千法[34]。它是一种电化学元件，不同于蓄电池，它在储能的过程中并不发生化学反应。超级电容器的储能过程是可逆的。

超级电容器储能具有功率密度高、使用寿命长等优点。在电力系统中多用于短时间、大功率的负载平抑和高峰值功率场合。超级电容器依据不同的内容可有不同的分类方法，如图 2-12 所示。

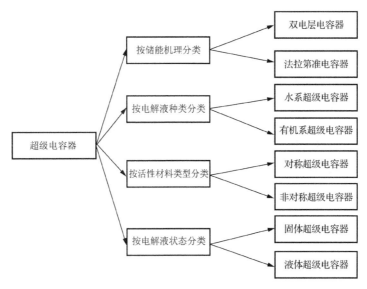

图 2-12　超级电容器分类方法

目前，超级电容器的应用越来越广泛。但超级电容器的研究仍然需要从以下两方面取得突破：一是继续加强电极材料研究，在碳基材料方面，石墨烯已经被发现具有广阔应用前景，但仍需进一步优化石墨烯的制备技术；二是开发具有高电压窗口的电解液，在传统的水系超级电容器和有机电解液研究基础之上，大力加强具有更宽电化学窗口的离子液体电解液研究。

2. 抽水蓄能

在大型光伏系统中，抽水蓄能具有运行方式灵活和反应快速的特点，是建设智能电网、保障电力系统安全稳定经济运行的最成熟、最经济的大规模储能方式[35]。抽水蓄能在电力系统中可配合太阳能发电等可再生能源大规模发展，平抑太阳能发电等可再生能源输出功率的随机性、波动性，提高电力系统对可再生能源的消纳能力。抽水蓄能方式有成本优势，实际应用容量大，适用于电力系统调峰和用作备用电源的长时间场合，但其发展受地域与环境条件的制约较为严重[36]。

3. 压缩空气储能

压缩空气储能系统主要由两部分组成：一是充气压缩循环，二是排气膨胀循环。在夜间负荷低谷时段，电动机-发电机组作为电动机工作，驱动压缩机将空气压入空气储存库；在白天负荷高峰时段，电动机-发电机组作为发电机工作，所储存的压缩空气先经过回热器预热，再与燃料在燃烧室里混合燃烧后，进入膨胀系统（如驱动燃气轮机）中发电。该方法安全系数高，寿命长，可以冷启动、黑启动，响应速度快；但能量密度低，且并受地形条件的限制。

4. 飞轮储能

飞轮储能利用电动机带动飞轮高速旋转，将电能转化成机械能储存起来，在需要时飞轮带动发电机发电。飞轮具有维护成本低、寿命长、效率高，过充电与过放电危害小，适用范围广、工作温度范围宽，在恶劣条件下也能正常工作等优点。但磁力或摩擦力导致的空载损耗在一定程度上制约着飞轮技术的发展。近年来，一些新技术和新材料的应用，降低了机械轴承摩擦与风阻损耗，增加了单位质量的动能储量，使能量交换更为灵活高效。近期，飞轮储能已成为最有竞争力的储能技术之一。

5. 超导磁储能

超导磁储能是指在冷却到低于其超导临界温度的条件下，利用超导线圈因电网供电励磁而产生的磁场来储存能量。超导磁储存的能量为

$$E = \frac{LI^2}{2} \tag{2-25}$$

式中，L——线圈的电感；

　　　I——线圈的励磁电流。

　　超导线圈是一个直流装置。电网中的交流电流经整流而变成直流电流后给超导线圈充电励磁，超导线圈放电时须经逆变装置向电网或负载供电。如果线圈维持超导态，那么线圈中所储存的能量几乎可以无损耗地永久储存下去，直到需要时再使用。超导磁储能的装置简单，能量密度高，响应速度快；但是，超导线材和制冷的能源需求也导致了其成本的上升。

第3章　光伏系统设计

光伏系统设计对提高太阳能资源利用效率和推广光伏发电技术应用至关重要。不同类型的光伏系统，其设计总体目标并不相同。对光伏系进行区分，按照各自的系统要求进行差异化设计是保证其可靠性、提高经济性的重要手段。本章对并网光伏系统、离网光伏系统及微网光伏系统的设计并结合相关设计实例进行阐述，为光伏系统的合理设计应用提供参考。

3.1　太阳辐照量计算

太阳辐照量与光伏系统的发电量相关。无论是并网光伏系统设计、离网光伏系统设计，还是微网光伏系统设计，都必须对当地太阳辐照量进行了解和计算，以确定光伏系统的安装容量和发电性能等。

3.1.1　太阳直射辐照量

水平面接收的太阳总辐照量由直射辐照量和散射辐照量两部分组成，即

$$G_{\mathrm{h}} = G_{\mathrm{h,b}} + G_{\mathrm{h,d}} \tag{3-1}$$

式中，G_{h}——水平面接收的太阳总辐照量；

　　　$G_{\mathrm{h,b}}$——水平面接收的太阳直射辐照量；

　　　$G_{\mathrm{h,d}}$——水平面接收的太阳散射辐照量。

倾斜面接收的太阳总辐照量由直射辐照量、散射辐照量和地面反射辐照量 3 部分组成，即

$$G_{\mathrm{t}} = G_{\mathrm{t,b}} + G_{\mathrm{t,d}} + G_{\mathrm{t,ref}} \tag{3-2}$$

式中，G_{t}——倾斜面接收的太阳总辐照量；

　　　$G_{\mathrm{t,b}}$——倾斜面接收的太阳直射辐照量；

　　　$G_{\mathrm{t,d}}$——倾斜面接收的太阳散射辐照量；

　　　$G_{\mathrm{t,ref}}$——倾斜面接收的来自地面反射的辐照量。

倾斜面上太阳直射辐照量 $G_{\mathrm{t,b}}$ 可由以下公式计算得到：

$$G_{\mathrm{t,b}} = G_{\mathrm{h,b}} \frac{\cos\theta_{\mathrm{i}}}{\cos\theta_{\mathrm{z}}} \tag{3-3}$$

式中，θ_{z}——太阳天顶角；

　　　θ_{i}——太阳入射角。

太阳天顶角 θ_z 和太阳入射角 θ_i 由以下两式确定：

$$\cos \theta_z = \sin \theta \sin \delta + \cos \theta \cos \delta \cos \omega \tag{3-4}$$

$$
\begin{aligned}
\cos \theta_i =\ & \sin \delta \sin \theta \cos \beta - \sin \delta \cos \theta \sin \beta \cos \gamma + \\
& \cos \delta \cos \theta \cos \beta \cos \omega + \cos \delta \sin \theta \sin \beta \cos \gamma \cos \omega + \\
& \cos \delta \sin \beta \sin \gamma \sin \omega
\end{aligned}
\tag{3-5}
$$

式中，θ——当地纬度；

$\quad\quad \delta$——太阳赤纬角；

$\quad\quad \omega$——太阳时角，在上午为正值，在下午为负值；

$\quad\quad \beta$——倾斜面的倾斜角；

$\quad\quad \gamma$——倾斜面的方位角，在正南方向为 $0°$，在正北方向为 $180°$。

3.1.2　地面反射辐照量

现阶段地面反射辐照量模型认为地面反射是漫反射，并且直射部分与散射部分的反射系数相同。地面反射辐照量取决于地面反射的转换因子 R_r。根据视角系数的互换性，可得

$$R_r = \frac{1 - \cos \beta}{2}$$

则倾斜面接收的地面反射辐照量为

$$G_{t,ref} = \rho R_r G_h \tag{3-6}$$

式中，ρ——地面反射率。

3.1.3　太阳散射辐照量

太阳散射辐照模型的发展可以大致分为 3 个阶段。第 1 阶段是以 Liu & Jordan 模型为代表的各向同性散射辐照模型，Liu & Jordan 模型适用于多云情况，在晴朗情况下精度较低。第 2 阶段是基于第 1 阶段进行的修正，典型模型包括 Temps & Coulson 模型、Klucher 模型、Hay 模型、Skartveit & Olseth 模型、Reindl 模型。第 2 阶段所用模型与第 1 阶段所用模型相比，精度有所提高，形式更为简单，实用价值更高。但是这阶段模型只是基于各向同性模型进行了修正。第 3 阶段模型以 Perez 模型为代表，是通过建立散射积分等式得到的，基于严格的立体角和定向辐照度的定义。我国姚万祥等人也对 Perez 模型进行了优化及简化，得出 NSADR 模型。

1. Liu & Jordan 模型

1963 年，Liu 和 Jordan 建立了用于估算太阳辐照的各向同性散射辐照模型。各向同性模型认为太阳散射辐照在天空半球的分布是均匀的，即每个方向的辐照度是一致的，那么要计算来自天空的太阳辐照量，只需计算辐照量对应的立体角大小。图 3-1（a）为立体角示意图，水平面的散射辐照量 $G_{h,d}$ 可用以下积分式来表示：

$$G_{h,d} = I_s \int_0^{2\pi} \int_0^{\frac{\pi}{2}} \sin \theta \cos \theta \, \mathrm{d}\varphi \, \mathrm{d}\theta = \pi I_s \tag{3-7}$$

式中，θ——纬度角；

φ——经度角；

I_s——定向散射辐照度。

在计算倾斜面的散射辐照量时，需要得到倾斜面所对应的天空半球立体角，即图 3-1（b）所示的阴影部分。阴影部分 $ABCKA$ 的立体角可以通过 $ABCDA$ 部分的立体角减去 $ADCKA$ 部分的立体角得到。$ADCKA$ 部分的立体角可以先确定经度角和纬度角的上下限范围，然后进行积分计算得到，即倾斜面散射辐照量为

$$G_{\text{t,d}} = I_s[\pi - 2\int_{\pi/2-\beta}^{\pi/2}\int_0^{\arccos(\cot\theta\cot\beta)}\mathrm{d}\varphi\sin\theta\cos\theta\mathrm{d}\theta] = \frac{1+\cos\beta}{2}\pi I_s \tag{3-8}$$

则在 Liu & Jordan 模型中，倾斜面的散射辐照量与水平面的散射辐照量的比值为

$$\frac{G_{\text{t,d}}}{G_{\text{h,d}}} = \frac{1+\cos\beta}{2} \tag{3-9}$$

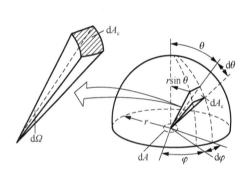

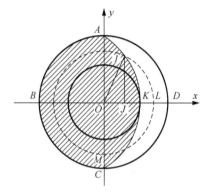

（a）立体角示意图　　　　　　　　　（b）斜面所对应的天空半球立体角示意图

图 3-1　Liu & Jordan 模型

Liu & Jordan 模型表达式相对简单，计算方便。但是在实际应用中发现，天空的散射辐照在大多数情况下（除阴天以外）并不是各向同性的，故需要进行改进。

2. Hay 模型

1979 年，Hay 提出将天空太阳散射分为 2 个部分：第 1 部分直接来自环日区域；第 2 部分来自天空穹顶的各向同性辐照，并以清晰度指数 k_t 作为其中的权重因子，其倾斜面的散射辐照量与水平面的散射辐照量的比值为

$$\frac{G_{\text{t,d}}}{G_{\text{h,d}}} = \left[k_t R_b + \left(\frac{1+\cos\beta}{2}\right)(1-k_t)\right] \tag{3-10}$$

式中，$k_t = G_h / G_{h,0}$，$G_{h,0}$ 为大气层上界水平总辐照量；$R_b = \cos\theta / \cos\theta_z$。

当 $k_t \to 0$ 时，天气全阴，此时为各向同性模型；当 $k_t \to 1$ 时，则为环日模型，即该模型在大气层外的情况。

3. Perez 模型

1986 年，Perez 基于严格的立体角和定向辐照度的定义，建立了散射积分式。Perez 将太阳散射分为 3 个区域来计算：天空穹顶区域、环日区域、天空水平区域。各个区域内的定向辐照度不同。而每个区域内的定向辐照度相同，即在各个区域之间是各向异性的，而在区域内部是各向同性的。设天空穹顶区域内的定向辐照度为 L，散射辐照系数为 F_1、F_2，环日区域、天空水平区域内的定向辐照度分别为 $F_1 \times L$、$F_2 \times L$。水平面散射辐照量为天空穹顶区域、环日区域、天空水平区域各自空间内积分的和，即

$$G_{h,d} = \pi L \left[1 + 2(1 - \cos\alpha)\chi_h(\theta_z)(F_1 - 1) + \frac{\pi}{2}(1 - \cos 2\xi)(F_2 - 1) \right] \tag{3-11}$$

式中，α——环日区域半角；

$\chi_h(\theta_z)$——水平可见环日区域的比例，与太阳天顶角 θ_z 的范围有关；

ξ——地平亮度光带相对于水平面的夹角。

倾斜面推导方法与水平面类似，其散射辐照量为

$$G_{t,d} = \pi L \left[0.5(1 + \cos\beta) + 2(1 - \cos\alpha)\chi_c(\theta)(F_1 - 1) + \frac{2\xi \sin\xi'(F_2 - 1)}{\pi} \right] \tag{3-12}$$

式中，$\chi_c(\theta)$——倾斜面可见环日区域的比例；

ξ' 与倾斜角 β 相关，用于对 ξ 进行修正。

可得倾斜面散射辐照量与水平面散射辐照量的比值如下：

$$\frac{G_{t,d}}{G_{h,d}} = \frac{[0.5(1 + \cos\beta) + a(F_1 - 1) + b(\beta)(F_2 - 1)]}{[1 + c(F_1 - 1) + d(F_2 - 1)]} \tag{3-13}$$

式中，$a = 2(1 - \cos\alpha)\chi_c(\theta)$，$b(\beta) = 2\xi \sin\xi' / \pi$，$c = 2(1 - \cos\alpha)\chi_h(\theta_z)$，$d = (1 - \cos 2\xi) / 2$。

1990 年，Perez 对模型进行了简化，减少了模型所需的参数，应用起来更加方便。这种模型准确度较高，应用广泛。其倾斜面散射辐照量与水平面散射辐照量的比值为

$$\frac{G_{t,d}}{G_{h,d}} = 0.5(1 + \cos\beta)(1 - F_1'') + F_1''(a' - d') + F_2'' \sin(\beta) \tag{3-14}$$

式中，$a' = \max(0, \cos\theta)$，$d' = \max(0.087, \cos\theta_z)$；

$F_1'' = F_{11}' \times \varepsilon + F_{12}' \times \varepsilon \times \Delta + F_{13}' \times \theta_z$，$F_2'' = F_{21}' \times \varepsilon + F_{22}' \times \varepsilon \times \Delta + F_{23}' \times \theta_z$，其中散射辐照系数 F_{ij}' 可通过查表 3-1 得到；

$\varepsilon = \dfrac{(G_{h,d} + G_0) / G_{h,d} + 1.041\theta_z}{1 + 1.041\theta_z^3}$，$\Delta = m G_{h,d} / G_0$。

表 3-1 系数 F_{ij}' 的取值

ε	1.00～1.07	1.07～1.23	1.23～1.50	1.50～1.95	1.95～2.80	2.80～4.50	4.50～6.20	>6.20
F_{11}'	−0.0083	0.13	0.33	0.57	0.87	1.1	1.1	0.68
F_{12}'	0.57	0.68	0.49	0.19	−0.39	−1.2	−1.6	−0.33

ε	1.00～1.07	1.07～1.23	1.23～1.50	1.50～1.95	1.95～2.80	2.80～4.50	4.50～6.20	＞6.20
F'_{13}	−0.062	−0.15	−0.22	−0.30	−0.36	−0.41	−0.36	−0.25
F'_{21}	−0.060	−0.019	0.055	0.11	0.26	0.29	0.26	0.16
F'_{22}	0.072	0.066	−0.064	−0.15	−0.46	−0.82	−1.1	−1.4
F'_{23}	−0.022	−0.029	−0.026	−0.014	0.0012	0.056	0.13	0.25

4. NSADR 模型

2015 年，我国姚万祥等人对 Perez 模型中所存在的对正交区域的误差进行了修正，提出了 NADR 模型。该模型将太阳散射分为 4 个区域来计算：天空穹顶区域、环日区域、天空水平区域、正交区域。通过研究验证，该模型对天气、朝向、季节和倾斜角等多因素的适应能力都较强。将 NADR 模型进行进一步简化后，得出 NSADR 模型，其倾斜面与水平面的散射辐照之比为

$$
\frac{G_{t,d}}{G_{h,d}} = \begin{cases} [0.5(1+\cos\beta)(1-F'_1-F'_2)+F'_1\dfrac{\cos\theta}{\cos\theta_z}+F'_2\dfrac{\sin\theta}{\sin\theta_z}-0.5\cos\beta F'_3], & 0\leqslant\theta\leqslant\dfrac{\pi}{2} \\ [0.5(1+\cos\beta)(1-F'_1-F'_2)+F'_2(\sin\theta/\sin\theta_z)-0.5\cos\beta F'_3], & \dfrac{\pi}{2}<\theta\leqslant\pi \end{cases} \tag{3-15}
$$

式中，

$F'_1 = F_{11} + F_{12}\cos\theta_z + F_{13}k_t$；

$F'_2 = F_{21} + F_{22}\cos\theta_z + F_{23}k_t$；

$F'_3 = F_{31} + F_{32}\cos\theta_z + F_{33}k_t$。

根据对实测数据和既有模型的分析可知，散射辐照主要受天气类型、朝向、季节和倾斜角的影响。在阴天或多云时，由于在各向同性散射辐照模型基础上进行了修正，并且多云天的不确定性削弱了各向异性，Hay 模型的计算结果与实测值较为吻合；晴天时，Perez 模型和 NSADR 模型的计算值与实测值更接近，因为晴天时环日区域及与其呈正交的区域较为明显，辐照增强（削弱）效果较为明显。就朝向而言，对于东向和北向，Perez 模型和 NSADR 模型较为准确；而对于南向和西向，Liu & Jordan 模型和 NSADR 模型较为准确。在不同的季节中，夏秋季 Perez 模型和 NSADR 模型计算的结果较为准确，秋冬季使用 Liu & Jordan 模型和 NSADR 模型计算的结果较为准确。在不同倾斜角下，各类散射辐照模型在计算倾斜角较小的倾斜面时，其散射辐照精度优于倾斜角较大的情况。

3.2 并网光伏系统设计

对并网光伏系统来说，其目标是为整个并网光伏系统在全年能够向电网输出最多的电能。因此，在设计过程中，并网光伏系统的各组成部分应该尽量减少能量损失，使光伏系统全年发电量达到最大值。

3.2.1　并网光伏系统设计的基本步骤

设计一个合理、完善的并网光伏系统，是一项复杂的系统工程。首先，需要获取项目地的安装地点，收集当地的气象资料及地理条件等资料；根据安装场地的长期水平面的太阳辐照量数据，计算该项目地太阳电池组件的最佳倾斜角，并结合安装场地的面积大小和太阳电池组件的尺寸等参数，确定太阳电池组件的安装方案，其中包括太阳电池组件的串/并联数目，太阳电池组件方阵的布局设计，整个并网光伏系统容量的设计和计算等。其次，进行光伏系统的电气设计，主要包括并网方式的设计、逆变器的选择、并网控制与保护系统设计、主接线系统的设计等。最后，进行防雷系统设计、接地设计、消防系统设计、监控系统设计和站区安装防护设施设计，保障并网光伏系统的安全稳定运行。

3.2.2　并网光伏系统发电量计算及其主要影响因素

1. 发电量计算

并网光伏系统的年发电量预测，应该根据站址所在地区的太阳能资源情况，考虑环境条件、太阳电池方阵的布置方式和各主要组成设备的效率等因素，然后进行计算得出。一般并网光伏系统的年发电量计算式为

$$E_{\mathrm{p}} = G_{\mathrm{c}} \times \frac{P_{\mathrm{AZ}}}{I_{\mathrm{ref}}} \times K \tag{3-16}$$

式中，E_{p}——光伏系统的并网发电量，单位为 kW·h；

$\qquad G_{\mathrm{c}}$——太阳电池组件表面接收的总辐照量，单位为 $(kW·h)/m^2$；

$\qquad P_{\mathrm{AZ}}$——光伏系统的总装机容量，单位为 kW_{p}；

$\qquad I_{\mathrm{ref}}$——标准测试条件下的辐照度，$I_{\mathrm{ref}} = 1(kW·h)/m^2$；

$\qquad K$——综合效率系数，包括太阳电池组件的转换效率修正系数、太阳电池组件表面污染修正系数、逆变器效率、升压变压器损耗和集电线路的损耗等。

光伏系统应当根据负载要求和当地的气象地理条件进行最佳化设计，达到可靠性和经济性的最佳结合。然而，由于光伏系统在运行时牵涉的因素很多，关系错综复杂，计算相当困难。因此，系统设计过程也会采用一些辅助软件工具完成。目前，主流设计应用软件如 RETSCREEN、SAM、Sunny Design、PVsyst 等都存在一定的不足，这些软件的主要缺点如表 3-2 所示。

表 3-2　不同系统分析软件的主要优缺点

软件名称	优　点	缺　点
RETSCREEN	较为详细的成本分析、财务概要和敏感性分析	设计结构及内容过于简单，分析得出的模拟值精度不够；逆变器效率采用固定值，损耗估算采用固定值；其地面数据与我国的气象站提供的地面数据有较大差别；没有工具选项

软件名称	优　点	缺　点
SAM	结构清晰,设计内容丰富,侧重经济性分析,具有详尽的设计前成本和运行后经济分析	使用者可操作的内容过少,无我国城市;不提供损耗计算,没有工具选项
Sunny Design	主要侧重于逆变器与太阳电池组件之间的串/并联匹配设计;涵盖洲域较多,提供较为详细的太阳电池组件性能参数	每一个国家的城市过少,我国仅有4个城市被列入;没有损耗估算,不考虑遮阴;没有工具选项
PVsyst	功能很全,提供详尽的技术性能分析;典型结构和关键部分突出,模拟精确度高;具有大篇幅的工具模块	界面不友好,用户很难操作;提供太阳电池组件部分损耗估算,大多是设定值;在逆变器设计方面,仅具有笼统单一的串/并联方式

影响太阳电池组件发电预测的主要原因还有气象数据库的选取。气象数据库作为光伏系统设计、发电量预测的基础,在光伏系统设计中起着至关重要的作用。目前,光伏应用较广的气象数据库仍存在诸多方面的不足。例如,美国国家航空航天局(NASA)气象数据库调用的是 20 年的平均气象数据,无法获得一个地区历年气象数据的具体信息,不方便针对该地区气象数据进行详细分析;其推算范围是以经纬度各 1° 为地理精度,范围较宽;由于受海拔、地形等环境因素的影响,导致推算结果与实际状况在地理特征明显的地区存在较大差异;气象数据库不具备趋势、周期性等统计显示功能。

2. 影响发电量的主要因素

影响并网光伏系统发电量的主要因素[2]如下:

1)太阳辐照量

在太阳电池组件转换效率一定的情况下,太阳辐照量是系统发电量的决定性因素之一,它包含直接辐照量、散射辐照量和周围环境的反射辐照量。计算太阳电池组件表面接收的太阳辐照量,除考虑太阳电池方阵安装时的倾斜角等的设计外,还须考虑系统所在地的纬度、海拔、大气质量和大气透明度等因素。

此外,光线的入射角同样会影响到达太阳电池表面的辐照量。对不同入射角到达太阳电池的有效太阳辐射,可用 IAM(Incidence Angle Modifier)对入射角进行修正。由于辐照并不完全都垂直入射到太阳电池板上,入射角会对真正到达太阳电池表面的辐照度有所削弱。该损失遵守菲涅耳定律,可用经验公式计算:

$$\text{FLAM} = 1 - b_0 \left(\frac{1}{\cos\theta_i} - 1 \right) \tag{3-17}$$

式中,θ_i——太阳电池组件表面光线的入射角;

b_0——入射角修正系数,与材料及其表面形貌有关,常规材料的入射修正系数为 0.1,晶体硅太阳电池组件的入射角修正系数为 0.05。

2）太阳电池方阵设计

太阳电池方阵的设计包括太阳电池组件的安装方式设计和太阳电池组件串/并联设计。太阳电池组件的安装方式设计包括倾斜角、安装间距、安装方位角和安装高度的设计。它是影响太阳电池组件表面接收太阳辐照量大小的主要因素。不合理的安装方式可能会对太阳电池组件造成阴影遮挡，导致太阳电池组件的温升损失和失配损失增加。整个并网光伏系统的太阳电池方阵一般是由若干太阳电池组件串联和并联组成的。串联太阳电池组件由于电流差异而会造成电流损失，并联太阳电池组件由于电压差异而会造成电压损失。因此，对同一个太阳电池组件子方阵需要选择相同型号和相同参数的太阳电池组件进行串/并联。

3）设备因素

并网光伏系统的主要设备包括太阳电池组件、逆变器和变压器，部分并网光伏系统的设备还包括汇流箱、储能装置等。太阳电池组件可分为晶体硅太阳电池组件、薄膜太阳电池组件和聚光太阳电池组件三种类型。目前，市场上主流的太阳电池组件以晶体硅太阳电池组件为主。受生产工艺及技术的影响，不同型号晶体硅太阳电池组件的转换效率千差万别。理论上晶体硅转化效率的极限是 29% 左右，实验室创造的纪录已经达到 25%。由于技术和成本等问题，实际量产的晶体硅太阳电池组件转换效率基本上不高于 20%。同时，太阳电池组件长时间工作在外部环境（如高温、辐照、腐蚀性环境）中，会产生光致衰减、电池效率衰减，以及太阳电池组件封装材料产生的热斑、气泡等问题，造成发电性能的进一步降低。

逆变器作为并网光伏系统的核心设备，是影响并网光伏系统发电量的重要因素之一。目前，逆变器的额定功率可以达到 98%。但是在输入的直流电流远低于逆变器额定功率时，逆变器的运行效率就会显著降低。由于太阳辐照量处于时刻变化的状态，太阳电池组件端输出的直流电流不能使逆变器长时间处于额定工作状态，这就造成逆变器更多功率损失。对此，光伏系统的设计应结合经济效益，在保证逆变器交流侧输出功率未超出其最大值情况下，应尽可能地提高直流-交流输出功率比，即逆变器的容配比。一般在辐照较好的地区，逆变器的容配比控制在 1.1～1.2 之间；在辐照度较差的地区，逆变器容配比可提高至 1.5 左右。实际容配比的设计应根据项目地的辐照数据和气象条件具体分析。

变压器效率也将影响光伏系统的发电量。光伏系统只在白天发电，但变压器在夜间依旧连接电网待机，其空载损耗较大。目前，常规变压器的工作效率一般为 95%～98%。部分非晶合金变压器的空载损耗及空载电流均较小，其效率可达 99%。

4）电缆损耗

并网光伏系统的电缆损耗包含直流电缆损耗和交流电缆损耗。直流电缆损耗主要发生在从汇流箱至逆变器的双芯电缆上。交流电缆损耗主要发生在从箱式变压器至并网点的三芯电缆。电缆电压降损耗的主要因素是电阻。电阻值与电缆长度及电阻率成正比。增大电缆截面可以降低电阻率。电气行业对电缆损耗一般控制在 2% 以内。在标准测试条件下计算的损耗值在实际安装中会因环境温度、电缆敷设方式不同而变化。因此在设计施工图时，须注重现场温度、土壤热系数、敷设系数等因素造成的电缆载流量下降，尽量在经济且合理的基础上切实做好电缆截面的选择以及敷设路径的布置。

5）积灰损失

光伏系统在运行过程中，太阳电池组件表面常受周围环境的影响，常见的有灰尘、鸟粪、落叶等环境因素。对于纬度较高的地区，太阳电池组件还可能受积雪的影响。灰尘沉积使前盖玻璃的透光率降低，影响太阳电池组件吸收的辐照度；灰尘沉积浓度越大，透光率越低，太阳电池组件吸收的辐照量就越低，太阳电池组件的输出功率也就越低。目前，太阳电池组件的积灰是光伏系统运维的关键问题之一。太阳电池组件上灰尘的清理会增加光伏系统的运维成本，造成光伏系统的整体收益降低。因此，如何规划太阳电池组件的清洗时间和清洗次数，也是光伏系统设计的要点之一。

6）温度造成的效率损失

太阳电池组件铭牌上的效率是在标准测试条件（1000W/m², 25℃）下标定的转换效率。太阳电池组件很少运行在 25℃ 条件下。随着环境温度的升高，太阳电池组件运行温度也会升高。这就导致太阳电池组件的输出功率和转换效率降低。当太阳电池温度变化时，太阳电池的输出功率将发生变化。对一般的晶体硅光伏电池来说，随着温度的升高，短路电流会略有上升，而开路电压下降较为明显。

3.2.3 太阳电池方阵设计

1. 太阳电池方阵的倾斜角

对于并网光伏系统，在设计其最佳倾斜角时，须保证系统年发电量最大，即：在理论上，尽量使太阳光线与太阳电池方阵表面保持垂直。最佳倾斜角的计算可按式（3-18）计算。在计算某段时间内的最佳倾斜角时，可以先计算该段时间内每天 0°～90° 倾斜角下的太阳辐照量，将同一倾斜角下的日辐照量进行累加，累加的太阳辐照量和对应的最大倾斜角即该时间段内的最佳倾斜角。统计太阳辐照量的计算式为

$$G\left(\beta_{\mathrm{opt}}\right) = \max\left[\sum_{n=a}^{b} G_n\left(0^\circ\right), \cdots, \sum_{n=a}^{b} G_n\left(90^\circ\right)\right] \tag{3-18}$$

式中，a 和 b 分别为起止日期，β_{opt} 为从 a 到 b 日期内该地区的最佳倾斜角，$G(\beta_{\mathrm{opt}})$ 为从 a 到 b 日期内该地区在最佳倾斜角下接收的太阳总辐照量。

根据倾斜面月平均太阳总辐照量计算公式，只要纬度和太阳总辐照量中的直射、散射辐照量比例一定，该地区的并网光伏系统的太阳电池方阵最佳倾斜角就可确定。国内部分地区并网光伏系统朝向赤道（正南）安装的太阳电池方阵最佳倾斜角如表 3-3 所示。当地月平均辐照量是根据国家气象中心在 1981—2000 年发布的《中国气象辐射资料年册》得到的。倾斜面上的太阳辐照量是根据 Klien 和 Theilacker 提出的公式计算得到的。在表 3-3 中，θ 为纬度，$\overline{G}_{\mathrm{T}}$ 为太阳电池方阵上全年日平均太阳辐照量。

2. 太阳电池方阵间距

对于一般的光伏系统而言，由于太阳电池组件数量多，须注意避免前排太阳电池方阵

对后排造成遮挡，故前、后排之间须保留足够的间距。光伏系统的设计要按照最小间距原则，即在冬至日当天上午 9 点至下午 3 点，太阳电池方阵不应受前、后排太阳电池组件遮挡。两个太阳电池方阵的间距计算示意图如图 3-2 所示。

表 3-3　国内部分地区并网光伏系统朝向赤道安装的太阳电池方阵最佳倾斜角

地区	$\theta / (°)$	$\beta_{opt}/ (°)$	$\overline{G_T}$ /[kW·h/(m²·d)]	地区	$\theta / (°)$	$\beta_{opt}/ (°)$	$\overline{G_T}$ /[kW·h/(m²·d)]
南宁	22.38	13	3.453	乌鲁木齐	43.47	31	4.208
广州	23.10	18	3.106	拉萨	29.40	30	5.863
海口	20.02	10	3.892	二连浩特	43.39	40	5.762
福州	26.05	16	2.983	兰州	36.03	25	4.077
昆明	25.01	25	4.424	沈阳	41.44	35	4.083
贵阳	26.35	12	2.653	长春	43.54	38	4.47
南昌	28.36	18	3.276	哈尔滨	45.45	38	4.231
成都	30.40	11	2.454	北京	39.56	33	4.228
重庆	29.35	10	2.452	天津	39.06	31	4.074
合肥	31.52	22	3.344	济南	36.36	28	3.824
长沙	28.13	15	3.068	南京	32	23	3.377
太原	37.47	30	4.196	郑州	34.43	25	3.881
西安	34.18	21	3.318	杭州	30.14	20	3.183
银川	38.29	33	5.098	上海	31.17	22	3.600
西宁	36.43	32	4.558	武汉	30.37	19	3.145

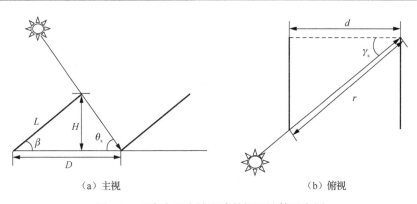

（a）主视　　　　　　　　　　　　　　（b）俯视

图 3-2　两个太阳电池方阵的间距计算示意图

在图 3-2 中，L 为太阳电池组件的长度，β 为太阳电池组件的倾斜角，H 为太阳电池方阵的高度，θ_s 为太阳高度角，D 为太阳电池方阵间距，d 为阴影长度，r 为光线在太阳电池组件之间的水平投影，γ_s 为太阳方位角。计算得到的阴影长度为

$$d = H\frac{0.707\tan\theta + 0.4338}{0.707 - 0.4338\tan\theta} = Hx \tag{3-19}$$

式中，x——遮挡比例；

　　　　θ——纬度。

两个太阳电池方阵间距最小值为

$$D_{\min} = L\cos\beta + d = L\cos\beta + Ls(\sin\beta) \tag{3-20}$$

从式（3-20）可以看出，最小间距仅与太阳电池组件的长度、安装时的倾斜角和所处纬度有关。

3. 太阳电池方阵方位角

在一天当中，正午 12 时的太阳辐照度最大。为了保证日辐照量最大，一般情况下在北半球将单面太阳电池组件朝向正南进行安装。因为太阳电池组件仅有一面可以吸收太阳辐照量，如果偏离正南，就会有很大的辐照量损失，从而带来输出功率的损失。图 3-3 所示为以不同方位角安装的常规单面太阳电池方阵日输出功率变化曲线（若太阳电池方阵方位角为正，则表示太阳电池方阵朝南偏西方位；若方位角为负，则表示朝南偏东）。

从图 3-3 可知：当单面太阳电池方阵以 30°和 90°倾斜角安装时，其日发电量曲线都随着正南方向偏离角度的增加而不断下降；仅在太阳电池方阵方位角为 0°时，日发电量达到最大值。对于单面太阳电池组件而言，安装时的朝向是十分重要的，它会在很大程度上影响光伏系统的输出功率。

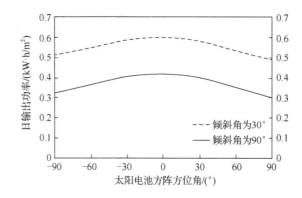

图 3-3　以不同方位角安装的常规单面太阳电池方阵日输出功率变化曲线

4. 太阳电池方阵高度

太阳电池方阵高度的设计须考虑太阳电池方阵的形式。太阳电池方阵可分为固定式与跟踪式两类。对于固定式太阳电池方阵而言，固定安装在地面上时，支架通过直接埋入法、混凝土块配重法、预埋法、地锚法与地面固定相连。在设计太阳电池方阵离地高度时，为了能接收地面反射辐照并考虑到通风散热、安装的便利等，对于一般的应用场地，选取太阳电池方阵最低点到地面的距离为 0.5m；对于农光互补（棚顶作为光伏发电站，棚内发展农业生产的新型发展模式）或渔光互补（将渔业养殖与光伏发电相结合）等特殊应用场地，应考虑适度拔高，如农光互补应用时，应考虑太阳电池方阵最低点不应低于或接近生长植物的高度；对于跟踪式太阳电池方阵而言，由于其在工作过程中运动的特殊性，光伏系统设计规范中规定在光伏跟踪系统的运行过程中，太阳电池方阵的最下端与地面的距离不宜小于 0.3m。

上述针对的是常规单面太阳电池方阵安装高度的设计。对于双面双玻太阳电池组件而言，太阳电池方阵安装高度与其输出功率有着很大关系。近年来，已有很多研究表明：双面双玻太阳电池组件年输出功率随其最低点离地高度的增加而先增加后减小；双面双玻太阳电池组件的最佳安装高度随安装地点而异；双面双玻太阳电池组件通过拔高安装高度而获得的辐照增益与安装地点的散射辐照量占总辐照量的比例有关，所占比例越高，辐照增益也就越大。

5. 太阳电池方阵组串数设计

太阳电池方阵需要在串联和并联后，经过汇流箱的一级汇流和直流配电柜的二级汇流再输入逆变器。太阳电池方阵的串联数和太阳电池组件串的并联数受到太阳电池组件自身参数、逆变器参数和当地温度条件的影响。

太阳电池组件串联数的确定：串联电压应小于太阳电池组件承受的最大允许电压，在极端条件下太阳电池组件串的开路电压低于逆变器允许的最大直流输入电压，且满足太阳电池组件串的最大功率点（MPP）工作电压在逆变器电压范围内的要求。光伏系统设计规范中给出以下计算公式：

$$N_{s} \leqslant \frac{V_{\max}}{V_{OC}[1 + K_V(t_{\min} - 25)]} \tag{3-21}$$

$$N_{s} \leqslant \frac{V_{DC\max}}{V_{OC}[1 + K_V(t_{\min} - 25)]} \tag{3-22}$$

$$\frac{V_{MPP\min}}{V_{mp}[1 + K'_V(t_{\max} - 25)]} \leqslant N_s \leqslant \frac{V_{MPP\max}}{V_{mp}[1 + K'_V(t_{\min} - 25)]} \tag{3-23}$$

式中，N_s——串联太阳电池组件数；

$V_{\max}$——太阳电池组件的最高耐受电压，单位为 V；

V_{OC}——太阳电池组件的开路电压，单位为 V；

V_{mp}——太阳电池组件的最大功率点电压，单位为 V；

K_V、K'_V——太阳电池组件的开路电压温度系数和工作电压温度系数；

$t_{\max}$、$t_{\min}$——太阳电池组件工作条件下的极限高温和极限低温，单位为℃；

$V_{DC\max}$——逆变器允许输入的最大直流电压，单位为 V；

$V_{MPP\max}$、$V_{MPP\min}$——太阳电池组件串的最大功率点的最大电压和最小电压。

在设计地面光伏系统时，一般采用最大组串设计，即相关数值取上述 3 个公式计算的最大值。光伏系统设计规范中只给出太阳电池组件串联数的计算公式，并未给出太阳电池组件串的并联数计算公式。依据逆变器允许的最大直流输入功率必须大于其对应的太阳电池方阵的实际最大直流输出功率和光伏系统设计中的经验值，提出以下经验公式，即太阳电池组件串的并联数的计算应满足：

$$N_{\mathrm{p}} \leqslant \frac{P_{\mathrm{DCmax}}}{K_{\mathrm{DC}} N_{\mathrm{s}} P_{\mathrm{m}} \dfrac{I_{\mathrm{m}}}{I_{\mathrm{ref}}} \left[1 + K_P (t_{\mathrm{pm}} - 25) \right]} \tag{3-24}$$

$$N_{\mathrm{p}} \leqslant \frac{I_{\mathrm{DCmax}}}{K_{\mathrm{DC}} N_{\mathrm{s}} I_{\mathrm{SC}} \dfrac{I_{\mathrm{m}}}{I_{\mathrm{ref}}} \left[1 + K_I (t_{\mathrm{pm}} - 25) \right]} \tag{3-25}$$

式中，　N_{p}——太阳电池组件串的并联数；

P_{DCmax}——逆变器最大直流输入功率，单位为 W；

I_{DCmax}——逆变器最大直流输入电流，单位为 A；

K_{DC}——直流侧综合效率系数（取最大值），一般为 85%～90%；

P_{m}——太阳电池组件的峰值功率，单位为 W；

I_{SC}——太阳电池组件的短路电流，单位为 A；

I_{m}——当地全年最大瞬时辐照度，单位为 W/m^2；

I_{ref}——标准测试条件下的辐照度，其值为 1000W/m^2；

K_P、K_I——太阳电池组件的峰值功率温度系数和短路电流温度系数；

t_{pm}——最大瞬时辐照度下太阳电池组件的最低温度，可取月均最高环境温度。

须注意的是，在以上串/并联数目计算中均未考虑太阳光谱变化（太阳电池组件标准测试辐照光谱分布为 AM1.5）的影响。

6. 太阳电池方阵设计的优化

前面介绍了太阳电池方阵倾斜角与太阳电池方阵间距分别对光伏系统的影响。在实际情况下，在计算有限空间内的太阳电池方阵排列的最佳间距及倾斜角时，往往须首先考虑单位空间的土地成本以及单个光伏系统的成本；然后将这些成本除以整体输出功率，得到一个比值，再调整各排太阳电池方阵的倾斜角及间距，使该比值最小；再将所求得的各个值进行比较，选出每千瓦时的成本 y 的最小值 $y_{\min}$ 所对应的倾斜角 α，即光伏系统的最佳倾斜角。之后可以求出对应的遮挡比例 x，再根据所求的 α、x、最佳倾斜角及太阳电池组件的长度，求出前、后排太阳电池组件之间的间距，即最佳间距。

以上海某地区的房屋为例，假设屋顶为方形平顶，单位土地成本为 m，屋顶的长为 a，宽为 b，单个太阳电池面板的长为 k，宽为 t，单个太阳电池方阵的成本为 n，单个光伏系统处于最佳倾斜角且无阴影遮挡时的全年发电量为 $Q_{\max}$。可变量为太阳电池组件的倾斜角 α、前排对后排的遮挡比例 x，假设太阳电池组件中的电池有 s 排。

选用 250W 的太阳电池组件作为计算样本。该太阳电池组件的长为 1650mm，宽为 992mm，电池数为 6×9=54 块，售价为 1075 元，支架售价为 200 元。其遮挡比例与输出功率损失的关系如图 3-4 所示。

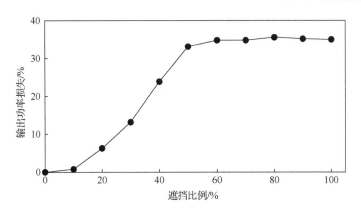

图 3-4　遮挡比例与输出功率损失的关系

由此，可列出每千瓦时发电量的成本 y 与遮挡比例 x 以及倾斜角 α 的关系式：

当遮挡比例为 $0 \sim \dfrac{1}{10s}$ 时，

$$y = \frac{m + \dfrac{b}{t} \times \dfrac{a}{\dfrac{k}{\cos\alpha}(1-x)} \times n}{\dfrac{b}{t} \times \dfrac{a}{\dfrac{k}{\cos\alpha}(1-x)} \times Q_{\max} \times \eta_\alpha}$$

当遮挡比例为 $\dfrac{1}{10s} \sim \dfrac{1}{2s}$ 时，

$$y = \frac{m + \dfrac{b}{t} \times \dfrac{a}{\dfrac{k}{\cos\alpha}(1-x)} \times n}{\dfrac{b}{t} \times \dfrac{a}{\dfrac{k}{\cos\alpha}(1-x)} \times Q_{\max} \times (1.0825 - 0.825x \times s) \times \eta_\alpha}$$

当遮挡比例为 $\dfrac{1}{2s} \sim \dfrac{1}{3} + \dfrac{1}{10s}$ 时，

$$y = \frac{m + \dfrac{b}{t} \times \dfrac{a}{\dfrac{k}{\cos\alpha}(1-x)} \times n}{\dfrac{b}{t} \times \dfrac{a}{\dfrac{k}{\cos\alpha}(1-x)} \times Q_{\max} \times 0.64 \times \eta_\alpha}$$

当遮挡比例为 $\left(\dfrac{1}{3} + \dfrac{1}{10s}\right) \sim \left(\dfrac{1}{3} + \dfrac{1}{2s}\right)$ 时，

$$y = \cfrac{m + \cfrac{b}{t} \times \cfrac{a}{\cfrac{k}{\cos\alpha}(1-x)} \times n}{\cfrac{b}{t} \times \cfrac{a}{\cfrac{k}{\cos\alpha}(1-x)} \times Q_{\max} \times 0.64 \times \left[0.7175 - 0.775 \times \left(x - \cfrac{1}{3}\right) \times s\right] \times \eta_\alpha}$$

当遮挡比例为 $\left(\cfrac{1}{3} + \cfrac{1}{2s}\right) \sim \left(\cfrac{2}{3} + \cfrac{1}{10s}\right)$ 时，

$$y = \cfrac{m + \cfrac{b}{t} \times \cfrac{a}{\cfrac{k}{\cos\alpha}(1-x)} \times n}{\cfrac{b}{t} \times \cfrac{a}{\cfrac{k}{\cos\alpha}(1-x)} \times Q_{\max} \times 0.33 \times \eta_\alpha}$$

当遮挡比例为 $\left(\cfrac{2}{3} + \cfrac{1}{10s}\right) \sim \left(\cfrac{2}{3} + \cfrac{1}{2s}\right)$ 时，

$$y = \cfrac{m + \cfrac{b}{t} \times \cfrac{a}{\cfrac{k}{\cos\alpha}(1-x)} \times n}{\cfrac{b}{t} \times \cfrac{a}{\cfrac{k}{\cos\alpha}(1-x)} \times Q_{\max} \times 0.33 \left[0.4125 - 0.825 \times \left(x - \cfrac{2}{3}\right) \times s\right] \times \eta_\alpha}$$

当遮挡比例为 $\left(\cfrac{2}{3} + \cfrac{1}{2s}\right) \sim 100\%$ 时，光伏系统不发电，故不考虑此种情况。

不同倾斜角对应的输出效率计算结果如图 3-5 所示。

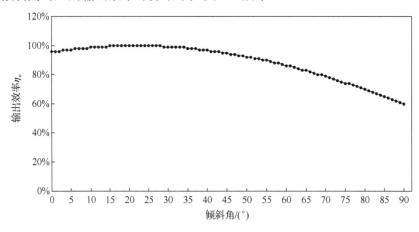

图 3-5 不同倾斜角对应的输出效率计算结果

综上所述，得到输出效率 η_α 与倾斜角的关系式：

$$\eta_\alpha = -8.65 \times 10^{-5} \times (\alpha - 22)^2 + 1$$

假设上海该地区土地费用为 300 元/（米 ^{2}·年），使用时长为 20 年。代入上述各式进行求解，可解得当取倾斜角 α 为 8°，并使遮挡比例为 1/90 时每度电的成本最少，即 1.258956385 元。此时，前、后排太阳电池组件的间距为 1.71m。

3.2.4　设备选型

1. 太阳电池组件选型

太阳电池组件可分为晶体硅太阳电池组件、薄膜太阳电池组件等类型。太阳电池组件的选型应该依据站址的太阳辐照量、气候特征、场地面积等因素，并结合太阳电池组件的峰值功率、转换效率、温度系数、太阳电池组件尺寸和质量、功率辐照度特性等技术条件进行。关于各类型太阳电池组件（智能太阳电池组件、高可靠性太阳电池组件、高效太阳电池组件等）的技术性能将在第 8 章详细描述，在此不予叙述。

2. 逆变器选型

常见的光伏逆变器有集中式逆变器、组串式逆变器和微型逆变器。3 种逆变器的特点和适用场合在第 2 章中已详细介绍，本节主要介绍并网逆变器的选型原则。

（1）性能可靠，效率高。目前的光伏系统发电成本较高，如果在发电过程中逆变器自身消耗能量过多或逆变失效，那么必然导致总发电量的损失和系统经济性下降。因此，选型时要求逆变器可靠、效率高，并能根据太阳能电池组件当前的运行状况输出最大功率。

（2）要求直流输入电压有较宽的适应范围。由于太阳能电池的端电压随负载和日照强度而变化，这就要求保证逆变电源在较大的直流输入电压范围内能正常工作，并保证交流输出电压稳定。

（3）具有保护功能。并网逆变器应具有交流过压/欠压保护、超频/欠频保护、高温保护、交流/直流的过流保护、直流过压保护、防孤岛保护等功能。

（4）波形畸变小，功率因数高。当大型光伏系统并网运行时，为避免对公共电网造成电力污染，要求逆变电源输出正弦波，电流波形必须与外电网一致，波形畸变率小于 5%，高次谐波含量率小于 3%，功率因数接近于 1。

（5）监控和数据采集。逆变器应有多种通信接口进行数据采集，并将数据发送到远程控制室，其控制器还应有模拟输入端口与外部传感器相连，以测量日照和温度等数据，便于整个光伏系统的数据处理分析。

3. 电缆选型

电缆是光伏系统中的能量传输元件，在光伏发电中起着至关重要的作用。光伏系统所用电缆的选择和敷设，通常应符合现行国家标准《电力工程电缆设计标准》（GB 50217—2018）的规定。但是针对光伏系统所特有的发电特性来说，电缆的选择和敷设存在一定的局限性和差异性。光伏系统用电缆选型偏差所造成的材料资金浪费或用电安全隐患的问题也时有发生。此外，光伏系统均建在室外，日照时间长、环境温度高、水分迁移现象严重等因素加剧电缆绝缘老化速度。电缆绝缘老化是一个长期累积效应，不易被察觉，一旦达到临界值将造成严重的用电安全事故。

3.2.5 并网光伏系统的电气系统设计

1. 光伏系统分类及并网电压等级

光伏系统的等级分类没有绝对的标准，一般会根据光伏系统规模的发展而变动。目前，国际能源署对光伏系统等级分类如下：容量小于 100kW$_p$ 的，为小规模光伏系统；容量为 100kW$_p$～1MW$_p$ 的，为中规模光伏系统；容量为 1～10MW$_p$ 的，为大规模光伏系统；容量为 10MW$_p$ 以上的，为超大规模光伏系统。

国内按照《光伏系统并网技术要求》（GB/T 19939—2005），综合考虑不同电压等级电网的输配电容量、电能质量等技术要求，光伏系统根据接入电网的电压等级，可分为小型、中型和大型光伏系统，具体要求如表 3-4 所示。

表 3-4　我国光伏系统等级分类

光伏系统等级	小　　型	中　　型	大　　型
容量	<1MW$_p$	1～30MW$_p$	>30MW$_p$
并网电压	0.4kV	10～35kV	≥66kV

注：表中下标"p"表示峰值。

2. 并网方式

光伏系统的并网方式主要包括逆流并网光伏系统、无逆流并网光伏系统、切换型并网光伏系统和有储能装置的并网光伏系统。

1）有逆流并网光伏系统

因为电流方向与电网的供电方向相反，所以称为逆流。有逆流并网光伏系统通过太阳电池方阵产生电量供用户设备使用，多余的电量输入电网，由于输出的电量受天气和季节的影响较大，并且用户负载的用电时间又不固定，为了保证电力平衡，一般设计为有逆流并网光伏系统。

图 3-6 所示为有逆流并网光伏系统示意图。

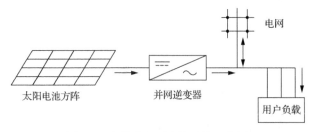

图 3-6　有逆流并网光伏系统示意图

2）无逆流并网光伏系统

无逆流并网光伏系统指其发电量即使大于用户负荷的用电量也不向电网供电的光伏系统，当发电量不够时由电网提供，即光伏系统与电网形成并联共同向用户负载供电。这种系统不会出现光伏系统向电网输电的情况，一般大商场或用电量较大的工厂屋顶光伏系统可能会采用这种并网方式。

无逆流并网光伏系统示意图如图 3-7 所示。

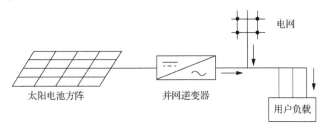

图 3-7　无逆流并网光伏系统示意图

3）切换型并网光伏系统

切换型并网光伏系统具有自动进行双向切换的功能。当光伏系统因多云、阴雨天及自身故障等导致发电量不足时，切换器能自动切换到电网供电一侧，由电网向负载供电；当电网因为某种原因突然停电时，光伏系统可以自动切换，使电网与光伏系统分离，成为独立的离网光伏系统。有些切换型并网光伏系统还可以在需要时中断一般负载的供电，为应急负载供电。一般切换型并网光伏系统都带有储能装置。

4）有储能装置的并网光伏系统

上述几类光伏系统根据需要配置储能装置，就成为有储能装置的并网光伏系统。有储能装置的光伏系统主动性较强，当电网出现停电、限电或故障时，可独立运行，向负载正常供电。因此，有储能装置的并网光伏系统可以作为紧急通信电源，例如，作为医疗设备、加油站、避难场所指示与照明等重要或应急负载的供电系统。

3. 电能质量

电能质量指光伏系统向用户交流负载提供电能和向电网传输电能的质量，在谐波、电压偏差、频率、电压不平衡度、直流分量、电压波动和功率因数等方面应该满足国家的相关标准。

1）谐波

光伏系统通过太阳电池组件将太阳能转化为电能，再通过并网逆变器将直流电能转化为与电网同频率、同相位的正弦波电流，并入电网。在将直流电能经逆变转换为交流电能的过程中，光伏系统会产生高次谐波。

光伏系统接入电网后，公共连接点的谐波电压应该满足《电能质量　公用电网谐波》（GB/T14549—1993）的规定，如表 3-5 所示。

表 3-5　公用电网谐波电压限值

电网标称电压/kV	电网总畸变率/%	各次谐波电压含有率/%	
		奇次	偶次
0.38	5.0	4.0	2.0
6	4	3.2	1.6
10			
35	3	2.1	1.2
66			
110	2	1.6	0.8

2）电压偏差

根据《电能质量　供电电压偏差》（GB/T 12325—2008）的规定，光伏系统在接入电网时，应采取必要措施，使运行时的系统电压波动满足国家有关标准。三相供电电压允许偏差为额定电压的±7%，单相供电电压的允许偏差为额定电压的-10%～+7%。

3）频率

光伏系统并网时应与电网同步运行。电网额定频率为 50 Hz，光伏系统并网后的频率允许偏差应符合《电能质量　电力系统频率偏差》（GB/T 15945—2008）的规定，即允许偏差范围为±0.5Hz。

4）电压波动

光伏系统的实际输出功率随光照强度的变化而变化。这种输出功率极不稳定，尤其短时间内的大幅波动会对系统接入点电压造成一定影响。当并网运行时，光伏系统和电网接口处的电压波动应符合《电能质量　电压波动和闪变》（GB/T 12326—2008）的规定，其电压变动限值与变动频率、电压等级有关。

5）电压不平衡度

光伏系统并网运行时，它和电网接口处的三相不平衡度不应超过《电能质量　三相电压不平衡》（GB/T 15543—2008）规定的限值。公共连接点的负序电压不平衡度应不超过2%，短时间内不得超过 4%。其中，由光伏系统引起的负序电压不平衡度不超过 1.3%，短时间内不超过 2.6%。

6）直流分量

光伏系统并网运行时，向电网传送的直流分量不应超过其交流额定值的 0.5%；对于不经过变压器直接接入电网的光伏系统，因逆变器效率等特殊因素可放宽到 1%。

7）功率因数

大型和中型光伏系统的功率因数应该能够在 0.98（超前）～0.98（滞后）范围内连续可调。在其无功率输出范围内，光伏系统应具备根据并网电压水平调节无功输出，参与电网电压调节的能力。无功补偿装置的配置与地区电网特点密切相关，应结合当地电网情况具体分析。

一段时期内的平均功率因数（PF）可表示为

$$PF = \frac{E_{REAL}}{\sqrt{E_{REAL}^2 + E_{REACTIVE}^2}}$$ （3-26）

式中，E_{REAL}——有功电量，单位为 kW·h；

$E_{REACTIVE}$——无功电量，单位为 kW·h。

4. 安全与保护

在光伏系统和电网连接运行时，为保证设备和人员的安全，应设计相应的并网保护功能。并网保护功能包括过电压/欠电压保护、过频率/欠频率保护、防孤岛效应、恢复并网功能、防雷接地保护、短路保护、隔离和开关以及逆向功率保护。

5. 主接线设计

光伏系统电气主接线主要指升压站的电气主接线，也称为电气一次接线，指由变压器、断路器、隔离开关、避雷器、互感器、电容器、母线、电力电缆等一次主电气设备，按照一定次序连接起来的电路，通常采用单线图表示。

电气一次接线设计要充分考虑供电可靠性、运行灵活性、操作简便性、经济性以及便于扩建等因素。典型的电气主接线按照接入点数量大致可分为两大类：有汇流母线的接线方式（单个接入点）和无汇流母线的接线方式（多个接入点）。有汇流母线接线方式又分为单（双）母线和单（双）母线分段两种方式，无汇流母线接线方式可分为外桥接线方式和内桥接线方式。

6. 安全系统设计

1）防雷

雷电对光伏系统的危害方式有直击雷、雷电感应和雷电波侵入三种。并网光伏系统因为太阳电池方阵的面积大，光伏系统又安装在没有遮盖物的室外，更容易受到雷电引起的过高电压影响。光伏系统防雷措施主要分为防直击雷（太阳电池组件的金属紧固件和地面角钢可靠连接）和防感应雷（逆变器与交流配电柜处安装防雷保护装置）。

2）接地

并网光伏系统接地装置和设备应符合《交流电气装置的接地设计规范》（GB/T 50065—2011）的相关规定。常见的接地类型有防雷接地、工作接地、保护接地、屏蔽接地、重复接地等。

3）消防设计

光伏系统的并网设计应贯彻"预防为主，防消结合"的消防工作方针，做到防患于未"燃"，严格按照规范的要求设计，采取"一防、二断、三灭、四排"的综合消防技术措施。工程消防设计与总平面布置统筹考虑，保证消防车道、防火间距、安全出口等各项消防要求。并网光伏系统的常用消防设计规范如下：

（1）《中华人民共和国消防法》（2019 年版）；

（2）《建筑设计防火规范》（GB 50016—2014）；

（3）《建筑内部装修设计防火规范》（GB 50222—2017）；

（4）《建筑灭火器配置设计规范》（GB 50140—2005）；

（5）《电力设备典型消防规程》（DL 5027—2015）；

（6）《火力发电厂与变电站设计防火标准》（GB 50229—2019）。

4）监控系统设计

现有的变电站监控系统可以分为两个层次：站控层和间隔层。站控层是全站设备监视、测量、控制、管理的中心，通过光缆或屏蔽双绞线与间隔层相连。站控层主要设备包括主机/操作员站、工程师站、远动工作站、打印机、GPS 时钟、网络设备及规约转换接口等。间隔层设备布置在对应的开关柜或控制室内，在站控层及网络失效的情况下，间隔层设备仍能独立完成设备的监视和控制功能。间隔层主要设备包括电站电气设备所用的保护、测量、计量等二次设备。

3.3 离网光伏系统设计

离网光伏系统的设计既要保证光伏系统的长期可靠运行，充分满足负载的用电需求，又要在保证一定可靠性的前提下获得系统最合理、最经济的配置方式[4]。

3.3.1 离网光伏系统的设计内容与设计步骤

离网光伏系统指可脱离常规电网独立工作的光伏发电系统，又称为独立光伏系统。尽管它的应用形式各有不同，应用规模也多种多样，但其工作原理在本质上相同。离网光伏系统结构如图 3-8 所示。

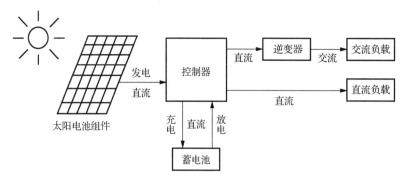

图 3-8　离网光伏系统结构

在进行离网光伏系统设计时，需要对项目用电需求进行分析和计算，并且收集当地相关的气象环境参数，还需要考虑太阳电池组件输出功率和方阵构成的计算，以及蓄电池的容量及其组合的设计与计算。具体设计步骤和内容如图 3-9 所示。

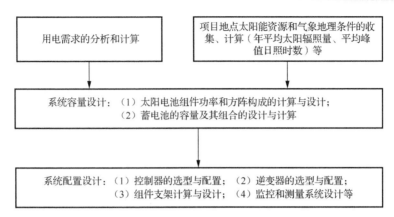

图 3-9　离网光伏系统的设计内容与步骤

3.3.2　用电需求计算以及重要参数的选取

1. 用电需求的确定

用电需求可由相关电器的功率、使用时长来确定。将各个电器的用电量总和作为设计时的日用电量，将各个电器的功率总和作为光伏系统发电的瞬时最大输出功率（用于选择逆变器）。

2. 离网光伏系统工作电压的选取

一般小型离网光伏系统工作电压依据用电负载的每日耗电量初步确定，具体如表 3-6 所示。

表 3-6　小型离网光伏系统工作电压的选取

系统的每日耗电量	工作电压
0~1kW·h	12V
1~3kW·h	24V
>3kW·h	48V

注：实际设计时，还须考虑输送电缆的长度所导致的工作电压的下降。

大功率的离网光伏系统工作电压则依据所选择的逆变器的工作电压来确定，一般来说，工作电压、逆变器电压和蓄电池系统的电压值相同。

3. 离网光伏系统自给天数的选取

不同于并网光伏系统，离网光伏系统由于脱离电网而独立运行，其可靠性在设计中就显得尤为重要。离网光伏系统自给天数也称为最大连续阴雨天数，指的是蓄电池向负载维持供电的天数[5]。其数值的确定可参考当地年平均连续阴雨天数的数据。此外，对于一般不太重要的负载（如太阳能路灯等），平均连续阴雨天数可以根据经验选取，一般为 3~7 天；对于一些要求较高的系统（如医疗设施、通信基站等），自给天数一般为 7~14 天。在阴雨天气较多的南方，为避免在两段连续阴雨天之间蓄电池的电力无法得到很好的补充，导致在第二个连续阴雨天气中无法稳定供电，设计的容量往往偏大。

3.3.3　太阳电池方阵构成和输出功率的计算与设计

在离网光伏系统的设计中，计算太阳电池组件输出功率大小的基本思路就是用负载的日平均用电量（单位为 W·h 或 A·h）为基本参数，以当地的太阳辐照参数（峰值日照时数、年总辐照量等）为参考依据[6]，并结合相关系数进行综合计算。一般，用以下两种方式来对系统太阳电池组件进行选型：

（1）按照相应参数计算出太阳电池组件的相关参数，并且依据计算得到的结果选购或特制相应的太阳电池组件。

（2）先选择安装条件等合适的太阳电池组件，再根据所选择的太阳电池组件的相关电气参数，参考负载等数据进行计算。通过计算，确定所需太阳电池组件的个数、组合方式（串/并联数）和太阳电池方阵的总功率。

在多数情况下，往往选用第二种方式进行设计。

在计算太阳电池方阵中组件的并联数时，最基本的方法就是用负载日用电量除以选定的太阳电池组件日平均发电量，以便计算整个系统所需并联的太阳电池组件数量[7]。组合后太阳电池组件的并联电流即太阳电池方阵输出的电流。相应公式如下：

$$M = \frac{Q_{\text{load}}}{Q_{\text{PV}}} \tag{3-27}$$

式中，M——太阳电池组件并联数；

Q_{load}——系统所接负载日用电量，单位为 A·h；

Q_{PV}——太阳电池组件日均发电量，单位为 A·h。

在计算太阳电池方阵中组件的串联数时，将整个系统的工作电压除以太阳电池组件峰值工作电压，就可计算出整个系统所需串联的太阳电池组件数量。这些太阳电池组件的串联电压即太阳电池方阵输出的电压（工作电压、蓄电池充电电压）[8]。相应公式如下：

$$N = \frac{V_{\text{s}} \times K}{V_{\text{PV}}} \tag{3-28}$$

式中，N——太阳电池组件串联数；

V_{s}——系统工作电压，单位为 V；

K——太阳电池组件与系统工作电压的比值，其值可取 1.43；

V_{PV}——太阳电池组件峰值工作电压，单位为 V。

在确认太阳电池组件的串联与并联数之后，就可以较方便地计算出太阳电池方阵的输出功率 $W_{总}$，其计算公式如下：

$$W_{总} = M \times N \times W \tag{3-29}$$

式中，M——太阳电池组件的并联数；

　　　　N——太阳电池组件的串联数；

　　　　W——选定太阳电池组件的峰值输出功率。

　　此外，在实际应用中，太阳电池组件的发电量会因为各种内外因素的影响而衰减或降低（灰尘、线路损耗、逆变器的效率等）[9]。对此，工程上将上述各种因素的损失按照 10% 的损耗进行计算（当光伏系统为交流系统时，还应该考虑逆变器的效率），即考虑系统的安全系数，太阳电池组件在设计时的容量取得较大，以保证系统的长期可靠运行。

　　此外，太阳电池组件产生的电能在转化为化学能和储存的过程中，会因为发热等因素产生电能的损失。根据蓄电池属性的不同，蓄电池的充电效率一般为 90%～95%。因此，需要在设计的时候考虑蓄电池的不同，增加太阳电池组件的容量，以抵消充/放电过程中的能量耗散。

　　故须对太阳电池方阵中组件的并联数进行修正，修正后的计算公式如下：

$$M^* = \frac{Q_{load}}{Q_{PV} \times K_1 \times K_2 \times K_3} \tag{3-30}$$

式中，M^*——考虑损失并修正后的太阳电池组件串联数；

　　　　Q_{load}——系统所接负载日均用电量，单位为 A·h；

　　　　Q_{PV}——太阳电池组件日均发电量，单位为 A·h；

　　　　K_1——充电效率系数；

　　　　K_2——太阳电池组件损耗系数；

　　　　K_3——逆变器效率系数。

3.3.4　蓄电池与蓄电池组的设计方法

　　离网光伏系统中的蓄电池经常处于对内充电—对外放电的循环中，需要具有深循环的对外放电能力、良好的放电恢复能力，并且保证系统在太阳辐照量连续低于平均值的情况下，其负载仍可以在一定得时间内持续地正常工作。在实际工程中，往往按下式计算蓄电池的容量 C：

$$C = A \times N \times Q / D \tag{3-31}$$

式中，A——安全系数，一般取 1.1～1.2；

　　　　N——系统自给天数，根据当地的气象条件与系统的使用场合来确定；

　　　　Q——系统每日所需的电量，单位为 W·h；

　　　　D——蓄电池的放电深度（20%～80%）。

　　在确定蓄电池的设计容量之后，结合蓄电池的工作电压（逆变器电压由负荷确定），可对蓄电池组的串/并联进行设计。为了达到系统的工作电压和容量，须并联的蓄电池数 N_{pp} 为电池组的总容量除以所选定蓄电池的标称容量（50A·h、300A·h、1200A·h 等），而须串联的蓄电池数 N_{ss} 为系统工作电压除以所选定蓄电池的标称电压（2V、6V、12V 等）[10]。计算公式如下：

$$N_{ss} = \frac{V_s}{V_b} \tag{3-32}$$

式中，N_{ss}——蓄电池串联数；

V_s——系统工作电压，单位为 V；

V_b——蓄电池标称电压，单位为 V。

$$N_{pp} = \frac{C_s}{C_b} \tag{3-33}$$

式中，N_{pp}——蓄电池并联数；

C_s——所需储能蓄电池的总容量，单位为 A·h；

C_b——单体储能蓄电池的标称容量，单位为 A·h。

需要注意的是，为了尽量减小蓄电池之间的不平衡所造成的影响，设计时要求并联的蓄电池数量不超过 4 组[11]，以减小蓄电池不平衡现象发生的可能性。

3.3.5 离网光伏系统控制器的选型

控制器是光伏系统的"大脑"，起着平衡光伏系统能量和保护蓄电池等的作用[12]。离网光伏系统控制器的选型一般需要考虑以下两方面因素：

（1）控制器的工作电压。控制器的工作电压要与蓄电池、逆变器（给交流负载供电时）的工作电压相匹配，一般为 12V、24V、48V、110V、220V 等。

（2）控制器的额定电流。控制器的额定电流应大于等于太阳电池的输出电流，从而避免控制器被烧坏。

3.3.6 离网光伏系统逆变器的选型

逆变器是光伏系统的主要部件和重要组成部分，离网光伏系统逆变器的选型一般需要考虑以下 3 方面因素。

1. 逆变器的额定输出功率

额定输出功率表示逆变器向负载供电的能力。在选取逆变器的额定输出功率时，应考虑有足够的输出功率来满足最大负载情况下设备对电功率的要求。一般来说，当用电设备以纯电阻性负载（电灯、风扇等）为主时，所选逆变器的输出功率要比用电设备的总功率大 10%～15%；而对于一般的电感性负载（冰箱、空调等），由于其启动的瞬时功率较大，逆变器的输出功率则要符合其最大瞬时功率的要求[13]。

2. 输出电压的调整性能

输出电压的调整性能表示逆变器输出电压的稳定能力。一般来说，性能优良的逆变器电压调整率小于等于±3%，而其对应的负载调整率小于等于±6%[14]，在选型中一般不作为主要的选择参数。

3. 整机效率

整机效率即逆变器自身的效率损耗的大小。逆变器整机效率的高低对光伏系统发电量的提高和降低发电成本有着重大的意义；因此，选用逆变器时应该尽量选用整机效率高的逆变器[15]。

3.3.7 其他系统配件的选型

（1）连接用电缆。在选择连接用电缆时，根据相应的控制器以及逆变器的安装接口，应综合考虑太阳电池组件的安装位置以及蓄电池的存放位置；对电缆进行输送压降的计算，以选取合适的电缆外径尺寸。

（2）断路器。断路器是保障系统安全和可靠性的重要元器件，它集控制和多种保护功能于一身，设计时大多选择空气开关。

（3）绝缘胶带等防护物品。绝缘胶带在电路中用于防止漏电，起绝缘作用，它具有良好的绝缘耐压、阻燃、耐候等特性。

（4）电量计等监测装置。在工程应用中，须对系统进行数据的收集和监测，在监控设备的选用上，须考虑设备的适用范围，即电压、电流不能超过设备的使用范围，避免造成危险。

3.3.8 应用实例

以江苏某地区小型户用照明离网光伏系统的设计为例。为满足家庭夜间所需的照明要求，该离网光伏系统的直流负载选用 5×10W 的 LED 灯；考虑到小型离网光伏系统的特性，选择的照明灯为直流负载（不需要逆变器，可节省空间）。在综合考虑当地的气候条件以及负载日常使用需求的基础上，将负载的使用时间定为每天 4h。该小型户用照明离网光伏系统负载的相关参数及每日用电量如表 3-7 所示。

表 3-7 江苏某地区小型户用照明离网光伏系统负载的相关参数及每日用电量

负载名称	负载功率	个数	使用时长/天	每日用电量
直流 LED 灯	10W	5	4h	200W·h

考虑到当地的最大连续阴雨天数以及日常照明的需要，将系统的自给天数确定为 3 天，代入式（3-31），蓄电池容量 C 大小如下：
$$C=1.2×3×200W·h÷80\%=900W·h$$
这里，放电深度选为 80%，安全系数选为 1.2。

所选择的系统工作电压为 12V，则蓄电池的容量如下：
$$C=900W·h÷12V=75A·h$$
依据相关电池参数，选择电池型号为 12V 38A·h 的蓄电池，并且计算后可知其组合方式为 2 个支路并联，每个支路上电池个数为 1，共需 2 块电池。

为计算太阳电池组件的个数以及组合方式，查阅相关气象软件可得，当地的年平均峰值日照时数为 2.64h。拟选取 $50W_p$ 太阳电池组件，太阳电池组件相关参数为峰值电压 17.3V，峰值电流 2.9A。代入式（3-28）和式（3-30），可得

并联数： $（200÷12）/（2.64×2.9×90\%×90\%）≈3$

串联数： $12×1.43÷17.3≈1$

故太阳电池方阵的总功率为

$$1×3×50W_p=150W_p$$

组合方式为 3 块太阳电池组件相互并联。

在选择控制器时，考虑系统最大电流为 8.7A，以及工作电压为 12V，应选择型号为 12V 10A 的控制器。由于此次设计无须进行直流/交流的转化，故不需要选择逆变器的型号。

根据所选择的控制器的安装接口，综合考虑太阳电池组件的安装位置以及蓄电池的存放位置，对电缆进行输送压降的计算，进而确定本例的电缆外径尺寸为 $4mm^2$，电量计等监测装置的量程为 20A。

3.4 微网光伏系统设计

3.4.1 微网光伏系统的工作原理

太阳电池组件作为微网光伏系统中最主要（唯一）的分布式电源，起着十分重要的作用，它利用光生伏特原理将获得的太阳辐照能转化为电能，通过电力设备将产生的直流电转换到合适的电压输入直流母线中。这部分电能可以直接供直流负载使用，或者通过控制器对直流储能装置充能，直流储能装置在需要时再释放能量，通过控制器分配到各个直流负载上。直流母线通过双向逆变器与交流母线相连，可以供应交流母线上负载的用电需求，或者对交流储能装置充能。同时，交流母线通过相应端口连接配电网[16]。如此，微网光伏系统所产生的电能可以在交流、直流两端做到即发即用，或将多余的电能存储在相应储能装置中以备不时之需，或将多余电能并入配电网。

3.4.2 微网光伏系统的设计内容

微网光伏系统是指由太阳电池组件、储能装置、能量转换装置、相关负荷和监控/保护装置汇集而成的小型发/配电系统，是一个能够实现自我控制、保护和管理的自治系统，既可以与外部电网并网运行，也可以独立运行，是智能电网的重要组成部分[17]。其工作原理是在并网光伏系统的基础上添加储能装置，以控制电能的储存和转化。微网光伏系统结构如图 3-10 所示。

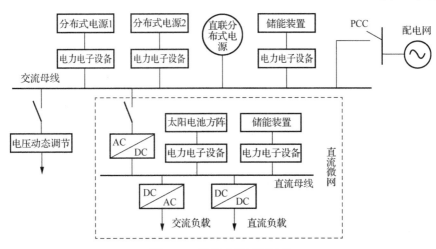

图 3-10　微网光伏系统结构

并网光伏系统由于自身特性的限制，存在输出波动大、电能质量差等诸多问题，导致电网调度难度大，运行经济性差。为此，可以通过合理地对储能装置进行充/放电控制，抑制光伏系统输出能量的波动，避免其对电网的一系列不良影响。不仅如此，对光伏系统配置适当的储能装置后，通过设计一定的能量管理策略，有利于电网的运行，也可以为用户带来经济上的收益。

3.4.3　微网光伏系统工作模式简介

微网光伏系统的能量管理非常灵活。对于使用峰谷分时计费电价的用户而言，光伏系统加入储能装置，可使用户自由选择向电网售电或向电网购电，使用户得到更好的经济效益。目前，小型户用微网光伏系统存在 5 种工作模式，分别是自用优先模式、储能优先模式、削峰填谷模式、能量调度模式和在电网故障时系统自动切换的离网应急模式。

在说明每种工作模式前，将相关参数的定义列于表 3-8 中。

表 3-8　相关参数的定义

表示符号	定　　义	单　位
$P_{PV}(t)$	t 时刻太阳电池组件总功率	W_p
$P_{load}(t)$	t 时刻可调负载的工作功率	W
$P_{left}(t)$	t 时刻太阳电池组件为可调负载供电剩余功率	W
$P_{lack}(t)$	供电不足时太阳电池组件与负载功率的差值	W
$SoC(t)$	t 时刻电池剩余容量	%
P_c	电池充/放电功率	W

相关工作模式介绍如下：

1. 自用优先模式

当光伏能量充足时，光伏能量优先保证负载的用电，剩余容量用于电池充电，或用于并网；当光伏能量不足时，光伏能量及电池放电，以保证负载的用电，优先保证负载使用光伏自发的能量。

如图 3-11 所示，基于自用优先工作模式的微网光伏系统共有 5 种工作状态。

S1：光伏能量较为充足，锂离子电池剩余容量小于 100%，在光伏能量供应可调负载的同时，剩余能量对锂离子电池进行充电。

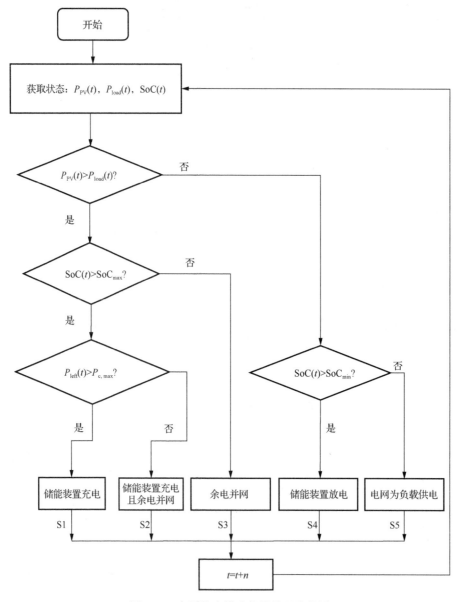

图 3-11　自用优先模式能量管理流程图

S2：光伏能量非常充足，锂离子电池剩余容量小于 100%，光伏能量供应可调负载并以最大功率对锂离子电池进行充电，剩余能量进行并网。

S3：光伏能量较为充足，锂离子电池剩余容量等于 100%，光伏能量供应可调负载，剩余能量进行并网。

S4：光伏能量不足，锂离子电池剩余容量大于 20%，锂离子电池放电（和光伏能量一起）供应可调负载。

S5：光伏能量不足，锂离子电池剩余容量小于 20%，系统向电网购电（和光伏能量一起）供应可调负载。

2. 储能优先模式

当电池未充满电时，光伏能量与电网能量共同优先给电池充电，以保证电池尽量充满电，从而应对关键负载的应急用电；当光伏能量充足（大于充电能量）时，优先给电池充电，剩余能量向负载供电，最后剩余能量用于并网。

如图 3-12 所示，基于储能优先工作模式的微网光伏系统共有 3 种工作状态。

S1：光伏输出能量为 0，系统向电网购电供应可调负载。

S2：光伏能量很少，系统向电网购电并和光伏能量一起供应可调负载。

S3：光伏能量充足，光伏能量供应可调负载的同时，剩余能量进行并网。

3. 削峰填谷模式

在当地峰谷电价相差较大的时候，可以设置电池的充/放电时间，即：在用电高峰时段，把电池设置成放电模式；在电价便宜时段，把电池设置成充电模式给电池充电储能。

基于削峰填谷模式，家庭用户除了可以最大限度地使用光伏自发用电，还可以合理地利用峰谷时段电价差，优化家庭的用电策略，节省更多的电费，给家庭提供更加经济的自用供电方案。由于可以自由设置锂离子电池充/放电时段、功率等，再加上不确定的天气因素影响，微网光伏系统可能出现的工作状态随机性太大，须结合具体情况分析。

4. 能量调度模式

与削峰填谷模式较为相似，在峰谷电价相差较大的时候，可以设置电池的充/放电时间，即：在用电高峰时段，把电池设置成放电模式（供用户自己家庭用电，多余能量用于并网）；在电价便宜时段，把电池设置成充电模式给电池充电储能。

基于能量调度模式，家庭用户除了可以最大限度地使用光伏自发用电，还可以合理利用峰谷时段电价差来优化家庭的发电和用电策略；除了节省更多的电费，给家庭提供更加经济的自用供电方案，还能通过峰谷电价差创造收益。但须注意的是，在用电高峰时段，电池需要长时间独立供应负载用电；因此，在此模式下，家庭配备的电池容量一般要大于 3～4 倍的额定功率。

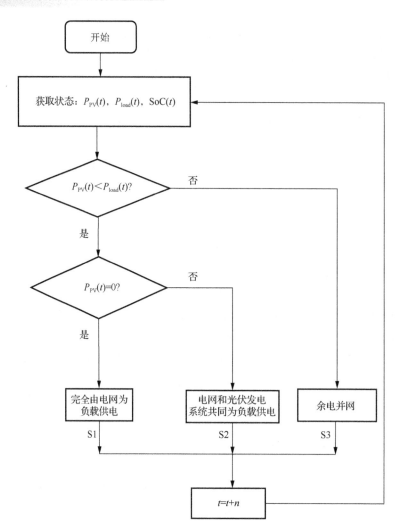

图 3-12 储能优先模式能量管理流程图

5. 离网应急模式

当电网发生异常或故障时，系统自动切换到离网应急模式，可作为后备电源，给家庭重要负载进行供电。离网应急模式剩余供电时间取决于电池容量、负载、电网发生故障时电池剩余容量。家庭需要根据不同的应急需求配置工作模式，以防电池剩余容量不足影响应急供电时间。

如图 3-13 所示，基于离网应急模式的微网光伏系统共有 4 种工作状态。

S1：光伏能量充足，锂离子电池剩余容量小于 100%，光伏能量供应可调负载的同时，剩余能量进行锂离子电池充电。

S2：光伏能量充足，锂离子电池剩余容量等于 100%，光伏能量供应可调负载，锂离子电池处于静止状态。

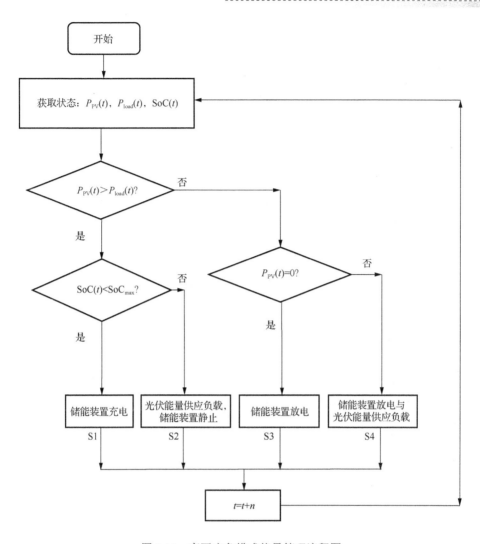

图 3-13　离网应急模式能量管理流程图

S3：光伏能量为 0，锂离子电池放电独立供应可调负载。

S4：光伏能量不足，锂离子电池放电和光伏能量一起供应可调负载。

对微网光伏系统而言，最核心的设计内容是针对不同的应用场景，选择最合理的能量管理策略（系统的工作模式）。这可以在一定程度上减小对电网的不良影响，使得电网侧和用户侧获得更好的经济效益。

第4章 光伏系统效率

光伏系统效率是衡量发电性能的重要指标。光伏系统效率一般用 PR（Performance Ratio）表示。PR 值较大，说明光伏系统的发电性能较好；反之，说明光伏系统的发电性能较差。研究人员根据光伏系统 PR 值的变化，研究光伏系统发电运行状况，对比不同光伏系统发电性能的优劣，从而选择光伏系统的最优设计。本章主要介绍光伏系统效率影响因素的修正方法，并且给出算例分析；对比几种光伏系统发电效率计算方法的差异，提出一种改进光伏系统效率的计算方法。

4.1 光伏系统效率的定义、测试方法及发展现状

4.1.1 光伏系统效率的定义

国际电工委员会标准 IEC 61724 给出的光伏系统效率定义：在测量时间内，光伏系统实际输出电量与理论发电量之比。它表示光伏系统中由太阳电池方阵温度和太阳电池组件衰减或者组件缺陷引起的光伏系统的整体效率损失[1]。IEC 61724 中定义的光伏系统效率计算公式如下：

$$PR = \frac{\left(\dfrac{E_{out}}{P_0}\right)}{\left(\dfrac{I_i}{I_{i,ref}}\right)} \tag{4-1}$$

在实际应用中，光伏系统效率的常用计算公式为

$$PR = \frac{\left(\sum\limits_{k} P_{out} \times \tau_k\right)}{\left(P_0 \times \sum\limits_{k} \dfrac{I_{i,k} \times \tau_k}{I_{i,ref}}\right)} \tag{4-2}$$

式（4-1）和式（4-2）中，E_{out}——光伏系统输出能量，单位为 kW·h；

P_0——光伏系统交流端功率，单位为 kW_p；

I_i——实际（太阳电池组件平面上的）辐照度，单位为 kW/m^2；

$I_{i,k}$——测量第 k 个数据时，入射到太阳电池方阵中的辐照度，单位为 kW/m^2；

P_{out}——光伏系统输出功率，单位为 kW；

τ_k——测量第 k 个数据点的时间间隔，单位为 h；

$I_{i,ref}$——标准测试状态下的辐照度，一般取 $1\ kW/m^2$。

相关资料显示[2]：在夏季，通常伴随着较高的辐照量，使太阳电池组件温度升高，导致效率较低；在此期间，PR 值通常随着辐照量的增加而下降。在冬季，光伏系统由于相同的原因导致 PR 值较高。

4.1.2　光伏系统效率的测试方法

国际电工委员会标准 IEC 61724 定义的光伏系统效率，其计算方法需要较长测试周期，无法满足实际测试的要求。在测试光伏系统效率时，主要针对 3 个重要的量值进行测试[3]，即一定时间间隔内的实际发电量、标准测试条件下电池太阳组件的容量标称值、一定时间间隔内太阳电池方阵上单位面积接收的总辐照量。测量时的取值方法如下：

（1）对一定时间间隔内的实际发电量，可以直接选取发电并网关口的计量表数值。

（2）对标准测试条件下太阳电池组件的容量标称值，可以通过太阳电池组件的抽样检测，并结合出厂数据、衰减年数估算太阳电池组件的实际容量标称值。

（3）一定时间间隔内太阳电池方阵上单位面积接收的总辐照量，可以通过辐照测量仪测得。测量时，仪器误差应小于 3%，采集多个时刻的辐照量数据，再结合实际的太阳电池组件有效面积计算得出有效辐照。此处，忽略辐照不均匀的影响。

目前，光伏设备公司提出了更为精细的 PR 值测试过程。例如，国电光伏有限公司提出了光伏系统效率测试标准。该标准将不同地区的不同强度辐照量进行加权取值，并体现在光伏系统效率的计算过程中。其具体过程如下：

$$\begin{aligned}
\text{PR} &= \delta_1\eta_1 + \delta_2\eta_2 + \delta_3\eta_3 + \delta_4\eta_4 + \delta_5\eta_5 \\
&= \delta_1\frac{P_{\text{op1}}}{P_{\text{sp1}}} + \delta_2\frac{P_{\text{op2}}}{P_{\text{sp2}}} + \delta_3\frac{P_{\text{op3}}}{P_{\text{sp3}}} + \delta_4\frac{P_{\text{op4}}}{P_{\text{sp4}}} + \delta_5\frac{P_{\text{op5}}}{P_{\text{sp5}}}
\end{aligned} \tag{4-3}$$

式（4-3）中各变量解释如下：

（1）δ_1 为光伏系统运行在（200±20）W/m² 范围内某个具体辐照度下的权重值；δ_2 为光伏系统运行在（400±20）W/m² 范围内某个具体辐照度下的权重值；δ_3 为光伏系统运行在（600±20）W/m² 范围内某个具体辐照度下的权重值；δ_4 为光伏系统运行在（800±20）W/m² 范围内某个具体辐照度下的权重值；δ_5 为光伏系统运行在（1000±20）W/m² 范围内某个具体辐照度下的权重值。并网光伏系统在不同辐照度下的权重值与其所在地的历史辐照分布情况有关。

（2）η_1 为光伏系统运行在（200±20）W/m² 范围内某个具体辐照度下的系统效率；η_2 为光伏系统运行在（400±20）W/m² 范围内某个具体辐照度下的系统效率；η_3 为光伏系统运行在（600±20）W/m² 范围内某个具体辐照度下的系统效率；η_4 为光伏系统运行在（800±20）W/m² 范围内某个具体辐照度下的系统效率；η_5 为光伏系统运行在（1000±20）W/m² 范围内某个具体辐照度下的系统效率。

（3）P_{op1} 为光伏系统在（200±20）W/m² 范围内某个具体辐照度下的交流输出功率（kW）；P_{op2} 为光伏系统在（400±20）W/m² 范围内某个具体辐照度下的交流输出功率（kW）；P_{op3} 为光伏系统在（600±20）W/m² 范围内某个具体辐照度下的交流输出功率（kW）；P_{op4} 为光伏系

统在（800±20）W/m² 范围内某个具体辐照度下的交流输出功率（kW）；P_{op5} 为光伏系统在（1000±20）W/m² 范围内某个具体辐照度下的交流输出功率（kW）。

（4）P_{sp1} 为光伏系统在（200±20）W/m² 范围内某个具体辐照度下太阳电池方阵的输出功率理论值；P_{sp2} 为光伏系统在（400±20）W/m² 范围内某个具体辐照度下太阳电池方阵的输出功率理论值；P_{sp3} 为光伏系统在（600±20）W/m² 范围内某个具体辐照度下太阳电池方阵的输出功率理论值；P_{sp4} 为光伏系统在（800±20）W/m² 范围内某个具体辐照度下太阳电池方阵的输出功率理论值；P_{sp5} 为光伏系统在（1000±20）W/m² 范围内某个具体辐照度下太阳电池方阵的输出功率理论值。

4.1.3 光伏系统效率的发展现状

光伏系统效率一直备受关注，它将直接影响光伏系统的成本与竞争力。目前，在评估光伏系统效率时，不同国家和不同评估机构所采用的评价指标不尽相同。PR 是在评估光伏系统的性能时被广泛认可的指标[4]。

从纵向来看，光伏系统效率呈现出随组件制作工艺进步、系统设计进步而升高的趋势。Woyte 等人[5]跟踪了过去几十年世界各地的不同光伏系统效率数据并做了对比，具体如表 4-1 所示。

表 4-1 20 世纪 80 年代以后世界各地光伏系统效率

安装年代	区　域	效率范围/%	平均效率/%
20 世纪 80 年代	全世界	50～75	个体估计
20 世纪 90 年代	全世界	25～90	66
20 世纪 90 年代	全世界	50～85	65～70
20 世纪 90 年代	德国	38～88	67
21 世纪 00 年代	法国	52～96	76
21 世纪 00 年代	比利时	52～93	78
21 世纪 00 年代	中国台湾地区	30～90	74
21 世纪 00 年代	德国	70～90	84

研究人员通过光伏系统效率，不仅可以评价光伏系统的优劣，还可以通过持续检测光伏系统发电效率的变化检测光伏系统故障[6]。例如：欧盟的评估标准是，PR 值在 80%以上表示光伏系统运行良好；在一项对中国台湾地区的光伏系统的调查中也以 PR 为标准，调查期间收集了 2006—2008 年光伏系统数据与辐照数据，得出 PR 值为 60%～90%，其平均值大约为 74%[7]；在评估比利时与法国的住宅光伏系统运行数据时，也采用 PR 指标，研究发现，比利时的住宅光伏系统的效率为 78%[8]，法国的 6886 个住宅光伏系统的 PR 值为 76%，由此得出比利时的光伏系统性能略好于法国[9]的结论。

从横向来看，光伏系统受到整个发电环节中任何一个环节的影响。PR 值会受到诸多因素的影响而出现变动[10]，如组件阴影遮挡、热斑、光谱分布差异、组件工作温度变化等。

所采用的光伏系统检测标准和指导手册，以及光伏研发人员的工作方式和计算方法不同，PR 值也不尽相同。大部分计算方法都是以 IEC 61724 中提出的 PR 计算公式为基础，根据环境因素以及组件自身的状况进行修正。

针对 PR 值波动的不确定因素，研究人员对 PR 的计算方法进行了大量的修正。修正方法有 3 种：温度修正、天气因素修正和光谱修正。具体的修正方法将在 4.2 节中介绍。除此之外，研究人员针对随机的环境因素影响也提出一些 PR 的改进算法。Ransome 等人[11]通过仿真程序，对 NERL 提出的模型中几个影响 PR 的因素在实际中影响光伏系统的发电量进行对比，并且对其准确性进行了分析。光伏系统最终发电量是在年交流发电量的基础上，根据系统发电影响因素进行修订后确定的。通过研究并参考各种文献与研究报告，Ransome 发现了灰尘、阴影遮挡、污物等对光伏系统最终发电量输出的影响，提出这些因素会增加光伏系统最终发电量的不确定性，最后提出综合考虑灰尘、污物、阴影遮挡因素的 PR 计算模型。该模型的主体思路与 IEC 61724 规定的相似，光伏系统最终发电量输出与 IEC 61724 规定的相同。交流端的能量输出和光伏系统的标准能量等级（Yield Factor，YF）依赖于实际环境状况和上述提到的各种因素，其计算方式如下[11]：

$$YF = \frac{Q_{AC}}{P} \tag{4-4}$$

$$Q_{AC} = Q_{AC\_OPTIMAL} \times f_{INS} \times f_{DEG} \times f_{DIRT} \times f_{SEAS} \times f_{SHAD} \tag{4-5}$$

式中，YF——光伏系统的标准能量等级；

$Q_{AC\_OPTIMAL}$——太阳电池方阵交流端的理论发电量，单位为 kW·h；

f_{INS}——安装地点日照资源的影响因子；

f_{DEG}——组件衰减对组件发电量的影响因子；

f_{DIRT}——灰尘对组件发电量的影响因子；

f_{SEAS}——季节变化对组件发电量的影响因子；

f_{SHAD}——阴影遮挡对组件发电量的影响因子。

$$P = P_{AC\_TUAL} \times f_{REF\_MOD} \times f_{FLASH\_TEST\_UNCE} \times f_{MOD\_BINNING} \times f_{MANU\_DEC} \tag{4-6}$$

式中，P_{AC_TUAL}——组件的实际功率，单位 kW·h；

f_{REF_MOD}——标准组件的不确定性影响因子；

$f_{FLASH\_TEST\_UNCE}$——辐照测试不确定性影响因子；

$f_{MOD\_BINNING}$——组件失配影响因子；

f_{MANU_DEC}——组件寿命影响因子。

Ransome 提出实际环境中的光伏系统的 PR 值，可以使用光伏系统最终（实际）能量输出与光伏系统输出参考等级表示，即

$$PR = \frac{Q_{AC}/P}{YR} \tag{4-7}$$

式中，YR——光伏系统输出参考等级。

澳大利亚发布的光伏系统监测的指南主要参照 IEC 61724 标准和欧盟委员会第六框架

计划:光伏系统的监测指南[12]。该指南将 PR 定义为最终电力产出率 Y_f 与参考电力产出率 Y_r 的比率,从而体现由太阳电池方阵温度引起的太阳电池方阵额定输出功率损失的总体影响、辐照资源的不完全利用以及系统组件的低效率或故障,即

$$PR = \frac{Y_f}{Y_r} \qquad (4-8)$$

太阳电池方阵收益率定义如下:

$$Y_A = \frac{E_A}{P_0} \qquad (4-9)$$

式中, Y_A ——太阳电池方阵收益率;

E_A ——每千瓦安装容量的太阳电池方阵的能量输出;

P_0 ——标准测试条件下太阳电池方阵的额定输出功率。

光伏系统发电最终电力产出率 Y_f 为报告期内整个光伏系统发电的净能量输出 E_{out} ,以千瓦时/千瓦的装机容量表示,即

$$Y_f = \frac{E_{out}}{P_0} \qquad (4-10)$$

对参考电力产出率 Y_r ,可通过将每日太阳电池方阵平面内的总辐照量除以太阳电池方阵有效面积内的辐照度 I_{ref} 来计算, I_{ref} = 1 kW·m^{-2}。对于 24 小时的采集间隔, Y_r 实际上是每天的峰值日照小时数,即实际(太阳电池组件平面上的)辐照量 G 换算成 1kW·m^{-2} 情况下所对应的小时数,其计算式如下:

$$Y_r = \frac{G}{I_{ref}} \qquad (4-11)$$

在此过程中,有两个无法避免的损失——太阳电池方阵启动损耗(L_c)和系统平衡的损耗(L_{BOS}),可以按照 IEC 61724 推荐的方法计算。

在 PR 的实际应用方面,该指南还列出了监视数据的 7 个重要用途:前 3 项包括光伏技术在室外环境下的性能评估、性能诊断、监测时间间隔减小和不确定性分析,后 4 项用途集中于光伏系统与电网的交互、预测光伏性能、整合分布式发电、储能和负荷控制。该指南遵循欧洲光伏系统性能监测指南极限值或最大值/辐照、温度、方阵电压和电流等各种参数的典型范围。待测参数和传感器精度符合要求采用 IEC 61724 标准。该指南推荐的光伏发电系统的数据记录间隙和监测时间间隔如表 4-2 所示。

表 4-2 光伏系统的数据记录间隔和监测时间间隔

序 号	光伏系统数据的使用	监测时间间隔	监测周期
1	户外光伏系统发电技术的评估	15min	不少于 1 年
2	光伏系统性能诊断	1h	系统生命周期
3	退化和不确定性分析	1h	不少于 3~5 年
4	提高模型的准确性	1h	不少于 1 年
5	预测光伏系统性能	5min、30min、1h	不少于 1 年
6	光伏系统与电力网络的干涉	1~15min	不少于 1 周
7	集中分布式和负载控制	1~15min	不少于 1 周

4.2　光伏系统效率计算的修正方法及其算例分析

4.2.1　温度修正方法

采用 IEC 61724 中规定的光伏系统效率计算方法，无法避免因太阳电池组件温度变化引起的光伏系统效率的波动。不同地区的环境因素通过影响太阳电池组件传热的方式，间接地影响光伏系统效率，如风速、环境温度等。对于晶体硅太阳电池组件而言，如果环境温度相差 20℃，那么由温度损失造成的 PR 值差异高达 8%以上。在比较不同地区光伏系统的性能时，须对 PR 值进行温度修正，从而得到 CPR 值。

CPR 的计算公式是在原有的 PR 公式基础上除以温度修正系数 K_{temp}，即

$$CPR = PR / K_{temp} \tag{4-12}$$

标准修正法将太阳电池工作结温修正到标准测试条件下的温度，即 25℃。修正后的 PR 为 PR_{STC}，其中温度修正系数为

$$K_{temp} = 1 + \delta(T_{cell} - T_{cell\_STC}) \tag{4-13}$$

式中，

δ——太阳电池组件的功率温度系数（负值）；

T_{cell}——实测评估周期内太阳电池的平均工作结温，单位为℃；

T_{cell_STC}——标准测试条件下的温度，即 25℃。

2014 年 12 月，我国颁布了《光伏发电性能检测与质量评估技术规范》。该规范中关于 PR 的修正也采用温度修正方法：按照《晶体硅光伏（PV）方阵 I-V 特性的现场测量》（GB/T 18210—2000）的方法计算太阳电池平均结温，即按照实测太阳电池组件的背板温度推算结温。实际测量结果表明，太阳电池结温比实测太阳电池组件的温度高 1～3℃，一般按照高出 2℃的情况处理。此外，行业内也有使用太阳电池方阵平面上所接收的辐照量为权重的太阳电池组件加权平均工作温度。查阅相关文献可知，关于 PR 温度修正系数的计算方法主要包括以下 3 种。

1. NOCT（Nominal Operating Cell Temperature）方法

IEC 61724 中规定 NOCT 的测试条件为辐照度 800W/m²、环境温度 20℃、风速 1m/s。NOCT 模型是为了预测太阳电池工作温度而建立的。该方法认为，太阳电池的工作温度与环境温度之差与太阳辐照呈线性关系，据此计算得到太阳电池的实际工作温度。该方法主要适用于太阳电池组件工作温度无法实测的情况[13]。

$$K_{temp\_NOCT} = 1 + \delta(T_{cell} - T_{cell\_STC}) \tag{4-14}$$

$$T_{cell} = T_a + (T_{NOCT} - T_{a\_NOCT}) \times (I / I_{NOCT}) \times [1 - \eta / (\tau\alpha)] \tag{4-15}$$

式中，

T_a——实测环境温度，单位为℃；

T_{NOCT}——NOCT 条件下的太阳电池的结温，单位为℃，组件铭牌上都有相应标识；

T_{a_NOCT}——NOCT 条件下的环境温度，即 20℃；

I——太阳电池组件平面上的辐照度，单位为 W/m^2；

I_{NOCT}——NOCT 条件下的辐照度，即 800W/m^2；

$\eta/\tau\alpha$——0.083/0.9，常数值。

2. Text Book 方法

Text Book 方法与 NOCT 方法较为类似。该方法与 NOCT 方法不同之处在于 T_{cell} 的计算方法：

$$T_{cell} = T_a + (T_{NOCT} - T_{a\_NOCT}) \times (I/I_{NOCT}) \times \left(\frac{9.5}{5.7+3.8v_{ws}}\right)[1-\eta/(\tau\alpha)] \tag{4-16}$$

式中，v_{ws}——环境风速。

由式（4-16）可以看出，Text Book 方法引入了风速影响因子。

3. SunPower 温度修正方法

经过多年研究，美国 Sandia 实验室得出太阳电池组件背板温度与环境参数之间的通用关系式[14]。根据美国 Sandia 实验室对太阳电池组件背板温度的相关结论，太阳电池的结温用公式表示为

$$T_{cell} = T_m + (I/I_{STC}) \times \Delta T \tag{4-17}$$

式中，

I——太阳电池组件平面上的辐照度，单位为 W/m^2；

T_m——太阳电池组件背板的实测平均温度，单位为℃；

ΔT——标准辐照度下组件背板温度与太阳电池温度的差值，该值为经验系数，与组件类型及安装方式有关。

在现场不能安装热电偶探头的情况下，就没有办法对组件背板的温度进行测试。这时，可以通过环境温度估算太阳电池组件背板的温度，其经验公式为

$$T_m = T_a + I \cdot e^{(a+b \cdot v_{ws})} \tag{4-18}$$

式中，

T_a——实测环境温度；

v_{ws}——环境风速；

I——太阳电池组件平面上的辐照度；

a、b——由实验确定的经验系数，a 描述了辐照度对组件温度的影响，b 描述了风速对太阳电池组件温度的减小作用。

Sandia 实验室温度模型的不同组件类型参数取值如表 4-3 所示。

表 4-3　Sandia 实验室温度模型的不同组件类型参数取值

太阳电池组件类型	安装类型	a	b	ΔT /℃
玻璃/电池/玻璃	开放式支架安装	−3.47	−0.0594	3
玻璃/电池/背板	开放式支架安装	−3.56	−0.075	3

综合式（4-17）和式（4-18）可得出太阳电池结温的计算公式：

$$T_{cell} = T_a + Ie^{(a+bv_{ws})} + (I/I_{STC})\Delta T \tag{4-19}$$

SunPower 公司研究人员联合 NREL 实验室，在 Sandia 模型的基础上得出了 PR 的温度修正系数：

$$K_{temp\_sp} = 1 + \delta(T_{cell} - T_{cell\_sim\_avg}) \tag{4-20}$$

$$T_{cell\_sim\_avg} = \frac{\sum I_{POA\_sim\_j}T_{cell\_sim\_j}}{\sum I_{POA\_sim\_j}} \tag{4-21}$$

式中，

$T_{cell\_sim\_avg}$ ——以太阳电池方阵平面上接收的辐照量为权重的组件加权平均工作温度，
一般以一年为计算周期，因此在高辐照下的权重因子高于低辐照下的权重因子，并且当辐照度为 0 时，权重因子变为 0；

$T_{cell\_sim\_j}$ ——第 j 小时的太阳电池工作温度；

$I_{POA\_sim\_j}$ ——第 j 小时的太阳电池方阵平面上的辐照度（W/m²）。

4.2.2　天气因素修正方法

NREL 实验室研究人员提出关于环境因素的修正。研究结果显示，PR 值经过环境因素修正后，有效地降低了环境因素的变化而引起的 PR 值波动。经天气因素方法修正的 PR 值可以更加稳定地反映发电的性能。NREL 模型的 PR 天气因素修正方法如下[15]：

$$PR_{w\_corr} = \frac{\sum_i EN_{AC\_i}}{\sum_i\left[P_{STC}\left(\dfrac{I_{POA\_i}}{I_{STC}}\right)\left(1 - \dfrac{\delta}{100}\left(T_{cell\_typ\_avg} - T_{cell\_i}\right)\right)\right]} \tag{4-22}$$

式中，

PR_{w_corr} ——修正后的 PR，无量纲；

EN_{AC_i} ——测得的太阳电池组件交流端功率，单位为 kW；

P_{STC} ——太阳电池组件的标称功率，对整个光伏系统来说，就是所有太阳电池组件的标称功率之和，单位为 kW；

I_{POA_i} ——入射到太阳电池方阵的辐照度，单位为 kW/m²；

i ——给定的时间点；

I_{STC} ——标准测试条件下的辐照度，即 1000W/m²；

T_{cell_i}——单片太阳电池的温度，单位为℃；

$T_{\text{cell}\_\text{typ}\_\text{avg}}$——一段时间内单片太阳电池的平均温度，单位为℃；

δ——光伏系统中已安装的太阳电池组件的温度系数值，一般是小于 0 的数值。

对于式（4-22），需要计算单片太阳电池温度，而组件中封装过的太阳电池不易测温度。组件的传热模型是根据实时的太阳辐照度、组件的封装类型、风速、组件的温度、环境温度等计算太阳电池温度的方法。组件传热模型有很多种。Sandia 实验室是较被认可的传热模型，其具体计算方法如下：

$$T_{\text{m}} = I_{\text{POA}} \times \left[\text{e}^{(a+b \times v_{\text{WS}})} \right] + T_{\text{a}} \tag{4-23}$$

式中，

T_{m}——太阳电池组件背部表面温度，单位为℃；

I_{POA}——入射的太阳辐照度，单位为 W/m^2；

T_{a}——实测环境温度，单位为℃；

v_{WS}——10m 高度的风速，单位为 m/s；

a——由阳光引起的太阳电池组件温度增加系数；

b——由风速引起的太阳电池组件温度变化的系数。

针对不同的太阳电池组件类型，各个系数的值会发生变化。对流传热系数的经验值如表 4-4 所示。

表 4-4　对流传热系数的经验值

太阳电池组件类型	安装方式	a	b	T_{cnd}/℃
双玻组件	支架安装	−3.47	−0.0594	3
双玻组件	屋顶安装	−2.98	−0.0471	1
玻璃-背板组件	支架安装	−3.56	−0.0750	3
玻璃-背板组件	背面隔热绝缘安装	−2.81	−0.0455	0
薄膜组件	支架安装	−3.58	−0.1130	3

得到太阳电池组件的背面温度 T_{m} 后，可以通过式（4-24）计算太阳电池的运行温度：

$$T_{\text{cell}} = T_{\text{m}} + \left(I_{\text{POA}} / I_{\text{STC}} \right) \times \Delta T_{\text{cnd}} \tag{4-24}$$

从上式可以看出，采用天气因素修正方法的 PR 计算过程与 IEC 61724 中的 PR 计算不同。在 $\text{PR}_{\text{w}\_\text{corr}}$ 中考虑了太阳电池温度变化对组件标称功率的影响，并且考虑了环境因素的变化引起的组件性能的变化。在 PR 经过天气因素修正前，光伏系统效率在一整年中呈现出随季节的规律性变化。一般冬季时的 PR 值高于平均值，夏季时的 PR 值低于平均值。某光伏系统的 $\text{PR}_{\text{w}\_\text{corr}}$ 值与 PR 值的对比如图 4-1 所示。

图 4-1 是一年中每月光伏系统效率与采用天气因素修正方法计算的 PR 值的对比。从图 4-1 中可以看出，未经修正的 PR 在一年中的变化小于 10%。在冬季，这种波动有可能导致一个发电性能不合格的光伏系统通过验收。换言之，光伏系统会在评估发电性能时因相似的原因在夏季出现相反的结果。月份之间出现不随季节变化的变冷或变暖现象——

光伏系统效率会因此出现错误的 PR 极大值点或者极小值点。基于天气因素修正方法，考虑环境因素变化对光伏系统的影响，在一定程度上可以降低环境变化对光伏系统效率的影响。在评估光伏系统的全年发电性能时，经过天气因素修正后的 PR 模型可以更加可靠地体现光伏系统效率。

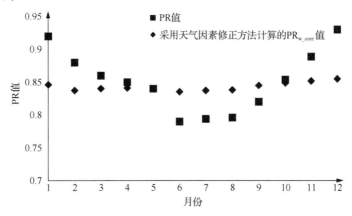

图 4-1　全年 PR 值与采用天气因素修正方法计算的 PR_{w_corr} 值对比

4.2.3　光谱修正方法

PR 值经过温度修正与天气因素修正后，可在一定程度上弥补环境变化对光伏系统效率的影响。在光谱分布的差异方面，国外研究人员进行了一定的研究。其主要研究方式是采用平均光子能量（APE）量化光谱的具体差异，研究 APE 的变化对不同组件类型光伏系统效率的影响[16,17]。国内研究人员也做了类似的研究。例如，陈蓉蓉等测试了不同天气条件下的光谱特性对不同类型的太阳电池组件发电量的影响[18]。

PR 计算模型在描述光谱分布差异对光伏系统性能影响方面的能力仍然不足。为了弥补这种不足，有学者提出一种基于光谱分布差异的 PR 计算模型——SCPR（Spectrum-Corrected Performance Ratio），并对比多晶硅太阳电池组件的 SCPR 与天气因素修正方法获得的 PR 的差异。

采用天气因素修正方法的 PR 模型，实质上就是考虑在天气因素影响下太阳电池组件温度与环境因素的相互影响，并结合组件的温度系数对发电量进行修正的过程。此模型的计算结果波动性较小。

PR 值经过天气因素修正后，其值的变化可以较高程度地反映光伏系统的实际运行状况。但是，不同太阳辐照条件下的光伏系统性能的对比，仍然存在诸多未解决的问题。例如，不同太阳辐照条件下存在不同的光谱特点，所使用的太阳电池组件类型不同、不同材料制作的太阳电池组件存在不同的光谱响应等[19]。大气层成分含量的差异是造成不同地区、不同气候下太阳光谱差异的主要原因。由阳光从大气层上界到对流层上界变化的光谱模型计算的精确度已可以满足一定需求。但是不同天气模式的变化都发生在对流层。由于天气状况多变，对流层成分空间分布变化剧烈、复杂[20]，如可沉降水、云层、湿度、温度等。由于这些因素的变化对不同波长辐照的透射率存在不同的影响，这会导致太阳辐照光谱分布的差异。不同地区之间的光伏系统，所接收的太阳辐照量不同。在评价太阳辐照光谱分布不同时，APE 常用来表示光谱差异的参数。AM 1.5 条件下的光谱分布是 1.88eV。不同的辐照量会导致 APE 波动[21]。在光谱存在差异的情况下，计算 PR 需要进行光谱修正。

在采用天气因素修正 PR 的模型中，峰值日照时间是由一段时间的辐照量确定的。这种方式无法体现光谱分布差异对峰值日照时数的影响。根据太阳辐照度光谱分布的差异，重新定义基于光谱分布差异的峰值日照时数计算模型。量化光谱分布差异引起峰值日照时数变化时，需要结合具体组件的光谱响应 $SR(\lambda)$。光谱响应体现太阳电池对不同波长的光入射到太阳电池时光能转换为电能的能力。通过确定组件类型的光谱响应不等于零的对应波长辐照度对组件的输出贡献，排除无贡献的辐照度对 PR 值的影响。根据 AM 1.5 条件下标准光谱分布 $E(\lambda)$ 和组件类型的光谱响应，确定对组件功率贡献的光谱分布，即基准光谱分布 $E_{av}(\lambda)$：

$$E_{av}(\lambda) = E(\lambda) \times SR(\lambda) \tag{4-25}$$

图 4-2 所示是 AM 1.5 条件下 300～1200 nm 光谱分布、多晶硅光谱响应、基准光谱分布。从图中可以看出，并不是全部波长都对标称功率有贡献，不同波长对标称功率的贡献不同。

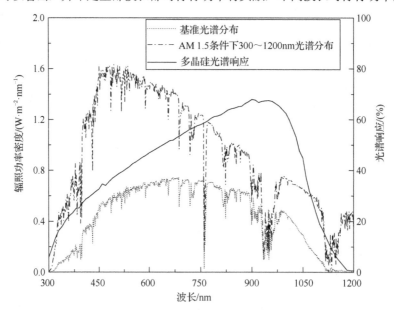

图 4-2　AM 1.5 条件下 300～1200 nm 光谱分布、多晶硅光谱响应、基准光谱分布

由于大气层的吸收与散射作用，到达地面的太阳光谱中波长低于 300 nm 的部分较少。根据多晶硅光谱响应选取波长 300～1200 nm，以 150 nm 为间隔，分 6 个波段，分别计算在基准光谱分布中各波段的时间权重系数：

$$\alpha_i = \frac{\int_a^b E_{av}(\lambda)\mathrm{d}\lambda}{\int_{300}^{1200} E_{av}(\lambda)\mathrm{d}\lambda} \tag{4-26}$$

式中，

α_i——各波段的时间权重系数；

a——各波段的波长下限，单位为 nm；

b——各波段的波长上限，单位为 nm。

不同波段的时间权重系数计算结果如图 4-3 所示。

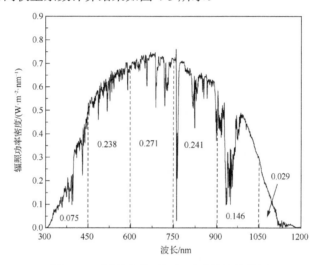

图 4-3　不同波段的时间权重系数计算结果

各波段的时间权重系数分别为 $\alpha_1 = 0.075$，$\alpha_2 = 0.238$，$\alpha_3 = 0.271$，$\alpha_4 = 0.241$，$\alpha_5 = 0.146$，$\alpha_6 = 0.029$。

测得的实际太阳辐照光谱分布为 $e(\lambda)$，其中有效光谱分布为 $e_{av}(\lambda)$：

$$e_{av}(\lambda) = e(\lambda) \times SR(\lambda) \tag{4-27}$$

在有效光谱分布与基准光谱分布一致时，该时刻对峰值日照时数的贡献才是一个完整的时刻。但是在实际情况中，有效光谱分布与基准光谱分布存在差异，即该时刻对峰值日照时数的贡献不是完整的时刻。这就需要量化特定时刻的光谱分布对峰值日照时数贡献的大小。为此，引入基于光谱分布差异的峰值日照时数计算模型 T_{SCPR}：

$$T_{SCPR} = \sum_{i=1}^{6} \left(\alpha_i \frac{\int_a^b e_{av}(\lambda)\mathrm{d}\lambda}{\int_a^b E_{av}(\lambda)\mathrm{d}\lambda} \right) \tag{4-28}$$

将 T_{SCPR} 替代式（4-22）中的 $\left(\dfrac{I_{POA\_i}}{I_{STC}}\right)$ 部分，即基于光谱分布差异修正 PR 模型 SCPR：

$$SCPR = \frac{\displaystyle\sum_{i=1}^{n}(EN_i \times T_{step})}{\displaystyle\sum_{i=1}^{n}\left[P_{STC}T_{SCPR}\left(1 - \frac{\delta}{100}(T_{cell\_typ\_avg} - T_{cell\_i})\right)\right]} \tag{4-29}$$

4.2.4 PR 值修正方法算例分析

1. 温度修正方法算例

把山东沂水某光伏系统实测数据进行分析对比，所测发电量数据为计量表数据，辐照、环境温度、风速等数据来源于发电配套的气象站，每 5min 采集一次。由于实测数据中没有太阳电池组件背板的工作温度，故对标准修正法中的 T_{cell} 采用下式计算：

$$T_{cell} = T_a + 0.3 \times I_{rad} \tag{4-30}$$

式中，I_{rad}——实测周期的辐照度，单位为 mW/cm^2。

SunPower 修正法中的 CPR 的计算步骤如下：

以户外太阳电池方阵平面辐照度的采集时间间隔为最小计算时间单位，5min 采集一次环境监控仪采集环境温度和风速数据，通过式（4-16）可计算每个采集时间点对应的太阳电池的工作温度。计算一年内的太阳电池组件加权平均工作结温。

使用式（4-22）温度修正系数并以数据采集间隔 5min 为步长，计算理论发电量：

$$E_{DC\_i} = P_{STC} \times \left[I_{POA\_i} / I_{STC}\right] \times \left[1 - \delta(T_{cell\_sim\_avg} - T_{cell\_i})\right] \cdot T_{step\_i} \tag{4-31}$$

步长 T_{step_i} 以小时为单位，若采集时间为 5min，则步长为 5/60。统计计算周期内的所有理论发电量之和，把实际发电量除以该值，即得出 CPR。

通过采集山东沂水某光伏系统在夏季典型晴天日 2015 年 8 月 6 日和冬季典型晴天日 2016 年 2 月 15 日的发电量及气象资源数据（每 5min 采集一次），采用不同修正方法计算出的 PR 值如图 4-4 所示。

由图 4-4 可知，采用 NOCT 方法和标准修正法修正后的夏、冬季晴天时的 PR 值相差仍然高达 10%左右，并未有效地消除气候对光伏系统性能的影响；而采用 SunPower 法修正后的 PR 值在夏、冬季典型晴天日里较为稳定，可较好地体现系统的发电效率。国内研究人员提出一种采用代表地区的辐照修正 PR 值的方法，具体技术路线如图 4-5 所示。

与温度修正的方法类似，该方法的重点是求出各个代表地区的辐照修正系数 K_r。

下面针对从山东地区实测到的辐照数据进行修正，通过计算得出山东地区的辐照修正系数。

1）通过 PVsyst 模拟不同辐照等级下的太阳电池组件实际输出功率

以 TSM-PC05A-260 型太阳电池组件为例，在 PVsyst 中分别模拟出太阳电池组件在 $100W/m^2$、$200\ W/m^2$、$400\ W/m^2$、$600\ W/m^2$、$800\ W/m^2$、$1000\ W/m^2$ 辐照等级下的实际输出功率。模拟时保证温度、大气质量符合标准测试条件，模拟结果如图 4-6 和表 4-5 所示。

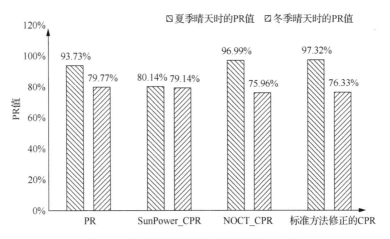

图 4-4 采用不同修正方法计算出的 PR 值

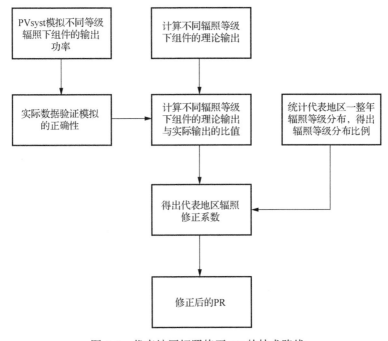

图 4-5 代表地区辐照修正 PR 的技术路线

表 4-5 软件模拟不同辐照等级下的太阳电池组件实际输出功率

辐照等级	100W/m^2	200W/m^2	400W/m^2	600W/m^2	800W/m^2	1000 W/m^2
P_{max}/W	24.2	50.3	103.3	156.3	208.7	260.2

2）通过实验测试不同辐照等级下的太阳电池组件实际输出功率

为保证除辐照度之外的其他环境因素均为标准测试条件，实验要求在稳态环境箱中进行。为了保证辐照的均匀性及稳定性与光谱分布匹配，实验使用稳态太阳模拟器模拟自然光，并分别模拟不同的辐照度进行太阳电池组件电性能的测试。为保证实验的准确性，对每个辐照度进行两次测试。不同辐照等级下的太阳电池组件伏安特性实验结果如表 4-6 所示。

太阳电池组件：Trina Solar, TSM-260 P05A

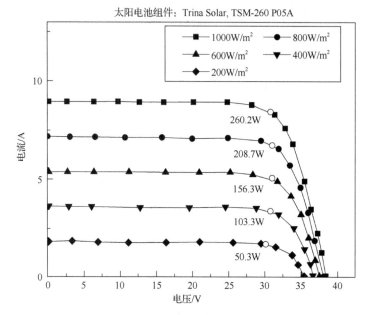

图 4-6　不同辐照等级下的太阳电池组件伏安特性实验结果

表 4-6　通过实验测试不同辐照等级下的太阳电池组件实际输出功率

辐照等级	$100W/m^2$	$200W/m^2$	$400W/m^2$	$600W/m^2$	$800W/m^2$	$1000\ W/m^2$
P_{max1}/W	24.44	50.48	103.64	156.93	209.51	260.85
P_{max2}/W	24.48	50.5	103.63	156.68	209.55	259.91

3）不同辐照等级下组件发电性能比的计算

通过对比 PVsyst 模拟结果与实验测试结果，两者基本相同，其误差范围为 0.1%～0.8%。可以得出结论 PVsyst 模拟结果比较准确。根据 PVsyst 的模拟结果计算出不同辐照等级（特别是辐照度小于 100 W/m^2 时的太阳电池组件输出功率）下的太阳电池组件发电性能比，结果如表 4-7 所示。

表 4-7　不同辐照等级下的太阳电池组件发电性能比

辐照等级/（W/m^2）	$P_{实际输出}/W$	$P_{理论输出}/W$	组件发电性能比 λ_n
50	10.3	13	87.69%
60	12.6	15.6	89.74%
70	14.9	18.2	90.66%
80	17.3	20.8	91.35%
90	19.6	23.4	92.31%
100	24.2	26	93.08%

续表

辐照等级/（W/m²）	$P_{实际输出}$/W	$P_{理论输出}$/W	组件发电性能比 λ_n
200	50.3	52	96.73%
300	76.8	78	98.46%
400	103.3	104	99.33%
500	129.8	130	99.85%
600	156.3	156	100.19%
700	182.6	182	100.33%
800	208.7	208	100.34%
900	234.6	234	100.26%
1000	260.2	260	100.08%

由表 4-7 可看出，辐照度对太阳电池组件发电性能比的影响主要体现在低辐照区域。当辐照度大于 500 W/m² 时，太阳电池组件的发电性能比接近甚至大于标准测试条件下的发电性能比。

通过采集山东沂水地区辐照仪测得的瞬时辐照数据，对辐照等级进行划分，辐照等级划分规则如下：150 W/m² 以下的辐照度归为 100 W/m² 级；150～250 W/m² 的辐照度归为 200 W/m² 级；250～350 W/m² 的辐照度归为 300 W/m² 级；350～450 W/m² 的辐照度归为 400 W/m² 级；450～550 W/m² 的辐照度归为 500 W/m² 级；550～650 W/m² 的辐照度归为 600 W/m² 级；650～750 W/m² 的辐照度归为 700 W/m² 级；750～850 W/m² 的辐照度归为 800 W/m² 级；850～950 W/m² 的辐照度归为 900 W/m² 级；950～1200 W/m² 的辐照度归为 1000 W/m² 级。

由于实际条件所限，只能采集到从 2015 年 6 月—2016 年 3 月之间山东沂水地区的辐照度实测数据，共 10 个月的数据。这基本上可以代表该地一整年的辐照水平。辐照计可采集到的瞬时辐照量的精度为 5min。假设在这 5min 内的辐照度是均匀、稳定的，那么瞬时辐照量就可代表辐照度。其数据如表 4-8 所示。

表 4-8 山东沂水地区 2015 年 6 月—2016 年 3 月间的辐照度分布情况

辐照等级		100 W/m²	200 W/m²	300 W/m²	400 W/m²	500 W/m²	600 W/m²	700 W/m²	800 W/m²	900 W/m²	1000 W/m²
不同辐射等级下测得的瞬时辐照量/（W/m²）	6 月	1 258	785	545	478	337	320	336	328	277	224
	7 月	1 256	740	533	531	425	317	293	345	370	170
	8 月	1 140	668	571	506	413	303	313	379	324	101
	9 月	982	714	608	436	369	313	319	262	181	23
	10 月	1 005	563	477	494	535	498	326	97	0	0
	11 月	1 699	554	364	245	243	147	12	0	0	0
	12 月	1 086	653	554	541	433	23	0	0	0	0
	1 月	1 018	693	554	581	425	64	0	0	0	0
	2 月	812	587	471	426	571	440	208	33	0	0
	3 月	709	509	492	435	411	502	374	236	10	0
	总数	10 965	6 466	5 169	4 673	4 162	2 927	2 181	1 680	1 162	518
各等级辐照占比		27.48%	16.20%	12.95%	11.71%	10.43%	7.34%	5.47%	4.21%	2.91%	1.30%

由表 4-8 可看出，山东地区在 2015 年 6 月—2016 年 3 月期间的低辐照所占比例较大。其中，100W/m² 左右的低辐照占比 η_{100} 达到 27.48%。10 个月里的辐照加权平均值仅为 353W/m²。由此可见，该地区的低辐照会给光伏系统的 PR 值计算带来较大的误差。根据表 4-7 所示的不同辐照等级下的组件发电性能比 λ_{ri}，以及表 4-8 所示的山东地区不同辐照等级所占比例，即可求出该地区的辐照修正系数 $K_r = \lambda_{ri} \times \eta_{ri}$。

经计算，山东沂水地区的辐照修正系数为 97.33%，故辐照修正后的年系统 CPR=PR/K_r= PR/97.33%。按系统原始 PR 值为 78% 计算。辐照修正后的系统性能比一般方法的计算值提高 2% 左右，在每年辐照较低的 11、12 月份进行修正，将会产生更好的效果。

2. 光谱修正方法算例

在采用光谱修正 PR 的算例分析过程中，为了减少太阳电池组件表面积灰对 PR 产生的影响，每次实验都进行组件清洗。使用设备如下：

（1）通过 Avantes 户外光谱仪测量太阳光谱分布，采集间隔时间为 5min，并且光谱测试探头端口平面与组件平面平行。

（2）JK-XU 多路温度测试仪测量组件的温度采集间隔时间为 1min，辐照计测量辐照度采集间隔时间为 1min。

（3）通过 AV 6591 型便携式太阳电池测试仪测量组件功率，采集间隔时间为 5min。

光谱修正方法所用的多晶硅太阳电池组件性能参数如表 4-9 所示。

表 4-9 多晶硅太阳电池组件性能参数

性能参数名称	性能参数值
最大功率点功率 P_{MPP}/W	260.00
最大功率点电压 V_{MPP}/V	30.50
最大功率点电流 I_{MPP}/A	8.52
开路电压 V_{OC}/V	37.60
短路电路 I_{SC}/A	9.10
温度系数	−0.45
组件有效面积/m²	1.46

对应时间的温度变化：阴天天气下太阳辐照变化平稳，太阳电池组件的功率与温度变化较小。天气晴朗时辐照条件较好，太阳电池组件的功率比其他两天功率较高。在晴天天气下，太阳电池组件的功率和温度随着云层的随机遮挡会出现较大波动。辐照度与对应的光谱差异时间变化：辐照度较低时，光谱差异时间数值同样较小；辐照度较高时，光谱差异时间数值较大。

图 4-7 所示为 PR_{w_corr} 和 SCPR 的计算结果，可以看出，PR_{w_corr} 值整体上大于 SCPR 值，两者的变化趋势相同，SCPR 值波动略小些。对 3 天实验的样本进行统计分析，可知 PR_{w_corr} 值比 SCPR 值高出 12.76%。

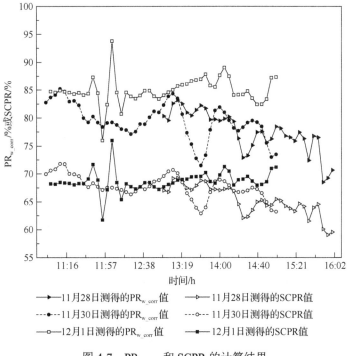

图 4-7 PR_{w_corr} 和 SCPR 的计算结果

关于不同地点、气候条件下的光伏系统效率，由于天气因素修正方法计算的 PR_{w_corr} 中没有考虑太阳电池组件的光谱响应与辐照的光谱分布，故无法可靠地进行比较。SCPR 计算模型考虑了多晶硅太阳电池组件类型的光谱响应的影响，并且采用以光谱差异为依据计算的峰值日照时数，故 SCPR 值可以表示上述两种因素的差异化。光谱差异修订的 PR 计算方法可以更加准确地体现不同地区之间的光谱差异对光伏发电的影响。

4.3 光伏系统效率的影响因素

4.3.1 气候因素对光伏系统效率的影响

系统效率主要由组件效率、逆变器效率、并网效率三部分组成，因此在分析光伏系统效率的影响因素时，可以从组件端着手，顺着电流流经的设备逐一分析。并网光伏系统效率的影响因素示意图如图 4-8 所示。

整个光伏发电过程，每一个环节都受诸多因素影响。光伏系统实际输出功率的变化和不确定性如表 4-10 所示。

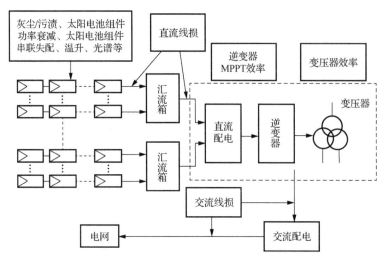

图 4-8　并网光伏系统效率的影响因素示意图

表 4-10　光伏系统实际输出功率的变化和不确定性

参　数	变化和不确定性
年度日照	安装地点的年度变化（NREL：±4%）；小气候差异与最近的测量地点；地面反射率；参考传感器校准（±2%典型）；基准传感器类型和稳定性（±0.5-1）%/y；倾斜面计算（依赖模型的扩散因子和天空分布的各向异性）
组件性能	模块 P_{max} 实际/标称；输出功率损失（各种直流故障）；基准模块校准因子（>±2.5%）；季节性热变化（如薄膜<±5%）；AOI 和光谱响应与参考电池的差异；多结太阳电池匹配；不同天气参数之间的相关性；错误数据或缺失数据所需的校正；P_{max}，I_{SC}，V_{OC}，填充因子，R_{SH}（低辐照变化），R_S 的时间变化损失
遮挡	由于树木、灯柱等原因，方阵间的近阴影度不同，自遮阳停止直接照射模块的某些部分，水平遮阳影响整个方阵；但只有在某些时候，P_{max} 与阴影的关系取决于太阳位置、光束比例、旁路二极管、串排列等
电池温度	随着风向（顺风是容易散热的姿态）和跨模块（例如，接线盒/安装结构在单元后面的温度更高）；温度取决于风向
灰尘/污物	如何估计平均值？污垢的含量取决于花粉污染等；污垢组成决定了洗净率；污垢的积累率可能会改变（如 ARC）；取决于倾斜角和框架类型（跑掉）；随机降雨的污垢损失比季节少
组串	取决于电流最低的组件
逆变器的性能	逆变器效率随 P_{IN}、V_{IN}、交流测量精度的变化而变化，交流测量精度为±0.5%；MPPT 的性能变化

1. 辐照度造成的效率损失

太阳电池组件标称效率是在标准测试条件（1000W/m^2，25℃）和 AM1.5 光谱条件下测得的，然而实际辐照度变化较大，而较低的辐照度通常致使组件转换效率降低。图 4-9 所示为山东省临沂市沂水县在一年四季中典型晴天日辐照度的变化，除夏季晴天中的中午时刻辐照度可能会达到 1000W/m^2 外，其余时间的辐照度很难达到标准测试条件。

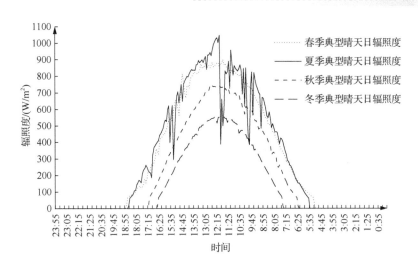

图 4-9　山东省临沂市沂水县在一年四季中典型晴天日辐照度的变化

太阳电池组件效率随着辐照度的变化而变化。不同类型组件的低辐照性能差异较大，并受组件串联电阻、并联电阻等影响。一般来说，并联电阻越大，组件的低辐照性能越好。实际精确计算组件低辐照效能的过程较为复杂。在工程设计中，借助光伏系统设计软件 PVsyst，可简单模拟辐照度对组件转换效率的影响。以目前较为常见的由天合光能股份有限公司生产的 PC05A-260 型太阳电池组件为例，模拟结果如图 4-10 所示。

当辐照度为 $600\sim1000W/m^2$ 时，其对组件转换效率的影响不大，只有 2/1000 左右；当辐照度降至 $200W/m^2$ 时，组件转换效率的损失将达到 3%。而在阴雨天或是一天之中的早晨或傍晚，辐照度往往处于较低的水平，太阳电池组件转换效率也处于较低水平，进而影响系统发电效率。

2. 温度造成的效率损失

太阳电池组件转换效率是在标准测试条件（$1000W/m^2$，25℃）下标定的。实际组件很少运行在 25℃ 下。随着环境温度的升高，组件运行温度也会升高，导致发电功率降低，转换效率降低。PVsyst 模拟温度对组件转换效率的影响如图 4-11 所示。太阳电池组件一般是负温度系统，硅基太阳电池组件的温度系数大约为-0.47%。如果组件温度达到 60℃，组件发电输出功率会降低 17.5%左右。由此可估算出，在我国夏季，一般太阳电池的输出功率比标准状况下的低 10% 以上，效率绝对值下降 2%左右。在通风不良的情况下，输出功率的下降率可能高达 30%以上，效率绝对值下降率达 3%～4%。对于效率为 10%～16%的太阳电池组件来说，温度对功率的影响是巨大的。

3. 光谱造成的效率损失

地球大气层外的标准光谱条件称为 AM 0 条件。AM 1.5 条件下的辐照度近似于能量减少 28%后的 AM 0 条件下的光谱强度（18%被吸收，10%被散射）。研究人员计算出 AM 1.5

条件下的值近似为 970W/m²。然而，由于整数计算比较方便，以及入射太阳光存在固有的变化，故统一规定标准的 AM 1.5 条件下的光谱值为 1000W/m²。

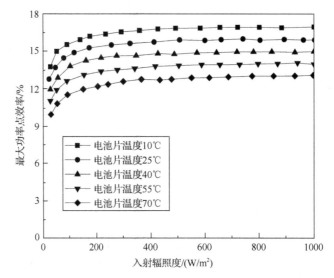

图 4-10　PVsyst 模拟辐照等级对组件转换效率的影响

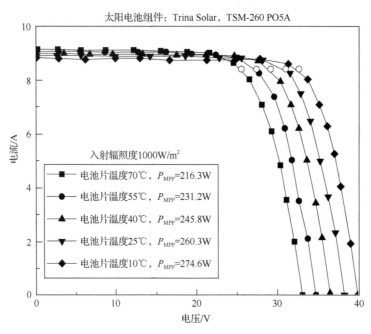

图 4-11　PVsyst 模拟温度对组件转换效率的影响

组件转换效率是在标准测试条件下（AM 1.5）标定的转换效率，它基于 AM 1.5 条件下的地球表面标准光谱。由于太阳时刻不停地运转，太阳高度角也时刻发生变化；由于大气层成分不均匀，到达地表的太阳辐照的光谱分布也不同；由于太阳电池组件对不同波长的光谱响应不同，太阳辐照的光谱分布变化会对组件的输出性能产生一定的影响，这部分影响在 4.2 节已详细介绍过。

4.3.2 直流侧各因素对系统效率的影响

光伏系统直流侧包含太阳电池组件、太阳电池方阵、直流电缆、汇流箱、配电柜等。太阳电池组件的倾斜角、方位角、阴影遮挡等众多因素，都会对系统发电量及效率产生较大的影响。直流侧的电缆也不可避免会产生能量损失，需要合理地布置汇流箱以减小电缆使用长度。据统计，从太阳电池方阵到逆变器输入端，系统功率损失可能会达到 10%～15%。

1. 太阳电池组件质量造成的发电量损失

太阳电池组件是整个光伏系统中的核心组成部分。保证太阳电池组件的质量是维持系统效率处于最佳水平的前提。但在实际情况中，组件在外部环境（如高温、湿热、腐蚀性环境）下长时间工作，其质量随着工作时间的延长而不断降低。

内部因素导致的太阳电池组件质量下降，包括光致衰减和组件转换效率衰减，尤以光致衰减对组件质量影响较大。太阳电池组件在制作完成之后所测试出的功率，与组件安装完成后运营时发现的功率不尽相同。这是由于太阳电池的光致衰减引起的。太阳电池组件的光致衰减分为初始光致衰减和老化衰减。初始光致衰减即太阳电池组件的输出功率在刚开始使用的最初几天内发生较大幅度的下降但随后趋于稳定的现象。引起初始光致衰减的主要原因是 P 型（掺硼）晶体硅片中的硼氧复合体降低了少数载流子寿命。老化衰减是指在长期使用中出现的极缓慢的功率下降，主要原因与电池缓慢衰减有关，也与封装材料的性能退化有关。紫外线的照射是导致组件主材性能退化的主要原因。紫外线的长期照射，使 EVA（乙烯-醋酸乙烯共聚物）及背板（TPE 结构）发生老化变黄现象，导致太阳电池组件透光率下降，进而引起功率下降。组件功率衰减比率一般首年为 2.5%，之后组件功率每年衰减 0.7%。

上述两种衰减会导致太阳电池组件转换效率降低，从而减小光伏系统的 PR 值。造成组件质量下降的原因还有外部因素。例如，大部分太阳电池长期受阳光曝晒，其 EVA、背板、硅胶等材料性能下降，致使组件发电性能降低。太阳电池组件中的热斑效应、组件在运输过程中人为造成的电池微型裂纹等因素都会造成光伏系统效率下降。

2. 光伏系统部件组成对系统效率的影响

1）太阳电池方阵表面接收到的辐照度
辐照度在一天之内是不断变化的，并且很难达到标准测试条件下的辐照度。倾斜面辐照度大于水平辐照度。随着辐照度的提升，组件转换功率也会有相应的提高。

2）灰尘累积量
相关资料显示，通过在沙漠地区对不同放置角度的太阳电池表面灰尘的累积量进行实验，发现水平放置的面板表面积灰最多。在广州市中山大学楼顶上选取不同朝向和倾斜角的太阳电池组件进行性能测试，其结果表明：由于广州地区冬季少雨，灰尘、雨水等对水平放置和小倾斜角放置的组件有较大影响，沉积在组件上的灰尘较多。太阳电池组件安装时的倾斜角对其表面积灰有较大影响，对于少雨的地区应适时进行组件清洗，以保证系统效率。

3）阴影遮挡

光伏系统前、后排太阳电池组件（以最佳倾斜角安装）间距的设计应遵循国家标准，即保证后排太阳电池组件在冬至日 9:00～15:00 不受前排太阳电池组件的阴影遮挡。但在一天之中其他有辐照的时间则不可避免产生阴影遮挡，这必定会对太阳电池组件效率造成一定的影响。由于不同地区的日照时数不同，此部分遮挡损失也不同。

4）太阳电池工作温度

以一定倾斜角安装的太阳电池组件（固定于敞开式支架上）比平铺的太阳电池组件具有更好的通风散热条件，因而太阳电池的工作温度相对较低，转换效率较高。

5）光伏跟踪系统

相比于以固定式支架安装的光伏系统，具备光伏跟踪系统的光伏系统可大幅度提高组件表面接收到的辐照量，进一步提高系统效率。中信博新能源科技有限公司经过实测数据对比得出以下结论：相比于固定式支架系统，水平单轴光伏跟踪系统可使年发电量提高10%～30%；倾斜单轴光伏跟踪系统可使年发电量最高提高 30%左右；双轴光伏跟踪系统可使年发电量提高约40%。

6）太阳电池方阵方位角对系统效率的影响

太阳电池方阵方位角主要通过影响太阳电池组件表面接收到的辐照度来影响组件转换效率。一般情况下，在北半球，太阳电池方阵方位角为0°，即朝向正南，使太阳电池组件获得最大的辐照度。

7）太阳电池方阵失配造成的系统效率损失

当太阳电池方阵之间或方阵内太阳电池组件之间的各项参数不一致时，就会产生失配。产生失配的原因有多种，例如，同一个单元内使用不同类型的组件，造成组件参数的差异性，产生串/并联损失。阴影遮挡包括光伏系统周围障碍物的遮挡和太阳电池方阵之间的遮挡（太阳电池方阵在早上 9:00 之前与傍晚 15:00 以后，难免会发生前、后排遮挡的现象），如图 4-12 所示。

图4-12　太阳电池方阵前、后排的阴影遮挡

8）直流线损

在光伏系统中，直流线损就是太阳电池方阵至逆变器直流侧之间的电缆电能损失。一般在设计光伏系统时，直流线损应小于 1.5%。根据《并网光伏发电性能监测与质量评估技术

《规范》，直流线损的计算方法如下：

直流电缆电压降：

$$\Delta V = V_s - V_L \tag{4-32}$$

式中，

V_s——直流源电压，单位为 V；

V_L——负载电压，单位为 V。

直流电缆电阻：

$$R_{DC} = \Delta V / I \tag{4-33}$$

式中，I——直流电流，单位为 A。

标准测试条件下的直流压降：

$$\Delta V_{STC} = I_{STC} \times R_{DC} \tag{4-34}$$

式中，

I_{STC}——组串在标准测试条件下的工作电流，单位为 A；

V_{STC}——组串在标准测试条件下的工作电压，单位为 V。

实际情况中受辐照、温度等因素的影响，系统输出的直流电流变化较大。线损的计算又与辐照度、温度有较大关联，上述公式需要进一步修正，以满足标准测试条件。

3. 环境因素对系统效率的影响

（1）云量、空气中的灰尘（如西北）、空气中水汽（沿海湿润地区）、空气的透明度越低，被削弱的太阳直接辐照就越多。在晴朗无云的天气、云量很小，大气透明度高，到达地面的太阳直接辐照就多，光伏发电输出功率就大；当天空中的云雾或风沙、灰尘较多时，大气透明度低，到达地面的太阳辐照就少，光伏发电输出功率就小。在水汽较少的干燥地区，削弱太阳直接辐照的主要因子是悬浮在大气中的固体微粒；在气候湿润地区，太阳直接辐照的削弱主要与大气中的水汽和气溶胶中的液态微粒有关。

（2）灰尘遮挡。由于太阳电池组件长期处于野外恶劣的气候条件下，沉积在玻璃表面的尘土一般无法及时清扫。中国西部干旱少雨，沙尘天气较多，大量的沙尘沉积在太阳电池组件表面，阻挡和削弱了太阳直接辐射。粉尘吸收太阳能后还会导致太阳电池组件表面温度升高，进一步加剧太阳电池组件发电效能的下降。在中国西部地区冬季，一个月沉积的沙尘若不及时清扫，会导致太阳电池组件的发电量降低 30% 以上。部分含石灰岩的沙土遇到下雨还会被雨水溶化，再次附着并沉积在玻璃表面上，成年累月，逐渐在玻璃外表面形成了一层类似水垢的薄膜物质。

4.3.3　交流侧各因素对系统效率的影响

光伏系统交流侧主要包括逆变器、变压器等设备，影响系统效率的因素主要为逆变器转换效率、逆变器最大功率点跟踪（MPPT）效率、变压器的效率、交流线损。

1. 逆变器转换效率

逆变器的转换效率主要与直流侧输入电压及输出功率与额定功率的比值有关。图 4-13 所示为阳光电源股份有限公司生产的 SG-630kW 型逆变器的转换效率曲线，该型号逆变器的最大功率点（MPP）电压范围为 460～850V，最低工作电压为 460V。由 4-13 图可知，处于较低状态下直流侧输入电压时的逆变器转换效率较高；在输入电压不变的情况下，输出功率与额定功率的比值为 20%左右时，逆变器转换效率最高。因此，根据不同的地方条件，光伏系统应选择适当的光伏逆变器容配比，以保证逆变器尽可能地达到较高的效率。实际工程中逆变器的转换效率一般为 97%左右。

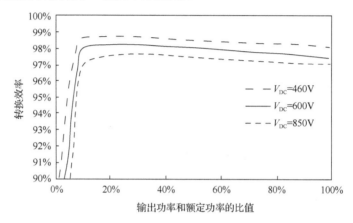

图 4-13　阳光电源股份有限公司生产的 SG-630kW 型逆变器的转换效率曲线

2. 逆变器最大功率点跟踪效率

动态最大功率点跟踪效率是光伏系统里面的最大功率点跟踪效率。发电量会随着光照条件、电压、温度的变化而一直处于动态变化状态。动态最大功率点不容易找到。当这些因素变化时，由于逆变器最大功率点跟踪的滞后性也会造成能量损失。一般情况下，逆变器的动态最大功率点跟踪效率约为 99%。

3. 变压器的效率

在额定功率时，变压器的输出功率和输入功率的比值称为变压器的效率。变压器传输电能时会产生损耗，这种损耗主要有铜损和铁损。变压器的效率与变压器的功率等级有密切关系。通常，其功率越大，损耗的输出功率就越小，效率也就越高；反之，功率越小，效率也就越低。变压器的效率一般为 95%～97%。

4. 交流线损

交流线损主要在逆变器输出侧至关口表之间的电缆上产生。不同项目的交流线损值不尽相同，一般为 0.5%～1%。

第 5 章　积灰与积雪对太阳电池组件的影响

光伏系统因其能源直接来源于太阳辐照，因此极易受外部环境因素的影响。除阴雨、多云等天气因素外，太阳电池组件上的积灰和积雪也是阻碍太阳电池组件接收太阳辐照的重要原因。组件积灰是空气中的粉尘等颗粒物沉落在组件表面所引起的，其过程持续时间较长，往往需要人工清理，是造成光伏系统直流端功率损失和组件热斑现象的主要原因。相关资料显示，太阳电池组件表面积灰等不洁物将会导致光伏系统发电效率大幅度降低，平均功率降幅为 17%，严重时可高达 40% 以上。与积灰相比，组件上积雪的形成和消融具有较高的不确定性，尤其受天气和环境温度变化的影响较大，会随辐照和环境温度的升高而出现自我消融或滑移的现象，较难准确地预测因积雪造成光伏系统的发电损失。本章将对太阳电池组件表面的积灰及积雪问题进行详细的介绍，围绕积灰和积雪的成因和特性，阐述积灰和积雪对太阳电池组件的影响。

5.1　积　　灰

5.1.1　组件积灰的形成

灰尘是悬浮在空气中的微粒，由于重力和环境的作用沉降到物体表面，对于户外工作的太阳电池组件来说，积灰问题已经成为影响组件发电量及可靠性的重要因素，给光伏电站后期的运维带来了很大的不便。

太阳电池组件表面积灰主要来源于大气中颗粒物的沉降，包括自然来源和人为来源。自然来源主要是尘土和沙尘等，在空气动力系统作用下被输送到大气中；人为来源主要指工业扬尘、建筑扬尘、交通扬尘等。另外，生物质也是积灰的主要来源之一，如鸟类粪便、花粉等。灰尘颗粒直径一般为几微米到 10μm，就其化学成分而言，大气灰尘颗粒物主要是氧化物，包括 SiO_2、Al_2O_3、Fe_2O_3、Na_2O、CaO、MgO、TiO_2、K_2O 等。其中，SiO_2 和 Al_2O_3 的含量最高，分别为 68%～76% 和 10%～15%。这导致灰尘颗粒本身就带有酸性或碱性，灰尘颗粒吸附在组件表面，吸收空气中的水分，就会影响组件表面的可靠性[1]。

大气颗粒物的来源和组成因其所处的地理位置、气候条件、季节变化和人类活动等不同而差异较大，如沙漠地区的灰尘主要来源于沙土、红土和沙粒，而城镇环境中的灰尘则含有大量来自建筑材料的石灰石、汽车尾气排出的碳化物以及织物纤维等[2]，对组件的影响程度也不一致。

5.1.2 积灰对太阳电池组件的影响

太阳电池组件表面的灰尘堆积阻挡了太阳辐照，降低了玻璃表面的透光率，影响太阳电池组件对光子的吸收，导致太阳电池组件表面接收辐照的有效面积减小。此外，灰尘对光子的反射作用还会引起太阳辐照不均匀，严重影响太阳电池组件的发电性能。研究表明，灰尘的沉积浓度越大，玻璃表面的透光率就会越低，其吸收的太阳辐照量也越低，输出性能会急剧下降。

1. 积灰对组件功率的影响

灰尘沉积在太阳电池组件表面，首先会直接影响组件表面玻璃的透光率[3]，其次会影响光线传播的正常路径，使光线的入射角发生改变，还会使部分光子以反射的形式回到大气中，造成光线在玻璃盖板与太阳电池组件间的传播不均匀[4]。一般灰尘颗粒会直接落在太阳电池组件的玻璃层上，然后附着在其表面。图 5-1 示出了灰尘对光线传播路径的影响。

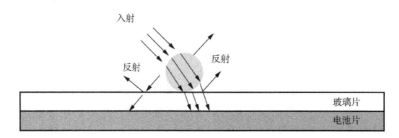

图 5-1　灰尘对光线传播路径的影响

由于外界环境的影响，太阳电池组件表面玻璃上灰尘的排布实际上是杂乱无章的。为了表示灰尘对太阳电池组件的影响，在研究中通常把灰尘堆积结构理想化，即把灰尘颗粒看成是层叠式排布的，在灰尘质量不断增大的同时，灰尘颗粒会层层累积，不断地堆积在一起，从而影响组件的透光率，如图 5-2 所示。

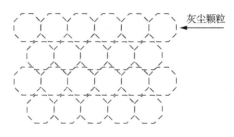

图 5-2　层叠式积灰的排布

在层层的阴影遮挡下，太阳电池组件表面玻璃的透光率和输出功率也会持续地降低。研究发现，随着积灰量的不断增加，太阳电池组件透光率和输出功率的变化趋势是先增加后平缓、最后逼近一个饱和值[5]。太阳电池组件积灰量与发电效率的典型关系曲线如图 5-3 所示。

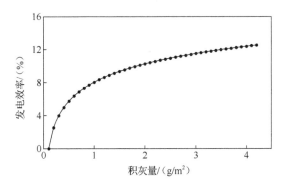

图 5-3　太阳电池组件积灰量与发电效率的典型关系曲线

2. 积灰腐蚀

除造成太阳电池组件表面玻璃透光性能下降外，灰尘的长期沉积还将导致太阳电池组件玻璃表面被腐蚀。灰尘颗粒的成分比较复杂，有的是酸性物质，有的是碱性物质，而晶体硅电池的主要成分为二氧化硅和石灰石等，如果灰尘碰到空气中的水汽而变湿润，就可能与玻璃表面的组成物质发生酸性或碱性反应[6]。经过一段时间后，太阳电池组件表面在酸性或碱性环境的侵蚀下会逐渐发生腐蚀、损伤，从而影响组件的光洁度，导致太阳电池组件的光学性能衰减，太阳辐照在玻璃表面发生漫反射，破坏太阳辐照在组件中传播的均匀性；而且，粗糙的玻璃表面比光滑的表面更容易累积灰尘等不洁物，从而进一步加剧积灰对太阳电池组件的腐蚀，形成恶性循环[7]。

太阳电池组件或系统的其他部位也会受到黏结性灰尘的腐蚀。例如，在多层材料结合处、支架支撑部位等部分，其材料多是由各类金属组成的，发生化学腐蚀后易导致破损、安全性减弱等问题，最后可能因强风、地震等自然因素遭到破坏而缩短太阳电池组件使用的寿命[8]。

3. 积灰对太阳电池组件温度的影响

灰尘沉积在太阳电池组件表面不仅会影响组件的透光率，还会使太阳电池组件的工作温度发生变化。研究表明，积灰覆盖在太阳电池组件表面会降低太阳电池组件的透光率，使太阳电池组件表面反射的光子增加，导致太阳电池组件发电区所接收的光子能量降低，从而使积灰组件温度降低[9,10]。同时，积灰覆盖在太阳电池组件表面又相当于在原来的组件结构上沉积了一层导热系数较低的灰尘热阻，会使太阳电池组件温度升高，导致太阳电池组件的散热效果变差，从而使积灰组件温度升高[11]。因此，当灰尘的散射作用占主导作用时，积灰组件的温度会略低于清洁组件；当灰尘的散射作用占次要作用时，积灰组件温度略高于清洁组件。积灰对组件温度的影响是确实存在的，而温度对太阳电池组件输出功率的影响较大，特别是在不均匀积灰情况下，积灰现象就相当于对太阳电池组件的遮挡，被遮挡的电池就会由发电状态变为耗电状态并产生热量，这就是本书第6章将介绍的热斑现象。

5.1.3 影响太阳电池组件积灰的因素

太阳电池组件上灰尘的沉积受到环境因素、灰尘自身性质和组件自身特性等的影响，其中，空气污染程度、组件倾斜角、风、湿度、降雨对组件积灰的影响最为明显。

1. 空气污染程度

空气污染物包括较细颗粒物、可吸入颗粒物、二氧化硫、二氧化氮、臭氧、一氧化碳等[12,13]。目前，可以用来监测空气污染程度的指标主要包括 PM 2.5、PM 10 和空气质量指数（AQI）等参量。空气污染程度是一个与积灰量呈正相关的系数，也是影响太阳电池组件积灰量多少的一个重要因素。污染越严重的地区，空气中飘落在太阳电池组件表面的灰尘就会越多，组件产生的积灰也就越多。

2. 太阳电池组件倾斜角

为获得较好的发电量或满足建筑等条件需要，太阳电池组件倾斜角应选择得当，一般由当地的地理位置和环境条件确定。不同的光伏系统的组件倾斜角差异较大，同类组件采用不同倾斜角安装会影响组件积灰的快慢。在相同积灰天数下，倾斜角与组件积灰量基本上是一种线性关系：随着倾斜角的增高，组件积灰量明显下降。Xu Ruidong 等人[14]对不同倾斜角的组件分别做了 7 天、15 天、23 天和 30 天的户外积灰实验，拟合出了积灰量与倾斜角的线性关系，其关系曲线如图 5-4 所示。值得注意的是，虽然高倾斜角可以减少灰尘的污染，但是倾斜角过高会严重影响组件的有效辐照。因此，以提高倾斜角来降低灰尘积累是不可取的，必须结合当地的经纬度来保证组件的最佳倾斜角。

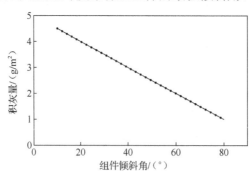

图 5-4　组件倾斜角与积灰量的关系曲线

3. 风和湿度

不同湿度下形成的积灰又可分为干松性积灰和黏结性积灰。干松性积灰的积聚过程完全是一个物理过程，灰尘中无黏性成分，灰尘的颗粒大部分都很细小，灰粒之间呈现松散状态，易于吹除。黏结性积灰则是由于降雨、露水等原因，灰尘颗粒潮湿后，其吸附性非常强。这些颗粒会吸收空气中的物质并黏附在太阳电池组件表面玻璃上，从而形成具有较强黏性的积灰，风干后再形成一个坚硬的结晶状外壳，黏附于太阳电池组件表面。根据擦除程度的难易，黏结性积灰又可以分为强黏结性积灰和弱黏结性积灰[15]。

因此，风和湿度对组件积灰的影响可以说是相互关联的，湿度越大，越容易形成黏性积灰，风也不容易把组件的积灰吹落。而且，黏结性积灰由于有水分的结合又会加剧灰尘对组件的腐蚀，它对组件的影响极大；反之，湿度越小，积灰在组件表面的黏结度越小，风越容易把灰尘吹落。相比于干性积灰而言，黏结性积灰颗粒排布的堆积结构更为密集，对透光率的影响也更大。

4. 降雨

很多分布式光伏系统及小型光伏电站都不会配备专有的清洗设备，因此降雨成为清洗太阳电池组件的一个重要途径。大的降雨能对太阳电池组件进行有效的冲洗，会把组件表面的积灰清洗干净，从而也降低了人工清洗的成本。然而，多尘天气下的小雨可能会使组件表面产生黏稠的积灰斑点（如图5-5所示），导致灰尘堆积在一起，急剧地降低组件的发电性能，严重时还会使组件产生热斑现象。如何确定有效降雨，目前还没有一个明确的界限，而且不同降雨量对不同倾斜角组件的清洗效果也较为模糊。一般认为，能达到微清洗效果的降雨量为2~4mm，能达到完全清洗效果的降雨量为10mm左右。

图5-5　下小雨后组件上的积灰斑点

5.1.4 太阳电池组件积灰模型

预测积灰对太阳电池组件发电量损失的影响，包括预测每天太阳电池组件表面的积灰量和不同降雨量对太阳电池组件积灰的清洗作用。关于水平方向安装的太阳电池组件，其表面上的积灰不容易被冲洗，而且降雨对其清洗效果有极大的不确定性，如图 5-6 所示。可以看出，降雨根本无法对太阳电池组件进行有效的清洗，灰尘只是被雨水冲刷到了组件边框处。在这种情况下，太阳电池组件发电性能会急剧下降。倾斜角大于 0° 的太阳电池组件在有效降雨的范围内，降雨都会对太阳电池组件产生不同的清洗效果。简单来说，降雨对太阳电池组件的清洗效果取决于降雨量的多少和太阳电池组件的倾斜角及其类型（主要是有无边框对清洗效果的影响较大，有边框的太阳电池组件可能会使清洗后的灰尘堆积在边框处）。

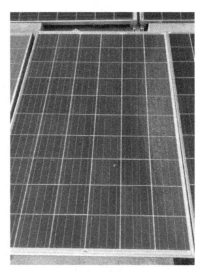

图 5-6　水平方向安装的太阳电池组件在降雨后的灰尘堆积情况

因此，可建立太阳电池组件每天积灰量的预测模型如下，其中包括空气质量指数、风、湿度、组件倾斜角等系数：

$$\Delta C = f\left(A,\ v_{\text{WS}},\ \text{RH},\ \theta\right) \tag{5-1}$$

式中，

ΔC ——积灰量；

A ——空气质量指数；

v_{WS} ——风速及风向的相关量；

RH ——相对湿度；

θ ——组件倾斜角。

由于天气的多变性，而环境变量对组件积灰的影响十分巨大，因此对太阳电池组件表面积灰问题的深入研究较少，在积灰量预测及积灰造成的发电量损失方面并没有产生一个十分权威的成果。

Guo B 等[16]提出了一个计算太阳电池组件表面清洁度的模型，具体公式如下：

$$\Delta CI_{\text{Pre}} = \beta_0 + \beta_1 \times \text{PM10} + \beta_2 v_{\text{ws}} + \beta_3 \text{RH} \qquad （5-2）$$

式中，

ΔCI_{Pre} ——太阳电池组件相比于前一天清洁度的变化；

PM10 ——直径小于 $10\mu\text{m}$ 的颗粒在 24 小时内的平均浓度；

v_{ws} ——基于实验测量的 24 小时风速平均值；

RH ——相对湿度的 24 小时平均值；

β_0，β_1，β_2，β_3 ——使用实验数据来使误差的平方和最小化而确定的数据。

该模型单独考虑了风和湿度对太阳电池组件积灰的影响，但是风对灰尘沉积的影响又包括了风速和风向。风向是十分多变的，而且风向对太阳电池组件积灰的影响效果又是不确定的，这增加了模型参数的获取难度。例如，某时刻风向可能来自北方，下一时刻风向可能改变为西北方向，我们就很难衡量这两个时刻风速对太阳电池组件积灰的影响。

在此基础上，实际应用模型可以简化，将风和湿度对太阳电池组件积灰的影响整合为不同气候类型的影响。例如，以全国气候类型为例，在温带季风气候、热带季风气候、温带大陆性气候地区可以各选取一个不同的气候系数，对积灰模型进行计算，计算公式如下：

$$\Delta C = kl \times \text{PM10} \qquad （5-3）$$

式中，

ΔC ——太阳电池组件表面的清洁度；

l ——不同地区的气候系数；

k ——不同太阳电池组件倾斜角对应的积灰系数（太阳电池组件倾斜角越大，积灰量就越小，该系数也就越小）。

相比于单独考虑风和湿度的模型，式（5-3）所示模型的求解更为简单，而且在一定条件下其准确度也有一定的保障。除此之外，还要考虑降雨对组件积灰的清洗模型。就目前研究而言，降雨对太阳电池组件的清洗效果可以大致分为无清洗效果、微清洗效果和完全清洗效果。其中，清洗效果可以由不同的降雨量实验确定，例如：

（1）当降雨量<Amm 时无清洗效果，即该情况下的降雨对太阳电池组件上的积灰所造成的功率损失无影响。

（2）当 Amm<降雨量<Bmm 时为微清洗效果，即该情况下的降雨会降低积灰所引起的功率损失，但不会完全消除积灰的影响。

（3）当降雨量>Bmm 时有完全清洗效果，即该情况下的降雨会把太阳电池组件表面上的积灰完全清除，太阳电池组件已不受积灰影响。

积灰模型的建立过程如下：在晴天情况下，太阳电池组件表面上的灰尘不断堆积，积灰量不断增加，导致其发电量损失也不断增加；在降雨情况下，太阳电池组件表面上堆积的灰尘得到清洗，使积灰引起的发电量损失下降，从而得到每天的积灰-发电量损失模型，如图 5-7 所示。值得注意的是，降雨的清洗效果还与太阳电池组件类型（有无边框等）、倾斜角有关，对于不同的降雨量可能会有灰尘残留在太阳电池组件的边框上，对太阳电池组件形成积灰遮挡。因此，该降雨模型已不能完全体现所有降雨量对太阳电池组件积灰的清洗情况，特别是应用于有边框太阳电池组件时，需要及时检查太阳电池组件边框灰尘残留情况。

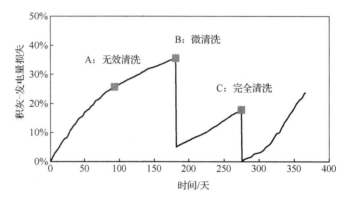

图 5-7　积灰-发电量损失模型

5.1.5　太阳电池组件积灰的清洗

目前建成的多数光伏系统及电站没有配备专用的灰尘清理设施，主要依赖降雨等自然作用对太阳电池组件表面的积灰进行清除。但很多时候降雨可能无法对太阳电池组件进行完全清洗，甚至可能毫无清洗效果，需要人为地对太阳电池组件灰尘进行清洗。太阳电池组件积灰的清洗主要有人工、半自动和全自动 3 种方式。

1. 人工清洗

人工清洗一般是一些小型的光伏系统常用的清洗方法，尤其是对户用屋顶小型光伏系统。根据使用者的习惯随机进行人工喷水除尘或扫尘，随意性较大，清洗效果一般，经常会出现清洗不彻底的情况；如果使用高压喷洗，还可能由于水压过高对太阳电池组件表面造成损伤，从而影响太阳电池组件的使用寿命。

2. 半自动清洗

一些大型的光伏系统可能适合用半自动清洗机器来清洗积灰，目前该设备主要是以工程车辆为载体，把清洗装置安装在车上，随着车的移动，不断地对附近太阳电池组件进行冲洗。该方法效率较高且水压较为稳定，不会损坏电池太阳组件；但该种方式较为依赖电池太阳组件的安装条件，对电池太阳组件的安装高度、宽度、间距及路面状况的要求较为苛刻。一般需要用该清洗方式的光伏系统都会预先设计光伏系统排布结构；但大多数光伏系统为了节省成本及空间，一般都密集排布。因此，该清洗方式无法满足大多数光伏系统发电的需求。

3. 全自动清洗

全自动清洗是把清洗装置安装在太阳电池方阵上，只需远程操控程序即可实现自动清洗。但此类清洗设备更为昂贵，并且极其依赖太阳电池组件安装的平整度，安装时倾斜角不一致的太阳电池组件无法实现全自动清洗。因此，全自动清洗方式很少用于实际的光伏系统，大多用于实验及其测试。

5.1.6　太阳电池组件积灰的研究趋势

太阳电池组件自工作开始就会一直受到积灰问题的困扰，但由于太阳电池与组件受到环境影响的不同，其积灰现象及所产生的积灰发电量损失问题不尽相同。组件积灰量的多少与快慢，受到当地空气质量、实时降雨量、风速和湿度等因素的影响，导致不同地区不同时间太阳电池组件表面的积灰大不相同。以上情况表明，太阳电池组件表面积灰导致的性能衰减与失效问题值得重点关注，在研究其机理时，一方面需要评估外在环境因素的影响，根据不同的外界因素影响，研究不同天气状况下太阳电池组件积灰速率大小的变化；另一方面，由于不同积灰量与太阳电池组件发电量损失之间的关系复杂，因此针对太阳电池组件积灰问题，研究并预测不同条件、不同积灰速率下组件发电性能的衰减显得十分重要。

因此，一定要深入研究积灰对太阳电池组件影响的机理，建立积灰与温度、透光率、发电效率关系的数学模型。同时，应关注降雨对太阳电池组件积灰的清洗效果，建立降雨量与太阳电池组件功率增益之间的模型。另外，关于太阳电池组件积灰的清理技术及清理节点应多加关注，人工清理的烦琐、半自动清洗的条件限制、完全自动清洗的设备昂贵等都给太阳电池组件清洗问题带来很大的影响。未来，我们可以结合太阳电池组件自身特性考虑除尘问题，如采用自清洁膜技术等。

5.2　积　　雪

5.2.1　我国各地区积雪的空间分布

我国地域辽阔、地形多变，而积雪的分布和变化易受到局部地区气候和地形的影响，因此我国积雪的分布和变化较为复杂。虽然我国并非多雪国家，但是除福建、广东、广西、云南四省的南部和台湾地区，其余各地均有积雪，覆盖面积达 806 余万平方公里，积雪的分布相当广泛。其中，青藏高原地区（藏北高原和柴达木盆地除外）、东北和内蒙古地区、北疆和天山等地区的年均连续积雪日超过一个月，对光伏系统会造成较大的影响。而秦岭、大别山以南的积雪区，以及塔里木盆地和柴达木盆地等地区积雪日少，降雪量相对不多，对光伏系统的影响有限。其余积雪地区的积雪时长和积雪量有较大变化，对光伏系统的影响具有较大的不确定性[17]。

总体上，我国积雪分布自南向北逐渐增加，由西向东越来越少；平原、盆地和谷地的积雪天数少于周围山地的积雪天数；山脉内的山间盆地或高原中心地区的积雪天数更少；山地积雪具有明显的垂直递增规律。

5.2.2　太阳电池组件上雪的堆积

过低的空气温度和湿度可对光伏系统产生影响，在某些地区的寒冬季节，空气中的水蒸气可以直接在太阳电池组件表面凝结成霜，或者形成小雨滴落在组件表面凝结成冰；但往往这些冰霜的厚度有限，且容易融化和升华，对光伏系统的影响有限。只有积雪才会较长时间地停留在太阳电池组件的表面，甚至完全阻碍太阳电池组件接收太阳辐照。

除了高海拔地区，能够在太阳电池组件表面上产生积雪的大都是纬度较高的地区，其太阳电池组件安装时的倾斜角也相对较高，加之太阳电池组件表面是光滑的玻璃，因此普遍认为太阳电池组件表面不易产生积雪；即使产生了，也会很快滑落下来。当然，这一理论对于大多数的光伏系统是适用的；但是太阳电池组件上积雪的形成并不完全由太阳电池组件的安装方式决定，在一定的地理情况和天气情况下，积雪会堆积在太阳电池组件表面，并对光伏系统产生很大的影响。

1. 湿雪的堆积

湿雪表面有一层液态水，是一种具有非常低摩擦黏附性能的物质，容易附着在雪颗粒或其他表面，甚至可以黏附在垂直表面上；一旦到达地表，它就会融化或冻结成冰雪混合物。当空气中的湿度较高时雪颗粒直接与水分子结合，以及环境温度的变化使雪颗粒表面融化，是湿雪产生的两个主要原因。日本冰雪研究所的相关研究表明，湿雪堆积温度为$-1\sim+1℃$时，在不考虑强风和涡流的情况下，太阳电池方阵上的湿雪堆积强度可表示为[18]

$$I = E_{c}cW \tag{5-4}$$

式中，I——湿雪堆积强度，单位为$g \cdot m^{-2} \cdot s^{-1}$；

　　　　E_{c}——太阳电池方阵垂直投影面积与整个方阵占地面积的比值；

　　　　c——湿雪下落速度，单位为m/s；

　　　　W——空气中雪颗粒的质量溶度，单位为g/m^3。

一般情况下，雪颗粒的质量溶度与大气能见度之间关系可用经验公式表示，即$W = 2100v_{m}^{-1.29}$，而一般认为雪颗粒下落速度为1 m/s，因此湿雪的堆积强度也可以改写为[19]

$$I = 2100E_{c}v_{m}^{-1.29} \tag{5-5}$$

式中，$v_{m}^{-1.29}$——大气能见度，单位为m。

2. 干雪的堆积

干雪颗粒在冲击太阳电池组件表面或其他坚硬的玻璃表面时，常常会反弹。反弹后，雪颗粒轨迹由重力、方阵表面的风场和与表面碰撞之后颗粒的动量决定。当太阳电池组件倾斜角小于 90°时，雪颗粒可能落到下一处方阵的表面，并可能再次反弹。在许多情况下，特别是当风速很小的时候，雪颗粒在随后的每一次撞击中都会有较小的动量，直到它没有反弹并黏附在方阵上，或者反弹很微弱，以至反弹的运动与颗粒沿方阵滑动的运动相比可以忽略不计[20]。

干雪的堆积往往从一个凸起的小平面开始，越积越多，面积不断向四周扩大，直至覆盖整个平面。置于户外的太阳电池组件，其表面经常会有鸟粪和灰尘，更容易导致积雪。另外，对于有框边的太阳电池组件，由于铝边框与玻璃表面是不齐平的，这不仅导致更容易积雪，还阻碍了积雪在融化时的下滑。

值得注意的是，当太阳电池组件正处于或刚处于工作状态时，组件表面的温度大于雪颗粒的温度，雪颗粒落在太阳电池组件表面上吸热融化。随着雪颗粒的不断融化，太阳电池组件表面温度下降至雪的融点，融化的水开始结冰，形成一个个凸面，更容易产生积雪[21]，而且重新凝结的冰紧密贴合在太阳电池组件表面，滑动摩擦力变大，不利于积雪下滑。

与湿雪相比，干雪颗粒之间的摩擦力较小，受重力和风力作用，当颗粒沿倾斜面向下的重力与风力的分力之和，大于颗粒的摩擦力与风力沿倾斜面向上的分力之和时，干雪颗粒将会滚落。雪颗粒之间的摩擦力大小取决于雪颗粒之间的黏性和颗粒表面的不规则性，不同温度和湿度条件下形成的雪颗粒大小和表面不规则性均存在差异。再加上风力因素的影响，很难通过理论计算得出太阳电池组件上的积雪堆积强度[22]。

3. 影响雪堆积的因素

天气因素是太阳电池组件上积雪形成的主要原因，除了降雪量、温度以及雪的物理性质，太阳电池组件上雪的堆积强度还受到风力的影响，因为风力的存在使得降雪过程增加了一个水平分量。

此外，太阳电池组件的安装方式和地点也是影响组件上积雪的重要因素。组件上雪的堆积受重力、风力以及雪与组件之间的摩擦力的共同作用。当太阳电池组件倾斜角大于积雪下滑的临界角度时，积雪产生滑移。达到滑移条件后，太阳电池组件的安装高度成为积雪滑移量的关键因素。图 5-8 和图 5-9 所示为时间、地点和倾斜角相同但安装高度分别为20cm 和 50cm 时的太阳电池组件上的积雪情况。过低的安装高度，使堆积在太阳电池组件下方的积雪阻碍了上方积雪的滑落。因此，建议冬天有较大积雪量的地区，在安装太阳电池组件时，应注意组件的安装高度，并在一定程度上加大组件的倾斜角。

图 5-8　安装高度为 20cm 时的太阳电池　　　　　图 5-9　安装高度为 50cm 时的太阳电池
　　　　　组件上的积雪情况　　　　　　　　　　　　　　　　组件上的积雪情况

5.2.3　积雪对太阳电池组件的影响

积雪对太阳电池组件的影响主要体现在两个方面：一方面，雪载荷对太阳电池组件的影响，组件上雪的堆积对太阳电池造成弯曲应力，可能造成电池的隐裂产生，从而导致功率损失和抗老化性能下降；另一方面，积雪对太阳辐照的强反射作用，导致组件的发电量降低和失配损失的产生[23]。

1. 积雪对太阳辐照的反射作用

与太阳辐照在空气中的传播一样，可认为积雪是均匀非散射物体。太阳辐照在雪层的透射过程中会被逐层吸收，其中短波辐照在雪层中呈负指数分布，遵循朗伯定律[24]，其数学方程为

$$I_z = I_0 e^{-KZ} \tag{5-6}$$

式中，　I_z——穿透辐照度，单位为 J / cm^2；

　　　　I_0——雪面入射的辐照度，单位为 J / cm^2；

　　　　K——积雪对辐照的吸收系数，单位为 cm^{-1}；

　　　　Z——积雪深度，单位为 cm。

根据式（5-6）化简，可以得到积雪对太阳辐照的吸收系数：

$$K = \frac{\ln I_0 - \ln I_z}{Z} \tag{5-7}$$

积雪中太阳辐照的衰减，首先是由光的折射和散射造成的，其次是由于积雪对辐照光的吸收。在研究积雪对太阳辐照的吸收系数时，必须考虑各种因素的影响，如密度、孔隙度、粒径、新雪和积雪晶体形状、深霜层结构等雪层本身的物理性质，以及太阳高度角、波长和光在雪层深处的多次反射等。总之，凡是对积雪层的光学性质能够产生影响的因素，均可引起短波辐照吸收系数的变化。表 5-1 所示为近半个世纪以来，国内外学者使用相同

原理的仪器测得的短波辐照吸收系数对比。不难看出，不同学者测量的短波辐照吸收系数存在一定的差异。

表 5-1　国内外不同学者测量的短波辐照吸收系数对比[25]

观测者	年份	感应器	波长/μm	雪型	K/cm^{-1}
N. N. Kalitin	1931	太阳电池	可见光	湿雪	0.450
O. Eckel. C. Thams	1939	太阳电池	可见光	湿雪	0.446
K. Kudo	1941	太阳电池	可见光	湿雪	0.350
G. H. Liljequist	1949—1952	太阳电池	可见光	湿雪	0.280
C. W. Thomas	1959—1960	太阳电池	可见光	湿粒雪	0.243
C. W. Thomas	1959—1960	太阳电池	可见光	湿粒雪	0.246 [2]
谢应钦	1979	晶体硅太阳电池	0.4～1.1	湿雪	0.364
	1981				0.376
谢应钦	1981	晶体硅太阳电池	0.4～0.5	湿雪	0.317
			0.5～0.6		0.356
			0.6～1.1		0.374
C. W. Thomas	1959—1960	太阳电池	0.42	湿粒雪	0.185
			0.54		0.198
			0.66		0.230

2. 积雪不均匀分布对光伏系统性能的影响

1）对单片太阳电池的影响

对单片太阳电池而言，短路电流与辐照成正比，辐照对开路电压的影响很小，电池的开路电压与辐照降低的对数成比例地减小。随着日照水平的变化，伏安特性曲线的形状保持相对不变，整块太阳电池组件的输出功率随辐照减小而呈线性减小。

2）对太阳电池组件的影响

一般来说，积雪会从太阳电池组件的表面不规则地融化和脱落。大部分积雪会在短时间内滑落，但经常会有一小部分积雪因为组件边框或支架的原因，在较长一段时间内仍然覆盖在组件表面。这部分积雪通常位于组件底部向上呈新月形，这导致组件上辐照分布不均匀的现象，影响太阳电池组件的输出功率。

对于太阳电池组件，积雪覆盖所带来的影响较为复杂。覆盖在太阳电池上的积雪面积大小会直接影响太阳电池组件的发电性能。如果所有太阳电池上的积雪覆盖面积完全相同，那么串联的太阳电池方阵的特性与单片被遮挡太阳电池的特性相同。但如果个别太阳电池上的积雪覆盖面积比其他电池上的大，那么整个串联组件的性能与积雪覆盖面积最大的电池输出功率密切相关。因为太阳电池组件由多个太阳电池串联而成，工作电流相同，输出电流最小的太阳电池将会限制整个组件的输出电流。

3）对太阳电池方阵的影响

对于串/并联的太阳电池方阵，积雪覆盖所带来的影响更为复杂。此时，不仅要考虑积雪覆盖引起的串联电池的电流失配，还要考虑由于电池并联带来的电压失配。因为对于太阳电池方阵来说，不仅要保证串联电池间的输出电流相同，还要保证整体并联方阵的输出电压相同。当积雪覆盖导致电池间电性能不一致时，必然会影响整个太阳电池方阵的输出功率变化。

5.2.4 太阳电池组件积雪模型

很多地区在冬天都会经历较长时间的积雪天气，在这些地区建立光伏系统时，需要考虑并通过计算分析积雪对其发电性能的影响。预测积雪对太阳电池组件输出功率的影响，除预测组件上的积雪量外，还需要对太阳电池组件上积雪的融化和滑落做出预测。一般情况下，除了水平安装的太阳电池组件，大部分太阳电池组件上的积雪会产生滑落现象。积雪滑落的原因主要是太阳电池组件上的积雪受力不平衡，而太阳电池组件上积雪与周围环境之间的能量交换，则决定了积雪融化和开始滑落的过程[26]。因此，可以先通过实验确定不同积雪含水量条件下，不同太阳电池组件的滑移距离；然后计算户外每小时太阳电池组件上积雪的能量交换和积雪含水量，结合实验结果对太阳电池组件上积雪的滑移进行判定。具体步骤如下：

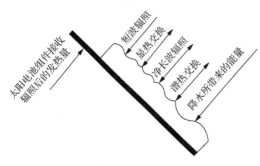

图 5-10 太阳电池组件上积雪能量交换示意

（1）设计积雪滑移实验。在 0℃左右的环境箱内放置太阳电池组件，并在其表面平铺 2cm 厚的积雪，往积雪表面均匀喷洒 0℃的水，直至积雪开始滑移。记录每小时积雪的滑移量，通过计算所喷洒的水的质量占总积雪质量的比例，得出积雪开始滑移的最小含水量 μ_{min}。调节太阳电池组件的角度，计算各个太阳电池组件倾斜角对应的最小含水量。

（2）如图 5-10 所示，考虑辐照、环境温度等外界环境因素，依据能量守恒定律，太阳电池组件上积雪的能量变化可表示为[27]

$$\Delta Q = Q_{sn} + Q_{li} - Q_{le} + Q_h + Q_e + Q_p + Q_{in} \tag{5-8}$$

式中，Q_{sn} ——入射至积雪表面的短波辐照；

Q_{li} ——入射至积雪表面的长波辐照；

Q_p ——降水热通量；

Q_h ——积雪感热通量；

Q_e ——积雪潜热通量；

Q_{le} ——雪面发射的长波辐照；

Q_{in} ——未被遮挡的太阳电池组件产生的热量。

（3）根据雪面能量平衡表达式，计算积雪变化温度 ΔT，通过初始温度 $T_b = T_a$ 进行迭代，计算出最终的雪面温度 T_s。

（4）默认积雪的熔点为 0℃，若计算出的积雪表面最终温度 T_s 大于 0℃，则认为太阳电池组件上的积雪基本融化，无积雪覆盖；若 T_s 小于或等于 0℃，则通过能量守恒定律计算出积雪的融化量，再通过积雪中的含水量测算积雪在太阳电池组件上的滑移距离。

（5）根据步骤（4）所述的计算方法，从每天的第一小时开始，根据气象站采集的每小时辐照、温度等气象数据，计算积雪天气下太阳电池组件的输出功率。太阳电池组件积雪模型计算流程如图 5-11 所示。

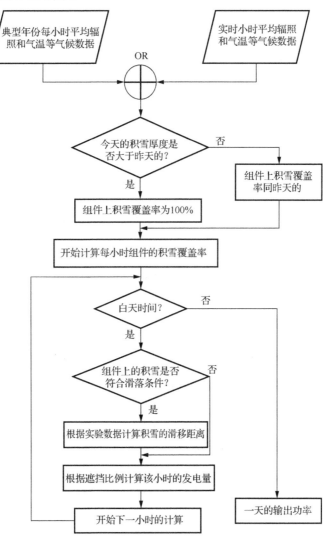

图 5-11　太阳电池组件积雪模型计算流程

由于大型地面光伏系统普遍建设于多雪地区，所以建立地面光伏系统的光伏-积雪模型来估计积雪对光伏系统输出效率的影响尤为重要。Tim Townsend 等人[28]考虑太阳电池组件的安装条件和气象数据，根据长时间的光伏发电量数据，拟合出了光伏-积雪月损失模型：

$$Q_{loss} = C_1 \cdot R_e' \cdot (\cos\alpha)^2 \cdot GIT \cdot RH / T_a^2 / POA^{0.67} \tag{5-9}$$

$$GIT = 1 - C_2 \cdot e^{-\gamma} \tag{5-10}$$

式中，

C_1，C_2——拟合系数，$C_1 = 5.7 \times 10^4$，$C_2 = 0.51$；

R_e'——有效降雪量，为前后 6 个星期的平均降雪量，单位为 m；

RH——月平均空气相对湿度，无量纲；

T_a——月平均空气温度（其中平方放大了模拟的温度效应），单位为℃；

POA——太阳电池方阵月接收的平均辐照度（其指数"0.67"缓和了太阳辐照的直接影响），单位为（kW·h）/m²。

γ——积雪融化比。

积雪融化比 γ 的具体计算式如下：

$$\gamma = R \cdot R_e' \cdot (\cos\alpha) / (H^2 - R_e'^2) / 2 \cdot \tan\beta \tag{5-11}$$

式中，

R——太阳电池方阵长度，单位为 m；

H——太阳电池方阵的安装高度，单位为 m；

β——积雪堆积角度，这里设为 40°。

光伏-积雪月损失模型最大的特点，就是考虑了太阳电池组件所安装地面条件的影响。当 γ 值很小时表示很少或没有地面干扰，这可以通过少的积雪或大的耗散区域的任何组合来实现；当 γ 值达到 1 时，表示有一定程度的干扰；当 γ 值较大时，表示地面干扰达到积雪影响的上限。例如，一些水平屋顶太阳电池组件下边缘和屋面的距离只有十几厘米，在积雪较厚时，组件上的积雪无法融化并滑落。

通过模拟计算，该模型预测的年发电量损失值与实测值基本无偏差，具有较高的准确性；但是存在短期误差比较高的问题。其结果是由降雪的时间、数量和质量的变化，以及降雪与温度、风、湿度和地面干扰的复杂交互作用导致的。值得注意的是，这仅仅是针对几个实验场地的模拟结果，还未在其他地区和其他气候条件下进行验证。

总体上，该模型所需要的参数可通过各地区的气象站获得，都是比较容易获得的，计算过程相对简单。其最大的问题是，两个拟合系数和各个影响参数的指数修正是否适用于不同气候条件和辐照的地区。尽管该模型存在些许局限性，但不失为一个模拟积雪造成损失的好方法。

5.2.5 太阳电池组件积雪的清理方式

不同于积灰，太阳电池组件上的积雪会随着环境温度的升高而自行融化，但是在纬度较高的地区，周围环境的温度往往低于积雪的熔点，部分地区的积雪自然融化需要几个月的时间。对于纬度较高的地区，太阳电池组件除了应具有较大的倾斜角，还应保持一定的安装高度，这样不易受地面积雪的影响。而且，太阳电池组件上的积雪在融化的过程中，因为重力作用和环境温度变化速度快，可能融化一部分后在太阳电池组件的下方凝结成冰，更容易积累而更难融化[29]。因此，应当及时清理太阳电池组件上的积雪，以保证太阳电池组件的正常发电和防止表面结冰而更难清理，太阳电池组件上积雪的清理方式与积灰类似，主要有人工、半自动和全自动 3 种方式。

1. 人工清理

对于装机容量较小的小型光伏系统，特别是屋顶分布式光伏系统，由于太阳电池组件数量较少，安装高度较低，容易被清洗，一般采用人工清理的方式。在清理过程中，应尽量采用柔软物品，防止划伤玻璃，而且不能直接使用热水冲洗太阳电池组件表面，因为冷热不均会造成太阳电池组件表面的损伤，从而影响太阳电池组件的效率和寿命。

2. 半自动清理

对于装机容量较大的地面大型光伏系统，太阳电池组件的安装高度较高，为保证积雪的清理效率，一般采用半自动清理方式，通常选择带有柔软扫帚的清雪车或配备有柴油发电机、空压机和吹扫头的吹雪车进行半自动清理。相比于人工清理，半自动清理具有较高的工作效率，能快速清理大型光伏系统太阳电池组件上的积雪。

3. 全自动清理

与灰尘不同，对于太阳电池组件上的积雪，只要输入足够的热量就能使积雪融化，达到清理的效果。再加上太阳电池组件上的积雪可能会结冰，若强行用机器铲除组件上的积雪，则容易导致组件表面的损伤。因此，大多数的全自动组件积雪清理装置都采用加热使积雪融化的方式。例如，在太阳电池组件背面贴上热电膜和相应的控制系统，就可全自动融化积雪。当然，全自动清雪装置成本较高，比较适合用于为通信设备供电或较难运维的光伏系统。

第6章　太阳电池组件与系统热学问题

通常随着工作温度的升高，太阳电池组件的输出功率会降低。在太阳电池组件失配的情况下，易产生局部热斑高温；严重情况下甚至会烧坏组件，影响整个系统的性能[1-4]。本章介绍太阳电池组件与系统的相关热学问题。

6.1　均匀辐照下太阳电池组件的传热模型

太阳电池组件热量传递方式包括热传导、热对流、热辐射三种方式。组件内部各组成结构之间通过热传导的方式进行能量传递[5]，在温差的作用下，组件内部温度趋向均匀分布。组件与外界环境之间的能量交换，主要是通过与空气的对流传热以及与天空、地面、周围物体的辐射传热等方式进行的。通常将太阳电池组件视为一个整体，分析组件与周围空气之间的对流传热，以及组件与天空、地面之间的辐射传热，从而计算太阳电池组件的热量传递和转换。太阳电池组件整体的传热模型可分成稳态传热模型与非稳态传热模型两类。

6.1.1　太阳电池组件稳态传热模型

当太阳电池组件的工作温度达到稳定状态时，即组件工作温度不再随时间而发生变化。根据能量守恒定律，并结合组件与外界环境之间的能量交换项，可列出太阳电池组件稳态能量平衡方程[6]。

图 6-1 所示为太阳电池组件能量交换示意图。由图 6-1 可知，当太阳电池组件工作温度达到稳定状态时，部分太阳辐射能被组件反射到大气中，剩余的太阳辐射能分别被转换

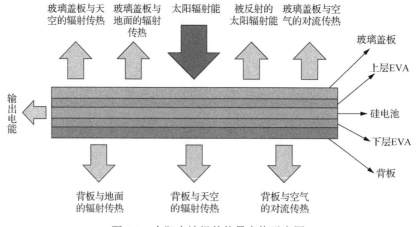

图 6-1　太阳电池组件能量交换示意图

成电能和热能。组件上表面与外界的能量交换主要包括以下几方面：玻璃盖板与空气的对流传热，玻璃盖板分别与天空、地面的辐射传热。组件下表面与外界的能量交换如下：背板与空气的对流传热，背板分别与天空、地面的辐射传热。当太阳电池组件外接电气设备形成一个封闭回路时，组件与外界的能量交换项还包括电能输出。

根据图 6-1 所示的太阳电池组件能量交换项，可列出太阳电池组件稳态能量平衡方程（稳态传热模型）：

$$I_{rec} = P/A + I_{ref} + H_{g,air} + R_{g,sky} + R_{g,gro} + H_{b,air} + R_{b,sky} + R_{b,gro} \qquad (6\text{-}1)$$

式中，I_{rec}——太阳电池组件表面单位面积获得的太阳辐射能，单位为 W/m^2；

P/A——单位面积太阳电池组件的输出功率，单位为 W/m^2；

I_{ref}——被太阳电池组件反射回大气的太阳辐射能，单位为 W/m^2；

$H_{g,air}$——玻璃盖板与空气的对流传热，单位为 W/m^2；

$R_{g,sky}$——玻璃盖板与天空的辐射传热，单位为 W/m^2；

$R_{g,gro}$——玻璃盖板与地面的辐射传热，单位为 W/m^2；

$H_{b,air}$——背板与空气的对流传热，单位为 W/m^2；

$R_{b,sky}$——背板与天空的辐射传热，单位为 W/m^2；

$R_{b,gro}$——背板与地面的辐射传热，单位为 W/m^2。

被太阳电池组件反射回大气的太阳辐射能 I_{ref} 的表达式如下：

$$I_{ref} = I_{rec}\rho_{PV} \qquad (6\text{-}2)$$

式中，ρ_{PV}——太阳电池组件的反射率。

玻璃盖板与空气之间的对流传热 $H_{g,air}$ 的表达式如下：

$$H_{g,air} = h_{g,air}(T_{PV} - T_a) \qquad (6\text{-}3)$$

式中，$h_{g,air}$——玻璃盖板与空气的对流传热系数，单位为 $W/(m^2{\cdot}K)$；

T_{PV}——太阳电池组件的温度，单位为 K；

T——周围环境温度，单位为 K。

玻璃盖板与天空的辐射传热 $R_{g,sky}$ 的表达式如下：

$$R_{g,sky} = \sigma F_{g,sky}\left(\varepsilon_g T_{PV}^4 - \varepsilon_{sky} T_{sky}^4\right) \qquad (6\text{-}4)$$

式中，σ——斯忒藩-玻耳兹曼常量，其值为 5.67×10^{-8} $W/(m^2{\cdot}K^4)$；

ε_g——玻璃盖板的发射率；

ε_{sky}——天空的发射率；

$F_{g,sky}$——玻璃盖板与天空的角系数，见式（6-5）；

T_{sky}——天空温度，单位为 K，见式（6-6）。

可以将天空视为某一温度下的黑体，故其发射率 $\varepsilon_{sky}=1$[7]。玻璃盖板与天空的角系数 $F_{g,sky}$ 的表达式如下：

$$F_{g,sky} = (1 - \cos\theta)/2 \qquad (6\text{-}5)$$

式中，θ——太阳电池组件的倾斜角，单位为（°）。

天空温度 T_{sky} 的计算表达式参照文献[8]作者推荐的公式：

$$T_{sky} = 0.0552\left(T_a\right)^{1.5} \tag{6-6}$$

玻璃盖板与地面的辐射传热 $R_{g,gro}$ 的表达式如下：

$$R_{g,gro} = \sigma F_{g,gro}\left(\varepsilon_g T_{PV}^4 - \varepsilon_{gro} T_{gro}^4\right) \tag{6-7}$$

式中，$F_{g,gro}$——玻璃盖板与地面的角系数；

ε_{gro}——地面的发射率；

T_{gro}——地面温度，单位为 K。

式（6-7）中的玻璃盖板与地面的角系数 $F_{g,gro}$ 的表达式如下：

$$F_{g,gro} = (1-\cos\theta)/2 \tag{6-8}$$

背板与空气的对流传热 $H_{b,air}$ 的表达式如下：

$$H_{b,air} = h_{b,air}\left(T_{PV} - T_a\right) \tag{6-9}$$

式中，$h_{b,air}$——背板与空气的对流传热系数，单位为 W/(m²·K)。

背板与天空的辐射传热 $R_{b,sky}$ 的表达式如下：

$$R_{b,sky} = \sigma F_{b,sky}\left(\varepsilon_b T_{PV}^4 - \varepsilon_{sky} T_{sky}^4\right) \tag{6-10}$$

式中，ε_b——背板的发射率；

$F_{b,sky}$——背板与天空的角系数。

式（6-10）中的背板与天空的角系数 $F_{b,sky}$ 的表达式如下：

$$F_{b,sky} = (1-\cos\theta)/2 \tag{6-11}$$

背板与地面的辐射传热量 $R_{b,gro}$ 的表达式如下：

$$R_{b,gro} = \sigma F_{b,gro}\left(\varepsilon_b T_{PV}^4 - \varepsilon_{gro} T_{gro}^4\right) \tag{6-12}$$

式中，$F_{b,gro}$——背板与地面的角系数。

式（6-12）中的背板与地面的角系数 $F_{b,gro}$ 的表达式如下：

$$F_{b,gro} = (1+\cos\theta)/2 \tag{6-13}$$

根据式（6-2）～式（6-13），把式（6-1）的各项分别展开，即可得到普通太阳电池组件稳态能量平衡方程展开式：

$$\begin{aligned}
I_{rec} = {} & P/A + I_{rec}\rho_{PV} + h_{g,air}\left(T_{PV} - T_a\right) + \sigma F_{g,sky}\left(\varepsilon_g T_{PV}^4 - \varepsilon_{sky} T_{sky}^4\right) + \\
& \sigma F_{g,gro}\left(\varepsilon_g T_{PV}^4 - \varepsilon_{gro} T_{gro}^4\right) + h_{b,air}\left(T_{PV} - T_a\right) + \sigma F_{b,sky}\left(\varepsilon_b T_{PV}^4 - \varepsilon_{sky} T_{sky}^4\right) + \\
& \sigma F_{b,gro}\left(\varepsilon_b T_{PV}^4 - \varepsilon_{gro} T_{gro}^4\right)
\end{aligned} \tag{6-14}$$

值得注意的是，在此传热模型的建立过程中，忽略了太阳电池组件的金属边框对组件工作温度的影响。

6.1.2　太阳电池组件非稳态传热模型

由于太阳电池组件自身存在热容，当环境条件（如太阳辐照度、环境温度、风速、风向等气象参数）发生变化时，太阳电池组件工作温度随之发生改变，但需要一定的响应时间。将组件工作温度变化所需的响应时间考虑在内，即可推导出组件的非稳态能量平衡方程[9]。

太阳电池组件非稳态能量平衡方程（非稳态传热模型）如下：

$$\frac{m_{PV}}{A}c_{PV}\frac{\mathrm{d}T_{PV}}{\mathrm{d}t} = I_{rec} - P/A - I_{ref} - H_{g,air} - R_{g,sky} - R_{g,gro} - H_{b,air} - R_{b,sky} - R_{b,gro} \tag{6-15}$$

式中，m_{PV}——太阳电池组件的质量，单位为 kg；

c_{PV}——太阳电池组件的比热容，单位为 J/（kg·K）；

t——时间，单位为 s。

根据式（6-2）～式（6-13），把式（6-15）的各项分别展开，即可得到普通太阳电池组件非稳态能量平衡方程展开式：

$$\frac{m_{PV}}{A}c_{PV}\frac{\mathrm{d}T_{PV}}{\mathrm{d}t} = I_{rec} - P/A - I_{rec}\rho_{PV} - h_{g,air}(T_{PV}-T_a) - \sigma\varepsilon_g F_{g,sky}(T_{PV}^4-T_{sky}^4) -$$

$$\sigma\varepsilon_g F_{g,gro}(T_{PV}^4-T_{gro}^4) - h_{b,air}(T_{PV}-T_a) - \sigma\varepsilon_b F_{b,sky}(T_{PV}^4-T_{sky}^4) -$$

$$\sigma\varepsilon_b F_{b,gro}(T_{PV}^4-T_{gro}^4) \tag{6-16}$$

式（6-16）等号左边代表太阳电池组件工作温度随时间而变化所需的能量，等号右边代表太阳电池组件与外界的净能量交换。

6.2　太阳电池组件稳态传热模型案例

为了更好地分析太阳电池组件的散热过程，在太阳电池组件能量平衡方程建立之前，提出以下假设条件：

（1）太阳电池组件各组成材料的物性参数是常数；

（2）太阳电池组件各组成结构之间紧密接触，它们之间的接触热阻可忽略；

（3）太阳电池组件在长、宽方向的几何尺寸远大于其厚度方向的几何尺寸，故可以忽略组件侧边的热量得失；

（4）将太阳电池组件视为一个整体时，组件上、下表面的工作温度相等且均匀分布。

太阳电池组件主要通过对流传热、辐射传热方式与外界进行能量交换。为此，基于物理传热平衡公式，在不同安装条件下对太阳电池组件温度进行计算与分析。下面对物理传热平衡稳态方程式即式（6-14）进行化简。

分别令 $a = \sigma F_{g,sky}\varepsilon_g$，$b = \sigma F_{g,gro}\varepsilon_g$，$c = \sigma F_{b,sky}\varepsilon_b$，$d = \sigma F_{b,gro}\varepsilon_b$，经过化简可以得到下式：

$$(a+b+c+d)T_{PV}^4 + (h_{g,air}+h_{b,air})T_{PV} + [P/A - (1-\rho_{PV})I_{rec} - (h_{g,air}+h_{b,air})T_a -$$
$$\sigma F_{g,sky}\varepsilon_{sky}T_{sky}^4 - \sigma F_{g,gro}\varepsilon_{gro}T_{gro}^4 - \sigma F_{b,sky}\varepsilon_{sky}T_{sky}^4 - \sigma F_{b,gro}\varepsilon_{gro}T_{gro}^4] = 0 \tag{6-17}$$

上式中，令 $A_1 = a+b+c+d$，$B_1 = h_{g,air}+h_{b,air}$，以及

$$C_1 = P/A - (1-\rho_{PV})I_{rec} - (h_{g,air}+h_{b,air})T_a - \sigma F_{g,sky}\varepsilon_{sky}T_{sky}^4 -$$
$$\sigma F_{g,gro}\varepsilon_{gro}T_{gro}^4 - \sigma F_{b,sky}\varepsilon_{sky}T_{sky}^4 - \sigma F_{b,gro}\varepsilon_{gro}T_{gro}^4$$

对 A_1 进行展开，可得

$$A_1 = \sigma F_{g,sky}\varepsilon_g + \sigma F_{g,gro}\varepsilon_g + \sigma F_{b,sky}\varepsilon_b + \sigma F_{b,gro}\varepsilon_b$$
$$= \sigma[(F_{g,sky}+F_{g,gro})\varepsilon_g + (F_{b,sky}+F_{b,gro})\varepsilon_b]$$

式中，玻璃盖板与天空、地面的角系数之和 $F_{g,sky}+F_{g,gro}=1$，背板与天空、地面的角系数之和 $F_{b,sky}+F_{b,gro}=1$，故 A_1 可化简为

$$A_1 = \sigma(\varepsilon_g + \varepsilon_b) \tag{6-18}$$

B_1 的表达式如下：

$$B_1 = h_{g,air} + h_{b,air} \tag{6-19}$$

对 C_1 进行化简，可得：

$$C_1 = P/A - (1-\rho_{PV})I_{rec} - (h_{g,air}+h_{b,air})T_a - \sigma(\varepsilon_{sky}T_{sky}^4 + \varepsilon_{gro}T_{gro}^4) \tag{6-20}$$

综上所述，可将太阳电池组件稳态能量平衡方程式化简为一元四次方程，未知量为普通组件工作温度 T_{PV}，未知量 T_{PV} 的最高次数为 4 次：

$$A_1 \cdot T_{PV}^4 + B_1 \cdot T_{PV} + C_1 = 0 \tag{6-21}$$

考虑太阳电池组件整个传热过程，代入环境温度值，即可得到太阳电池组件理论计算温度。下面将在具体工作环境中进行实例分析。对均匀辐照条件下太阳电池组件工作运行的环境条件——水泥地面进行测试，测试环境基本假设条件如表 6-1 所示。对太阳电池组件的安装尺寸、材料属性、输出功率等参数进行设定，如表 6-2 所示。

表 6-1　太阳电池组件测试环境基本假设条件

名　　称	数　　值	名　　称	数　　值
太阳辐照度 I_{rec}/（W/m²）	800.00	水泥地面发射率 ε_{gro}	0.95
水泥地面平均温度 t_{gro}/℃	32.00	水泥地面平均温度 T_{gro}/K	305.15
周围环境空气温度 t_a/℃	27.60	周围环境空气温度 T_a/K	300.75
风速 v/（m/s）	1.18	—	—

表 6-2　太阳电池组件基本参数设定

名　　称	数　　值	名　　称	数　　值
组件长度 L/m	1.65	组件宽度 D/m	0.992
组件上表面积 A/m²	1.637	组件反射率 ρ_{pv}	0.10
玻璃盖板发射率 ε_g	0.92	组件背板发射率 ε_b	0.88
组件倾斜角 θ/（°）	27	组件输出功率 P/W	195

将周围环境空气温度 T_a 代入式（6-6），可得到天空温度 T_{sky}：

$$T_{sky} = 0.0552\left(T_a\right)^{1.5} = 287.9\text{K}$$

玻璃盖板、组件背板与空气的对流传热系数的计算方法采用 Duffie J A 推荐的公式[9]：

$$h = (5.7 + 3.8v)\,\text{W}/(\text{m}^2 \cdot \text{K}) \tag{6-22}$$

假定太阳电池组件上表面为迎风面，玻璃盖板处的风速为 v=1.18 m/s；太阳电池组件下表面为背风面，默认背板处的风速 v=0。

根据以上假设，将 v=1.2m/s 代入式（6-22），可计算出玻璃盖板与空气之间的对流传热系数 $h_{g,air}$：

$$h_{g,air} = (5.7 + 3.8v)\,\text{W}/(\text{m}^2 \cdot \text{K}) = 10.26\,\text{W}/(\text{m}^2 \cdot \text{K})$$

将 v=0 代入式（6-22），可计算出组件背板与空气之间的对流传热系数 $h_{b,air}$：

$$h_{b,air} = (5.7 + 3.8v)\,\text{W}/(\text{m}^2 \cdot \text{K}) = 5.7\,\text{W}/(\text{m}^2 \cdot \text{K})$$

根据上述已知参数，结合工作温度计算方法推导的具体内容，可分别求出系数 A_1、B_1、C_1 的大小。

将玻璃盖板发射率 ε_g 和组件背板发射率 ε_b 的值代入式（6-18），可得到系数 A_1 的值：

$$A_1 = \sigma(\varepsilon_g + \varepsilon_b) = 1.02 \times 10^{-7}\,\text{W}/(\text{m}^2 \cdot \text{K}^4)$$

将玻璃盖板与空气之间的对流传热系数 $h_{g,air}$ 和组件背板与空气之间的对流传热系数 $h_{b,air}$ 的值代入式（6-19），可以得到系数 B_1 的值：

$$B_1 = h_{g,air} + h_{b,air} = 15.96\,\text{W}/(\text{m}^2 \cdot \text{K})$$

将组件输出功率 P、组件上表面积 A、组件反射率 ρ_{PV}、周围环境空气温度 T_a 等相关参数代入式（6-20），可以得到系数 C_1 的值：

$$C_1 = P/A - (1 - \rho_{PV})I_{rec} - (h_{g,air} + h_{b,air})T_a - \sigma(\varepsilon_{sky}T_{sky}^4 + \varepsilon_{gro}T_{gro}^4) = -6234.58\,\text{W}/\text{m}^2$$

将系数 A_1、B_1、C_1 的值代入，通过求解上述一元四次方程，可以得到普通太阳电池组件的工作温度：

$$T_{PV} = 322.77\text{K}$$

根据实时气象数据，按照以上步骤，即可模拟计算出不同时刻的太阳电池组件温度。通过改变组件材料参数，如发射率系数等，可以计算双玻、背板等不同类型组件的工作温度。改变环境温度、地面材料热参数、对流传热系数等，可以计算出不同安装方式下太阳电池组件的工作温度。从计算结果分析：太阳电池组件材料热导系数对降低组件工作温度有限，在辐照度为 800～1000W/m² 时组件温度变化在 2℃ 以内；但安装结构与场景引起的对流传热、辐射传热差异对组件工作温度影响较大，可达 10℃ 以上。

6.3　非均匀辐照下太阳电池组件热斑温度

随着光伏系统累计安装容量的快速增长，太阳电池组件长期在户外使用的过程中，其可靠性和稳定性受到了研究人员的广泛关注。由于各种静态、动态阴影遮挡，局部积灰等引起的太阳电池组件表面辐照非均匀分布，影响了组件的工作状态。当太阳电池组件的一片或几片电池被遮挡时，会使其工作在电压反偏状态下，不但不能对外输出功率，还会消耗其他正常电池提供的功率。同时，消耗的功率将转化成热能迫使组件的温度升高，而且由于组件的阴影遮挡程度不同，会造成电池电性能不一致，进而导致电池温度分布不均匀，产生热斑现象[10-12]。

目前，在对热斑耐久性进行测试时，我国主要采用的标准是 IEC 61215 第二版，它主要给出了没有安装旁路二极管或二极管不作用时的热斑耐久性试验方法。但在实际应用中，太阳电池组件都带有旁路二极管，以防止热斑效应的发生。IEC 61215 第三版草案则考虑了旁路二极管的使用，从而制定了新的热斑耐久性试验。由于大部分组件的旁路二极管是固定的，电路也不能触及，因而通常选择不可侵入法来测试热斑耐久试验。不管是 IEC 61215 的第二版还是第三版草案，其测试的主要过程都是确定最差电池→确定最坏遮光比例→曝晒测试→测试后检查。

引起最坏遮光情况的遮挡率可近似地由下式给出：

$$\left(1 - \frac{I_{\mathrm{MP}} - I_{100\%}}{I_{\mathrm{SC}}}\right) \times 100\% \tag{6-23}$$

式中，I_{MP}——不存在任何阴影遮挡时的太阳电池的最大功率点电流；

$I_{100\%}$——太阳电池被完全遮挡时在旁路二极管启动点处的组件电流；

I_{SC}——短路电流。

对于传统的晶体硅太阳电池，其最坏遮光情况下的遮挡率一般为 20%~50%。随着子串中电池数量的增加，最坏遮光情况的遮挡率也会增加；若电池两边未并联旁路二极管，则最坏遮光情况的遮挡率为 100%。

6.3.1 热斑产生的原因

热斑是影响太阳电池组件发电性能和寿命的主要因素之一。目前，国内外很多学者认为太阳电池组件的热斑现象主要是因太阳电池组件受到局部的静态或动态遮挡而引起的。但是在实际应用中，即便是太阳电池组件建设在没有任何阴影遮挡的沙漠环境中，也会有热斑现象发生。一般情况下，太阳电池组件出现热斑现象的主要原因可以归为两类：一是由太阳电池组件电池的材料、工艺、机械应力等问题而造成的电池缺陷，在外界环境作用下所产生的衰减不一致，从而引起电池之间的电性能失配；二是在正常使用过程中，太阳电池组件受到周围建筑物、树木、杂物等的遮挡，导致组件之间产生的光生电流大小不一致。根据电池 P-N 结的结构，在工作电流大于其光生电流的情况下，产生电压反偏现象，消耗正常电池产生的功率，从而产生大量的热量，进而使遮挡片的电池温度高于其他电池的温度，即所谓的热斑现象。太阳电池组件长期在热斑情况下工作，会影响太阳电池组件的发电性能和使用寿命；严重时会造成太阳电池组件失效，甚至引起火灾。

通常，单片太阳电池经过串联构成太阳电池组件，太阳电池组件经过串/并联构成太阳电池方阵。在方阵中，若某单片电池被遮挡，则有可能使整个光伏系统的输出功率受到极大的影响。未被遮挡的太阳电池组件电路模型如图 6-2 所示，在这种情况下，流经整个电池组件的电流大小都是相同的（假设为 I）。图 6-3 所示是太阳电池组件在顶部被遮挡情况下的电路模型。光生电流 I_{ph} 为 0，流过组件的电流经过电阻 R_S，在 R_S 和并联电阻 R_{SH} 上导致了压降。一个典型的太阳电池产生的工作电压大概为 0.5～0.6V，被遮挡后这个电压最高可达到

$$V_C = -(R_{SH} + R_S)I \tag{6-24}$$

通常情况下，由于太阳电池存在通过等效二极管的非线性反偏电流 I_d，其反偏电压值会略低于上述计算值。为防止被遮挡的太阳电池反向电压过高，一般在太阳电池组件中每 16～24 个串联电池并联一个旁路二极管，使反偏电压控制在 15V 以下。

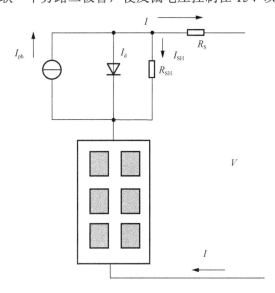

图 6-2　未被遮挡的太阳电池组件电路模型

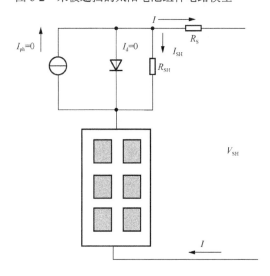

图 6-3　顶部被遮挡的太阳电池组件电路模型

太阳电池被遮挡后，在反偏电压与电流的作用下，会消耗正常电池产生的能量，产生热功率，形成热斑。常产生"热斑"的区域可能会遭受破坏，导致太阳电池组件不能正常工作。一般情况下，减缓"热斑效应"的方法是给太阳电池方阵附加旁路二极管。这种做法可以降低失配电池的反偏电压，但并不能完全解决热斑问题。

6.3.2 热斑产生原理

在恒定光照下，处于工作状态的太阳电池的光生电流不随工作状态而变化，在等效电路中可将其看作恒流源。光生电流一部分流经负载 R_L，在负载两端建立起端电压 V，反过来，又正向偏置于 P-N 结二极管，产生一个与光生电流方向相反的暗电流 I_D。研究发现，太阳电池的单二极管等效电路不能很好地模拟电池的特性参数。为此，提出太阳电池的双二极管等效电路模型，如图 6-4 所示。在晶体硅太阳电池组件中，当有电池被遮挡时，考虑二极管反向雪崩击穿效应，组件的输出特性可用下式表示[13]：

$$I = I_{ph} - I_{o1}\left\{\exp\left[\frac{q(V/m + R_S I)}{n_1 kT}\right] - 1\right\} -$$

$$I_{o2}\left\{\exp\left[\frac{q(V/m + R_S I)}{n_2 kT}\right] - 1\right\} - \frac{V/m + R_S I}{R_{SH}} -$$

$$\alpha\left(\frac{V}{m} + R_S I\right)\left(1 - \frac{V/m + R_S I}{V_{br}}\right)^{-nn} \quad （6-25）$$

$$I_{ph} = I_{phs} I \frac{\beta}{100} \quad （6-26）$$

式中，I_{ph} ——光生电流，单位为 A；

I_{o1}，I_{o2} ——二极管 VD_1、VD_2 的反向饱和电流，单位为 A；

q ——电子电荷量，其值为 $1.60217662 \times 10^{-19}$ C；

m ——电池数量；

R_S ——串联电阻，单位为 Ω；

I ——太阳电池组件的工作电流，单位为 A；

n_1，n_2 ——二极管 VD_1、VD_2 的理论因子；

k ——玻耳兹曼常数；

T ——热力学温度，单位为 K；

R_{SH} ——并联电阻，单位为 Ω；

α，nn ——二极管反向特征常数；

V_{br} ——二极管击穿电压，单位为 V；

I_{phs} ——在标准测试条件下的光生电流，单位为 A；

β ——遮挡透过率（%）。

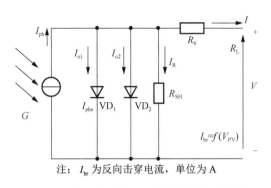

注：I_{br} 为反向击穿电流，单位为 A

图 6-4 太阳电池的双二极管等效电路模型

当太阳电池组件中出现电池电流失配时，光生电流小的电池会被反向偏置，在反偏电压的作用下，电池两端产生与 I_{phs} 相同方向的漏电流。在局部阴影遮挡及失配的情况下，组件输出性能呈现双峰或多峰，当组件工作在方阵最大功率点时，被遮挡的电池可能产生热斑温升。在遮挡情况下有旁路二极管的太阳电池组件，其输出性能曲线如图 6-5 所示。当方阵工作在极值点 1 处时，组件输出的电压较小，电流较大，整个方阵的匹配性较好；但由于被遮挡电池的光生电流明显小于此时方阵电流，将消耗大量的功率而产生热能，使组件温度升高，易产生热斑，对组件造成不可恢复的损毁。当方阵工作在极值点 2 处时，组件输出电压较大，电流较小，虽然整个方阵的匹配性较差，但方阵所消耗的功率均匀分布，对组件温度的变化效果不明显，不易产生热斑，使组件的安全性得到极大的提升。在实际应用中可采用电压控制法防止热斑的产生，即通过组件中电池串（18～24 片电池）的最大功率点

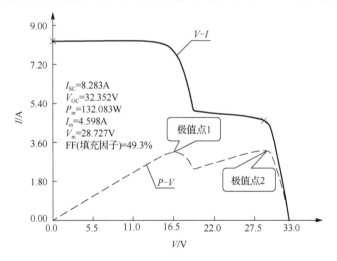

I_{SC}=8.283A
V_{OC}=32.352V
P_m=132.083W
I_m=4.598A
V_m=28.727V
FF(填充因子)=49.3%

I_{SC}——太阳电池组件短路电流，单位为 A；　　V_{OC}——太阳电池组件开路电压，单位为 V；

P_m——太阳电池组件最大功率值，单位为 W；　　I_m——太阳电池组件最大功率对应的电流值，单位为 A；

V_m——太阳电池组件最大功率对应的电压值，单位为 V。

图 6-5 在遮挡情况下有旁路二极管的太阳电池组件输出性能曲线

跟踪（Maximum Power Point Tracking，MPPT）等方式，使太阳电池组件工作在高电压处（极值点 2 处），防止失配的太阳电池两端形成高反偏电压。

当太阳电池组件中某片电池 Y 由于外界因素被部分遮挡时，其输出特性曲线如图 6-6 所示。当电池 Y 受遮挡后，其短路电流 I_{SC} 小于组件的工作电流 I，此时电池 Y 处于反向偏置状态。常规太阳电池组件由 60 片电池串联而成，接线盒内设置 3 个旁路二极管，每个旁路二极管与 20 片电池并联，电池 Y 的反向偏置电压随着遮挡面积的增大而增大，当太阳电池组件被遮挡子串中其余 19 片电池的工作电压大于电池 Y 的反向偏压时，二极管不工作，被遮挡电池消耗的功率为此时的工作电流与反向偏压的乘积。遮挡面积不同，被遮挡电池消耗的功率就不同，需要找到太阳电池组件短接时被遮挡电池消耗功率最大的点，此时的遮挡比例也就是最容易发生热斑现象的遮挡比例。

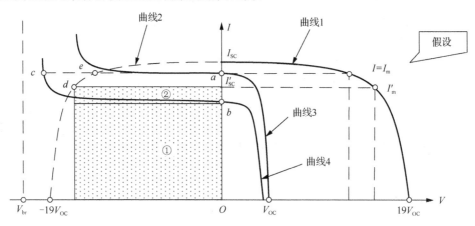

图 6-6　某片太阳电池被部分遮挡时的输出特性曲线

在图 6-6 中曲线 1 为组件中无遮挡部分电池的输出曲线，曲线 2 为曲线 1 关于纵坐标的对称曲线；曲线 3 和曲线 4 分别为不同失配系数下组件中被遮挡电池 Y 的输出曲线。产热最严重的情况分析如下：假设太阳电池组件的工作电流工作在最佳工作点状态（$I = I_{m}$），则当电池 Y 的光生电流 I'_{SC} 等于工作电流 I 时，被遮挡电池 Y 的端电压为零，如图 6-6 中的 a 点。当 $I'_{SC} < I$ 时，被遮挡电池 Y 将承受反向偏压，如图 6-6 中的曲线 4。若此时组件中无旁路二极管，则该组件将工作在图 6-6 中的 c 点，被遮挡电池 Y 消耗的功率为 c 点的电压与电流的乘积。当组件中并联旁路二极管时，由于旁路二极管的导通将限制该组件的输出电压，使之约等于零，故此时该太阳电池组件将工作在短路工作点，如图 6-6 中的 d 点，此时流经太阳电池的输出电流为 I'_{m}，流经旁路二极管的电流为 $I - I'_{m}$，组件中被遮挡电池 Y 消耗的功率如图 6-6 中的阴影部分所示，阴影部分表示的功率即在短路工作点时组件中未被遮挡的电池产生的功率。若被局部遮挡电池的反偏曲线恰好与最佳工作点电流相交于 e 点，则消耗功率最大，最容易产生热斑。电池部分遮挡时消耗的功率会转变成热能而引起电池的均匀发热（图 6-6 中①部分）和漏电流的非均匀发热（图 6-6 中②部分）。其中，非

均匀发热是导致热斑现象的主要原因。

"失配电池产生的热功率最大"通常被认为是产生热斑的最坏条件；然而，这种情况须在"热功率均匀分布"的前提下，才能与实际情况一致。电池受到遮挡或者存在缺陷时会引起热斑效应。热斑效应产生的热量分为均匀发热功率和非均匀发热功率，其中均匀发热功率的大小取决于失配电池本身光生电流及其两端反偏电压的大小（图6-7中点状阴影部分），非均匀发热功率则是在反偏电压作用下由电池工艺与材料缺陷所产生的非均匀漏电流引起的（图6-7中深色阴影部分）。

在由 S 个电池组成的电池串中，当某块电池被遮挡时，电池的 $V\text{-}I$（电压-电流）特性曲线如图6-7所示。整个被遮挡电池消耗的功率可表示为

$$P_A = V_r \times I_{MPP2}$$

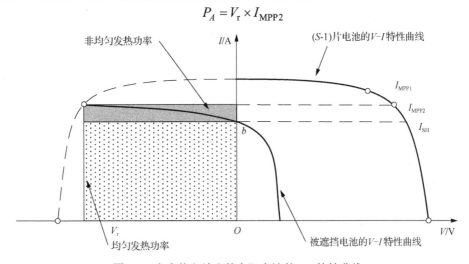

图6-7 产生热斑效应的太阳电池的 $V\text{-}I$ 特性曲线

均匀发热功率：

$$P_1 = V_r \times I_{SH}$$

非均匀发热功率：

$$P_2 = V_r \times (I_{MPP2} - I_{SH})$$

式中，I_{MPP1}——（S-1）片无遮挡电池串的最大功率点电流，单位为A；

I_{MPP2}——（S-1）片电池与被遮挡电池串联后的最大功率点电流，单位为A；

I_{SH}——被遮挡电池的短路电流，单位为A；

V_r——被遮挡电池两端的反向偏置电压，单位为V。

上面讨论了电池被部分遮挡情况下太阳电池组件的工作状态。实际上，电池还存在被完全遮挡的状态，此时被完全遮挡电池产生的光生电流 I_{ph}=0，又因为被完全遮挡电池自身的 P-N 结等效的二极管 VD 处于反向截止状态，电流基本上不能从该等效二极管通过，所以其余电池产生的电流只能通过完全被遮挡电池中等效的串联电阻 R_S 和并联电阻 R_{SH} 向外输出。此外，由于被完全遮挡电池自身不产生电流且消耗了其他电池产生的功率，被完全

遮挡电池的温度会迅速升高，其消耗的最大功率为

$$P = I^2 \left(R_{\mathrm{S}} + R_{\mathrm{SH}} \right) \tag{6-27}$$

式中，P——被完全遮挡电池所消耗的功率，单位为 W；

$\quad\quad I$——被完全遮挡电池的工作电流，单位为 A；

$\quad\quad R_{\mathrm{S}}$——被完全遮挡电池的等效串联电阻，单位为 Ω；

$\quad\quad R_{\mathrm{SH}}$——被完全遮挡电池的等效并联电阻，单位为 Ω。

现假设太阳电池组件中某片电池被完全遮挡，此电池就起不到发电作用，而相当于一个阻值为（$R_{\mathrm{S}} + R_{\mathrm{SH}}$）的恒定电阻消耗功率，因而出现发热现象，形成热斑。

通过分析可知，当太阳电池组件或方阵工作处于短路状态时，被完全遮挡电池所消耗的功率达到最大，这种状态理论上是热斑问题最严重的情况；当太阳电池组件或方阵正常向负载供电时，热斑问题相对于短路状态有所缓解；在太阳电池组件处于断开状态（开路状态）时，无法形成回路，被完全遮挡的电池中没有电流流过，不会出现热斑现象。

组件中的一片或多片电池被完全遮挡时，出现的热斑问题可能会导致整个太阳电池组件不能正常工作，甚至会影响整个光伏系统的电能输出。

6.3.3 热斑效应案例分析

不同遮挡比例下太阳电池组件的温度和功率大不相同，为寻求最坏遮挡情况下的热斑现象，选用 260W$_{\mathrm{p}}$ 的普通太阳电池组件（组件由 60 片电池串联而成，每 20 片电池并联一个旁路二极管）进行实验。首先将组件进行短接，依次使用遮挡片遮挡单片电池，遮挡率为 10%～90%，以 10% 为间隔，采用红外热像仪对热斑实验中电池背板温度进行测试。普通太阳电池组件单片电池遮挡实验如图 6-8 所示。每两分钟手动采集一次数据，实验结果如图 6-9 所示。

图 6-8　普通太阳电池组件单片电池遮挡实验

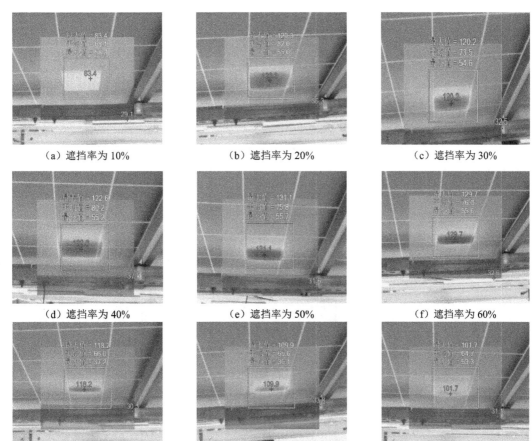

（a）遮挡率为10%	（b）遮挡率为20%	（c）遮挡率为30%
（d）遮挡率为40%	（e）遮挡率为50%	（f）遮挡率为60%
（g）遮挡率为70%	（h）遮挡率为80%	（i）遮挡率为90%

图 6-9　实验结果

在测试环境下太阳电池组件背板正常工作的平均温度为60℃，实验中发现被遮挡电池的温度分布极其不均匀，其未被遮挡部分的温度明显高于被遮挡部分的温度。其未被遮挡部分的最高温度能达到131.1℃，比正常工作电池高了70℃，是正常工作温度的两倍以上。如果电池长期工作在这种温度不均且异常高温的状态下，就可能会出现太阳电池组件烧焦等现象，影响组件的寿命。

6.3.4　热斑效应模拟分析方法

1. 建模

利用 ANSYS 软件建立太阳电池模型，如图6-10所示。模拟过程所采用的太阳电池组件主要材料的热导系数及其他参数如表 6-3 所示。先根据热斑功率模型将边界条件输入 ANSYS 软件，然后利用该软件进行模拟。

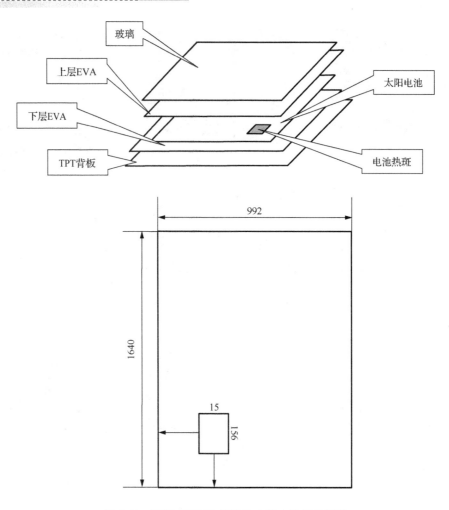

图 6-10　利用 ANSYS 模拟的太阳电池组件模型

表 6-3　模拟过程所采用的太阳电池组件主要材料的热导系数及其他参数

材　　料	热导系数/［W/(m·K)］	相对质量密度/（kg/m³）	比热容/J/[(kg·K)]	厚度/mm
玻璃盖板	1.4	2500	835	3.2
上层 EVA	0.21	938	1560	0.45
太阳电池	150	1650	700	0.2
下层 EVA	0.21	938	1560	0.45
TPT 背板	0.14	1475	1130	0.25

2. 边界条件

由于 PVsyst 软件只能模拟普通太阳电池组件的热斑现象，所以为了模拟被遮挡组件的热斑散热问题，选择 ANSYS 软件，并采用稳态的传热模型。根据能量守恒定律，组件接收的热量等于其产生的电能和外部热量的总和。热平衡可以由以下公式给出：

$$I_{\text{rec}} + P_1 / A_1 + P_2 / A_2 = P / A + I_{\text{ref}} + H_{\text{g,air}} + R_{\text{g,sky}} + R_{\text{g,gro}} + H_{\text{b,air}} + R_{\text{b,sky}} + R_{\text{b,gro}} \qquad (6\text{-}28)$$

式中，P_1——均匀发热功率，单位为 W；

A_1，A_2——面积，单位为 m^2；

P_2——非均匀发热功率，单位为 W。

在使用 ANSYS 软件建模时，须先独立绘制被遮挡的太阳电池，再绘制组件的其他部分。边界条件设置：把被遮挡电池设置为一个内热源；组件正面和背面的对流传热系数都设置为 $10W/(m^2 \cdot ℃)$；组件正面热流设置为 $750W/ m^2$，且假设组件表面会反射约 10% 的太阳光；忽略组件与地面及天空的辐射传热。

3. 电池热斑模拟案例分析

打开 ANSYS 软件的 Workbench，在 Toolbox 中选择稳态热模型"Steady-State Thermal"，然后把它拖入工作板块中。双击"Engineering Data"，添加材料数据；使用 DM 建立组件模型划分网格，最后在 Setup 选项里面进行模拟，即利用图 6-11 所示的稳态热模型模拟步骤。

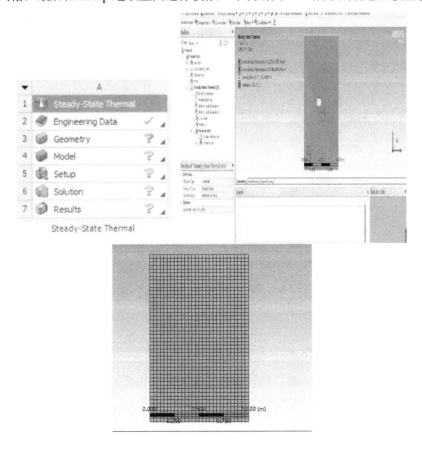

图 6-11　稳态热模型模拟步骤

将得到的数据处理后输入 ANSYS 内部热流，得到相关模拟的结果，如图 6-12 所示。

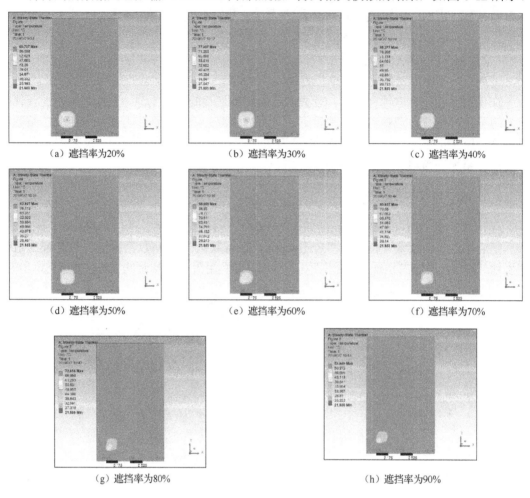

（a）遮挡率为20%　　　　　（b）遮挡率为30%　　　　　（c）遮挡率为40%

（d）遮挡率为50%　　　　　（e）遮挡率为60%　　　　　（f）遮挡率为70%

（g）遮挡率为80%　　　　　　　　　（h）遮挡率为90%

图 6-12　通过 ANSYS 模拟点缺陷太阳电池组件的结果

6.4　热斑效应解决方案

6.4.1　并联旁路二极管

在太阳电池组件上并联旁路二极管是最常见的减少失配和热斑现象的方法。理论上，每个电池并联一个旁路二极管是解决热斑现象最理想的方案；但因二极管本身就是消耗功率的电器元件，这会导致太阳电池组件在不受遮挡时的发电功率比常规太阳电池组件的发电功率小。从成本和可行性的角度考虑，目前多采用每 20 片电池（对于常规组件）并联一个旁路二极管的方案。

对于一个串联在太阳电池方阵中的组件，由于外界因素使其中某片电池被部分或全部遮挡，被遮挡电池处于反偏状态，当子串中的其余 19 片电池所提供的电压小于被遮挡电池产生的反偏电压时，并联在遮挡电池端的二极管将导通，进入工作状态。此时，被遮挡电池的子串会被旁通，对外不起发电作用。该子串的启动电压平衡方程如下：

$$\sum V_{SH} - \sum V_i = V_d \tag{6-29}$$

式中，V_{SH}——被遮挡电池或者发生热斑的电池两端的电压，单位为 V；

$\quad\quad V_i$——太阳电池组件被遮挡的电池子串中其余未被遮挡的电池所产生的电压，单位
　　　　为 V；

$\quad\quad V_d$——并联在太阳电池组件中的旁路二极管的正向导通压降，一般情况下其值取

　　　　0.3～0.6V。

此平衡方程的含义：当太阳电池组件中被遮挡电池所产生的反偏电压大于其所在的子串中正常电池片提供的电压和旁路二极管导通电压之和时，旁路二极管启动，进入工作状态，以保护组件。在这种状态下，方阵中串联的其他电池所产生的电流绝大部分通过旁路二极管，极少一部分通过被遮挡电池，此时旁路二极管工作时的电流流向如图 6-13 所示。

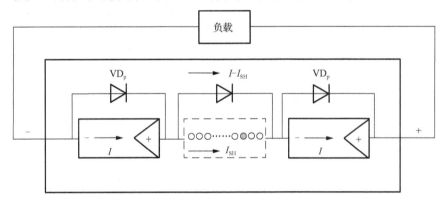

图 6-13　太阳电池组件中单片电池被遮挡时旁路二极管工作时的电流流向

被遮挡电池上的消耗功率可以近似表示为

$$P = \frac{V_{SH}^2}{R_S + R_{SH}} \tag{6-30}$$

式中，V_{SH}——被遮挡电池两端的电压，单位为 V；

$\quad\quad R_S$——被遮挡电池的等效串联电阻，单位为 Ω；

$\quad\quad R_{SH}$——被遮挡电池的等效并联电阻，单位为 Ω。

6.4.2　智能太阳电池组件

在太阳电池组件接线盒内并联的旁路二极管，只有在电池受到大面积遮挡时才进入正常工作状态，起到保护太阳电池组件和稳定系统的作用[14]。但是，对于组件内单片或多片电池受到小比例遮挡且尚不能满足旁路二极管旁通条件时，二极管并不能起到减小热斑发

生率的作用，并且二极管长期工作在高温下存在失效的可能性，这些都会成为影响太阳电池方阵稳定性的隐患。近年来，太阳电池组件生产企业与芯片生产公司美信等合作推出新型智能太阳电池组件，可实现组件中电池子串级的最大功率点跟踪。其组件具有其他智能组件不具有的独特优点，可以减少由于电池间电性能不匹配带来的功率损失。根据不同子串间电池的电性能情况和电池的遮挡情况，寻找出各子串中的最大工作点 P_{max1}、P_{max2}、P_{max3}，并寻找出此时对应的最大工作电流 I_{m1}、I_{m2}、I_{m3}，比较子串之间的工作电流，选取最大工作电流作为对外的工作电流，即 $I_m=\max(I_{m1}, I_{m2}, I_{m3})$。然后，通过 DC-DC 进行转换，使其余子串的最大输出功率不变，工作电压减小。通过智能芯片的优化，被遮挡电池就不会工作在反偏状态，也就不会转变为负载而消耗其余正常电池所产生的功率，进而减少了被遮挡电池的温升。单片被遮挡电池的热斑测试如图 6-14 所示，在失配情况下，与普通太阳电池组件相比，该智能太阳电池组件热斑温度大幅降低，降低了热斑失效风险。

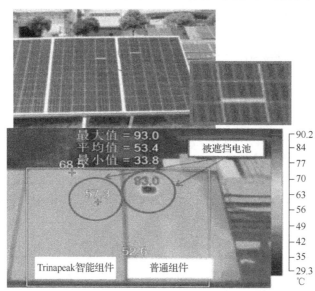

图 6-14　单片被遮挡电池的热斑测试

对比红外热成像仪测得的 Trinapeak 智能太阳电池组件和普通太阳电池组件的温升数据可知：普通太阳电池组件的单片电池被遮挡时，被遮挡电池片的温度比其他正常电池片的温度高 41℃，且最高温度达到 93℃；而 Trinapeak 智能太阳电池组件的单片电池被遮挡时基本上没有温升，比其他正常电池片的温度仅高 5℃左右，降低了组件因热斑失效的风险。温度对组件运行状态影响深远，太阳电池组件在户外实际运行过程中，阴影遮挡（如鸟粪、杂草、灰尘）及电池本身的缺陷会造成输出功率的降低和局部温度的升高；情况严重时，会导致整个太阳电池方阵甚至发电系统的损坏。智能太阳电池组件对热斑与发电量的影响将在第 8 章详细介绍。

第7章 光伏系统的经济性分析

光伏系统的综合经济性是影响其发展速度与规模的最重要因素。本章从光伏度电成本与投资回收模型、影响因素、案例分析等方面介绍光伏系统的经济性评估和改善方法。

7.1 光伏系统投资分析

7.1.1 LCOE 模型

LCOE（Levelized Cost of Electricity，平准化电力成本；国内通常称之为度电成本）是国内外用于评价各种发电系统运营周期内电力单位成本的净现值。在发电系统的整个运营周期内，总成本投入贴现值与总发电量收益贴现值之比即每度电所需要的成本值[1-3]。在光伏系统中，LCOE 值的大小能清晰地体现光伏项目的发电成本与收益水平，对用户的投资计算、并网电价指导等均有重要的指导意义。

LCOE 被美国国家可再生能源实验室（NREL）定义为光伏系统在并网时产生的所有成本与全部发电量进行贴现计算后的比值[4]，即

$$\text{LCOE} = \frac{\sum_{n=1}^{N} \frac{C_n}{1+d}}{\sum_{n=1}^{N} \frac{E_n}{(1+d)^n}} \tag{7-1}$$

式中，E_n——系统第 n 年的发电量，单位为 kW·h；

C_n——第 n 年的运营成本；

d——贴现率，即未来的支出计算等效为现值时利用的利率；

N——系统运营年限。

Fraunhofer-ISE 将 LCOE 解释为度电成本，其计算公式为[5,6]

$$\text{LCOE} = \frac{I_0 + \sum_{n-1}^{N} \frac{A_t}{(1+i)^t}}{\sum_{n-1}^{N} \frac{E_n}{(1+i)^t}} \tag{7-2}$$

式中，I_0——初始投资成本；

A_t——第 t 年的运营总支出；

E_n——系统第 n 年的发电量，单位为 kW·h；

i——投资收益率；

n——进行财务分析时的系统寿命；

t——系统的运行周期（$t = 1，2，3，\cdots，n$）。

由式（7-2）可得出结论：Fraunhofer-ISE 的模型是基于动态模拟的，在计算时考虑了贴现率对 LCOE 值的影响。

结合 NREL 和 Fraunhofer-ISE 的模型，建立如下模型：

$$\text{LCOE} = \frac{I_0 - \dfrac{C_m}{(1+i)^N} + \displaystyle\sum_{n=1}^{N} \dfrac{A_n + T_n}{(1+i)^n}}{\displaystyle\sum_{n=1}^{N} \dfrac{E_n}{(1+i)^n}} \tag{7-3}$$

式中，I_0——系统的初始投资成本，包含组件、支架、逆变器、汇流箱、箱式变压器、开关站、电缆等的配置及安装费；

C_m——贴现后的系统残值；

A_n——第 n 年的运营成本；

T_n——系统的其他费用；

E_n——系统第 n 年的发电量，单位为 kW·h。

总土地租赁费：

$$C_{\text{土地}} = \sum_{n=1}^{N} \frac{S \times p \times \left[\alpha_{\text{年增长率}} \times (n-1) + 1\right]}{(1+i)^n} \tag{7-4}$$

式中，p——土地单价，其值为 3 元/（m²·年）；

$\alpha_{\text{年增长率}}$——土地租赁年增长利率；

S——土地面积。

系统残值按照平均折旧法计算，最终残值为

$$C_m = I_0 \times \alpha_{\text{残值率}} \tag{7-5}$$

7.1.2 净现值与内部收益率

净现值法就是按净现值大小来评价方案优劣的一种方法。净现值（NPV）是指按行业的基准收益率或设定的折现率，将项目计算期内每年发生的现金流量折现到建设期初的现值之和，一般可用下式计算[7]：

$$\text{NPV} = -C_0 + (B - C) \times \left[\frac{(1+i)^n - 1}{(1+i)^n \times i}\right] - \frac{B_{\text{cost}}}{(1+i)^{n_b}} - \frac{C_{\text{cost}}}{(1+i)^{n_c}} - \cdots \tag{7-6}$$

式中，C_0——初始投资金额；

B——项目的年收益；

C——项目的运行成本；

n——系统可正常运行的时长；

B_{cost}——系统运行周期内需要更换设备甲的成本；

n_b——设备甲需要更换时的时间；

C_{cost}——系统运行周期内需要更换设备乙的成本；

n_c——设备乙需要更换时的时间；

i——年度百分比利率。

项目的净现值可作为判定项目是否值得投资的依据。其判定标准：若 NPV≥0，则项目应予以接受；若 NPV<0，则应予以拒绝。在对多方案进行比较和选择时，净现值越大，方案越优。

内部收益率（Internal Rate of Return，IRR）[8]是资金流入现值总额与资金流出现值总额相等、净现值等于零时的折现率。该指标是投资预期应达到的报酬率，指标值越大越好。一般情况下，当光伏系统发电项目的 IRR 大于等于基准收益率时，认为该项目具有可行性。

通常，IRR 可利用逐次测算法计算得到，计算步骤如下：根据项目的具体情况绘制现金流量图，依据自身的经验确定折现率 i_1，同时计算出对应的净现值 NPV_1，判断其与 0 值的大小关系（>0，=0 或<0）。若 $NPV_1 = 0$，则 IRR = i_1；若 $NPV_1 > 0$，则 IRR>i_1，应继续计算求解 i_2，i_3，i_4，…，i_n，直至找到 $NPV_n < 0$，利用线性插值法计算出 i'，即 IRR 的近似值，从而得到内部收益率的解；若 $NPV_1 < 0$，则 IRR<i'_1，应继续计算求解 i_2，i_3，i_4，…，i_m，直至找到 $NPV_m > 0$，再利用线性插值法计算出 i'，即 IRR 的近似值，从而得到内部收益率的解。这种方法要经过多次试算，耗费较多的时间，相对比较麻烦。

IRR 计算公式可表示为

$$IRR = A + \left[\frac{a}{a+b} \times (D - A) \right] \tag{7-7}$$

式中，A——NPV 试算值为正时所用的折现率；

a——正的 NPV 试算值；

D——NPV 试算值为负时所用的折现率；

b——负的 NPV 试算值。

7.2　经济性评估指标 LCOE

7.2.1　LCOE 的计算实例

LCOE 的计算需要对基本参数进行设定，包含环境参数、系统参数、组件参数、设备参数、利率参数、宏观调控（如限电）和国家补贴电价等[9]。这些参数将直接影响系统初期投资、运营费用与残值、发电量（kW·h），即式（7-3）中的分子与分母。因此，在计算 LCOE 值时，需要设定边界条件。如果脱离边界条件定义，LCOE 就没有参考价值。

LCOE 计算模型中的系统初期投资包括系统基本配置硬件投入、系统安装及施工费、项目综合费、土地租赁费四大部分费用。其中，系统基本配置硬件投入包括组件、支架、汇流箱、逆变器、变压器、开关柜、电缆等；系统安装及施工费包括组件安装费用、支架和水泥基础安装费、汇流箱和逆变器安装费、场地平整费、临建设施费、综合楼建设费等；项目综合费包含项目管理费与项目设计费等。

系统运营费用包含组件日常清洗、系统维护、修理与更换损坏器件、人工费用等；通常，系统按 25 年寿命计算，25 年后系统残值设定为 0，在光伏系统全生命周期内以一年为周期，分年计算。对与 LCOE 计算系统成本相关的初期投资、运营费用及系统残值三部分，还需要考虑贷款、税收、贴现率等财务因素的影响[10]。

除系统成本外，计算发电量是确定 LCOE 值的关键。实际情况下，可根据计算公式或PVsyst 模拟得出系统发电量。例如，若系统运营期限为 25 年，则贴现率为 7%。贴现后的发电量可用以下公式计算：

$$E = \sum_{n=1}^{N} \frac{E_{M}}{(1+i)^{n}} \tag{7-8}$$

式中，E_{M}——模拟的发电量，单位为 kW·h；

$\quad\quad N$——系统运营年限；

$\quad\quad i$——贴现率。

第 1 年的系统发电量=软件或计算得出的系统发电量×（1-首年衰减率）/（1+贴现率），第 2 年的系统发电量=第一年的系统发电量×（1-首年之后的衰减率）/（1+贴现率），第 n 年的系统发电量=第 $n-1$ 年的系统发电量×（1-首年之后的衰减率）/（1+贴现率），则光伏系统 25 年的总发电量为第 1～25 年的总和。

由式（7-3）可知，在计算 LCOE 值的公式中，分子部分=初始投资成本+多年运营维护费用-系统在运营期满后系统的剩余价值。

如前所述，初始投资资本包括系统的基本配置硬件投入、系统安装及施工费、项目综合费、土地租用费四大部分费用。其中，土地租用费 C_{land} 可通过以下公式计算：

$$C_{land} = \frac{L \times R \times \beta \times N \times M}{P} \tag{7-9}$$

式中，L——太阳电池方阵的行间距，单位为 m；

$\quad\quad R$——太阳电池组件的宽度，单位为 m；

$\quad\quad \beta$——太阳电池组件面积冗余系数，其值为 1.2；

$\quad\quad N$——太阳电池组件的数量；

$\quad\quad M$——土地的单价，其值为 30 元/m^2；

$\quad\quad P$——太阳电池方阵的总功率，单位为 W$_p$。

根据所考察地区的调研结果得出的 LCOE 边界参数如表 7-1 所示。

表 7-1　LCOE 边界参数

系统基本配置	支出/（元/W_p）	系统安装及施工	支出/（元/W_p）	项目综合费	支出/（元/W_p）
逆变器	0.55	逆变器	0.3	土地租用	0.252
组件	3.0	组件	0.7	设计费用	0.348
支架	0.5	其他	0.1	—	—
电缆	0.25	—	—	—	—
其他	0.4	—	—	—	—
总计	4.7	总计	1.1	总计	0.6

由表 7-1 可以看出，系统基本配置总支出为 4.7 元/W_p，系统安装及施工总支出为 1.1 元/W_p，项目综合费为 0.6 元/W_p，各项支出总计 6.4 元/W_p。假定每年运维费用的支出为 0.05 元/W_p，则 25 年的运维总成本计算公式为

$$A = \sum_{n=1}^{N} \frac{A_n}{(1+i)^n} \qquad (7\text{-}10)$$

式中：A_n——每年的运维成本；

　　　N——运行年限。

经计算，25 年的运维总成本为 0.58 元/W_p。

由式（7-3）可知，LCOE=0.589 元/W_p。

7.2.2　结合 LCOE 的系统优化实例

1. 不同 GCR（Ground Coverage Ratio）下的优化实例

LCOE 与土地成本和贴现后的发电量均相关，而光伏系统的发电量受其占地面积的影响：太阳电池方阵间距大，前后遮挡面积小，占地多，发电量大；反之，占地少，发电量小。通过模拟典型电站的光伏系统土地覆盖率（GCR）与发电量数据的关系，可对光伏系统进行优化设计，降低 LCOE 值。以下以南京地区光伏系统设计为例，分析其优化设计过程。

为了解土地的成本，需要对土地面积进行计算，太阳电池方阵土地租用费的计算公式为

$$C_{land} = \frac{R \times L \times GCR \times \beta \times N \times M}{P} \qquad (7\text{-}11)$$

式中，R——太阳电池组件的宽度，单位为 m；

　　　L——太阳电池方阵的行间距，单位为 m；

　　　β——太阳电池组件面积冗余系数，其值为 1.1；

　　　N——太阳电池组件的数量；

　　　M——土地的单价；

　　　P——太阳电池方阵的总功率，单位为 W_p。

南京地区纬度为北纬 $31°14''\sim32°37''$，系统中太阳电池方阵的装机容量设计为 18020 W_p，共 68 块组件；土地租用费为 30 元/m²。经过计算，当太阳电池方阵的宽度为 1650 mm 时，最佳 GCR 值为 0.55。因此，整个太阳电池方阵在最佳 GCR 值下，其土地租用费的计算结果为 0.372 元/W_p。

以上在计算 LCOE 时，忽略了系统残值，只计算系统的初始投资和运营成本。初始投资数据可根据调研结果得出，运营成本须考虑贴现率的影响，单位功率的每年运维支出设为 0.05 元/W_p，按照 25 年的生命周期，贴现率为 7%，LCOE 值为 0.58 元/(kW·h)。

如表 7-2 所示，按每峰瓦（W_p）计算其他各项支出。其中，系统基本配置投入为 4.6 元/W_p，系统安装及施工费为 1.1 元/W_p，项目综合费为 1.17 元/W_p。不同的 GCR 只改变了土地租用费的计算，参见式（7-11）。

表 7-2　GCR 值为 0.55 时的各项支出构成

系统基本配置	支出/（元/W_p）	系统安装及施工	支出/（元/W_p）	项目综合费	支出/（元/W_p）
组件	3.3	组件	0.6	土地租用	0.37
支架	0.3	逆变器	0.4	设计费用	0.22
逆变器	0.6	其他	0.1	运营成本	0.58
电缆	0.2	—	—	—	—
其他	0.2	—	—	—	—
总计	4.6	总计	1.1	总计	1.17

根据式（7-3）可知，要计算 LCOE 值，还需贴现后系统的发电量值。将不同 GCR 值输入 PVsyst 软件中，可得到不同 GCR 值下的发电量。

例如，当 GCR 值为 0.49 时，使用 PVsyst 软件计算的智能组件年发电量为 20356 kW·h，普通组件的年发电量为 20328 kW·h。贴现后的发电量计算方程如下：

$$E = \sum_{n=1}^{N} \frac{E_M}{(1+i)^n} \tag{7-12}$$

式中，i——贴现率，其值为 7%；

　　　n——组件的生命周期，一般为 25 年；

　　　E_M——模拟的年发电量，单位为 kW·h。

经过计算，当 GCR 值为 0.49 时，智能组件贴现后的发电量为 219030 kW·h。

将上述的计算结果代入 LCOE 的计算式中，便可得到不同 GCR 值下的 LCOE 值，其结果如图 7-1 所示。图 7-1 右侧纵坐标表示当 GCR 值等于 0.55 时，以此时的土地面积为基准，然后根据其他土地面积与此基准进行比较而得到的土地面积与基准的变化率。例如，当 GCR 值为 0.92 时，土地面积相对减少 40%。从图 7-1 可以看出，GCR 值较小时，随着 GCR 值的增加，土地成本降低，系统发电量小幅减少。因此，LCOE 值会略有降低，并在 GCR 值为 0.55 时达到最低值，随后 GCR 值增加。由于发电量下降明显，LCOE 值随之上升，当 GCR 值达到 0.92 时，普通组件的系统 LCOE 值从 0.57 元/(kW·h) 上升到 0.74 元/(kW·h)。

从图 7-1 中还可以发现，与普通组件系统相比，智能组件系统的 LCOE 值随太阳电池方阵的行间距变化较小。主要原因如下：普通组件在行间距减小时，系统的发电量明显下降，导入相关公式后计算得到的 LCOE 值明显增大；而智能组件与普通组件相比，可以减少前、后排阴影遮挡造成的损失，间距对 LCOE 值影响较小。由图 7-1 可知：在 GCR 值较小且小于 0.59 时，由于间距大，故阴影遮挡造成的损失小，但智能组件的硬件成本相对较高，因而智能组件系统和普通组件系统的 LCOE 值大小基本一致，约为 0.57 元/(kW·h)。随着 GCR 值的不断增大，LCOE 的差值也不断增大。当 GCR 值较大（如 0.92）时，组件排布密集，普通组件与智能组件的 LCOE 值差距明显，以横排安装方式计算后两者的 LCOE 值分别为 0.74 元/(kW·h) 和 0.64 元/(kW·h)。

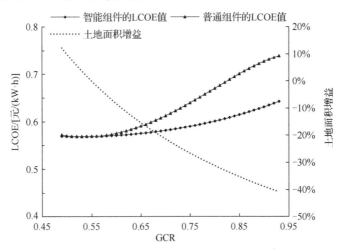

图 7-1　不同 GCR 值下的 LCOE 值及土地面积增益

在本案例的 LCOE 构成中，土地租用费占比为 5.39%，目前这个占比并不高，智能组件对土地成本的节省有限。在设计不同地区的光伏系统时，当地的土地租用费需要重新估算。此外，系统的横/竖排安装方式、组件旁路二极管的设计等也会影响计算结果。

2. 不同逆变器与组件容配比优化实例

逆变器超配的经济性分析有两种方式[11,12]：一是在系统总装机容量不变的情况下，通过提升容配比，减少逆变器的使用数量；二是逆变器使用数量不变，通过提升容配比来增加装机容量[13]。

以下对不同太阳能资源地区进行对比分析，比较三类地区常州与一类地区西宁的最优容配比选择。

1）按照组件总数不变，通过增加每台逆变器中串联的组件数，减少逆变器个数

根据我国太阳能资源分类[14,15]，常州属于三类地区，发电时间为每天 8.5h，平均日照时长为 3.8h，将逆变器寿命按照 40℃ 环境温度计算。在 1.48 容配比情况下，负载比在 60% 以上，根据电容温升模型可知电容温度达到 53℃，再根据寿命计算模型可知逆变器总寿命

时间为 16937h，按照全年 365 天、每天满负载工作 3.8×1.48h 计算，寿命约为 8.3 年；在 1.35 容配比情况下，负载比在 55%以上。此时，通过计算可知电容温度达到 52℃，按照全年 365 天、每天满负载工作 3.8×1.35h 计算，逆变器寿命约为 9.8 年。同理，当容配比分别为 1.23、1.11、1 时，其寿命分别为 11.5、13.7、16.4 年，如表 7-3 所示。

西宁属于一类（辐照等级）地区，其年峰值小时数达 1900h，平均日照时长为 5.2h。根据三类地区计算方法，可以得到西宁地区在不同容配比下的动态 LCOE，如表 7-4 所示。

表 7-3　不同容配比下的动态 LCOE（常州地区）

容配比	组件数量	逆变器寿命/年	年平均负载率	系统效率	发电量/（kW·h）（贴现）	LCOE（运维费用为 0.3 元/W_p 时）
1	8×10	16.4	40%～45%	83.8%	245 394	0.582
1.11	9×9	13.7	45%～50%	84.2%	246 566	0.575
1.23	10×8	11.5	50%～55%	84.4%	247 151	0.573
1.35	11×7	9.8	55%～60%	84.5%	247 444	0.569
1.48	12×7	8.3	60%以上	84.1%	246 273	0.576

表 7-4　不同容配比下的动态 LCOE（西宁地区）

容配比	组件数量	逆变器寿命/年	年平均负载率	系统效率	发电量/（kW·h）（贴现）	LCOE（运维费用为 0.3 元/W_p 时）
0.86	7×11	12.0	50%	85.6%	341 898	0.429
1	8×10	9.4	60%	86.0%	343 496	0.426
1.11	9×9	7.7	65%～70%	86.2%	344 295	0.426
1.23	10×8	6.5	70%～75%	85.9%	343 097	0.427
1.30	11×7	5.7	75%～80%	85.4%	342 231	0.432

根据 7.1 节介绍的模型计算动态的 LCOE 值，将维修或更换逆变器的费用设定为 0.1～0.7 元/W_p。由于逆变器成本为 0.7 元/W_p，所以当逆变器运维费用达到 0.7 元/W_p 时，相当于重新购买新逆变器的费用，应当直接更换逆变器，不再维修其中损坏的元器件。图 7-2 所示为常州地区逆变器运维费用为 0.1～0.7 元/W_p 时的 LCOE 变化。可知，当逆变器运维费用小于 0.5 元/W_p 时，容配比取 1.35 左右的 LCOE 值最低；当逆变器运维费用大于 0.5 元/W_p 时，容配比取 1.1 左右的经济性最佳；当逆变器运维费用较低时，高容配比下优势明显；当逆变器损坏需要重新购买时，高容配比下 LCOE 值会大幅度上升。图 7-3 所示为西宁地区的不同逆变器运维费用对应的 LCOE 变化。可知，当逆变器运维费用小于 0.3 元/W_p 时，容配比取 1.0 左右的 LCOE 值最优；当运维费用大于 0.3 元/W_p 时，1.0 左右的容配比最优。因此，在太阳能资源丰富地区不宜超配，而在太阳能资源一般及匮乏地区，超配具有很大的经济性优势。

2）按照逆变器数量不变，通过增加装机容量来提高容配比

对于 10 台逆变器，按照 1∶1 配置，需要 80 块组件，容量为 19200 W_p。若把容配比提高到 1.05，则装机容量增大到 20160 W_p。通过前面相同步骤计算得到逆变器理论寿命，

逆变器运维成本为 0.3 元/W_p,代入动态 LCOE 模型中,可绘制出图 7-4 与图 7-5 所示的 LCOE 值的变化曲线。可见,容配比无论处于较高还是较低的状态,系统的经济性都较差,并且不同地区的最优容配比差异较大:对于常州地区,当容配比为 1.30～1.35 时,系统的经济性最优;而西宁地区最优容配比为 1.05～1.10。由图 7-5 可以看出:对于西宁地区来说,当容配比为 1.1～1.3 时,系统的 LCOE 值会随容配比增加而增加。这是由于随着太阳电池组件容量的增加,新增太阳电池方阵带来了硬件费用的增加。与费用增加相比,逆变器超配后的系统发电量增加比例相对较小。

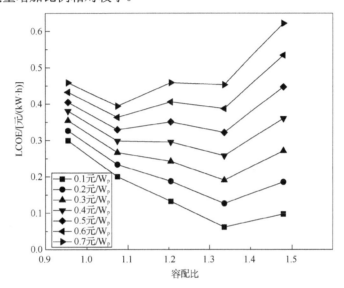

图 7-2　不同逆变器运维费用对应的 LCOE 变化（常州地区）

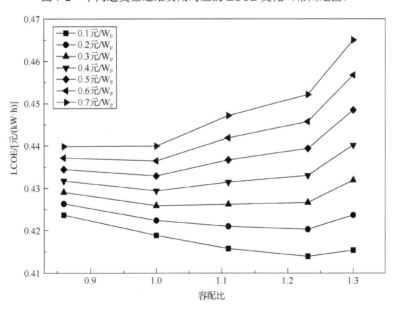

图 7-3　不同逆变器运维费用对应的 LCOE 变化（西宁地区）

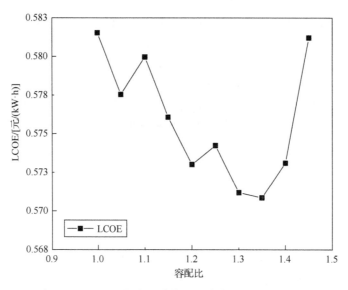

图 7-4 不同容配比下 LCOE 的变化曲线（运维费用为 0.3 元/W_p，常州地区）

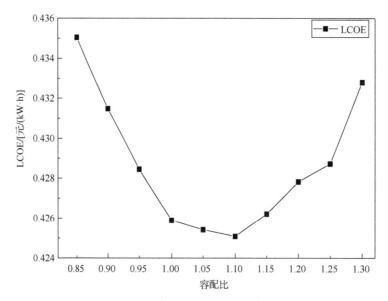

图 7-5 不同容配比下 LCOE 的变化曲线（运维费用为 0.3 元/W_p，西宁地区）

本节根据 LCOE 模型计算得出逆变器超配的两种经济性分析方式，通过 PVsyst 软件模拟计算发电的整体效率，结合逆变器寿命模型建立 LCOE 模型，对比了不同容配比下的系统经济性，得出三类地区（常州地区）的最优容配比为 1.30~1.35，一类地区（西宁地区）的最优容配比为 1.05~1.10。此外，最优容配比也会随着逆变器运维费用的增加而增加，并随着太阳能资源丰富程度的上升而相应地减小。

7.3 LCOE 的影响因素与敏感性分析

相关数据显示，2016 年全国光伏系统平均度电成本（LCOE）为 0.68 元/（kW·h），已逐步向平价并网的目标靠拢。然而，在降低光伏系统 LCOE 的过程中，仍有诸多关键问题需要解决。例如，影响 LCOE 的因素，包括资金成本、各系统部件、土地费用、基建费用、运维成本、系统实际发电性能和长期可靠性等[16]。以下对贴现率、组件成本、系统效率 3 个主要影响因子进行分析。

1. 贴现率

贴现率与货币的时间价值有关。货币的时间价值就是货币经过一段时间的投资和再投资所增加的价值。通俗地讲，就是现在的 100 元的价值与未来 100 元的价值无法直接比较。这就需要以同一个时间基准来比较货币的价值，折算时所使用的比率就是贴现率。在计算 LCOE 值时，初始投资成本在投资中属于系统运行之前的费用，无须贴现；而在以后运营期间，每年花费的运营成本和光伏系统总发电量则须进行贴现计算。因此，贴现率是同时影响运营成本和发电量收益的一个重要因素，导入公式中对 LCOE 值的计算也会有所影响。以贴现率为 5%时的光伏系统 LCOE 值作为基准，通过图 7-6 所示的不同贴现率下 LCOE 及其增益的变化，可看出在贴现率从 5%增加到 10%的过程中，LCOE 从 0.499 元/（kW·h）增加到 0.737 元/（kW·h）。这说明在贴现率增加时，光伏系统的总发电量收益的下降程度大于运维成本的下降程度，因此导致了系统 LCOE 值的增加。

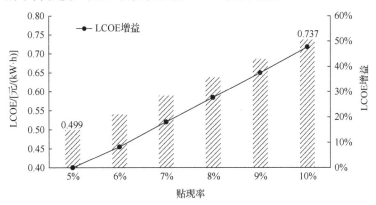

图 7-6 不同贴现率下 LCOE 及其增益的变化

由图 7-6 可以看出：贴现率越大，光伏系统的 LCOE 值越大，LCOE 值的增益幅度几乎是以正比例的速度增加的。值得注意的是，贴现率是由贷款比例、基准利率、资金投资回报率及贷款期限共同作用决定的。因此，光伏系统应同时考虑相关因素的共同作用以及度电成本的大小来选择贴现率。

2. 组件成本

在 LCOE 的初始投资成本中，系统基础配置支出费用受不同组件价格的影响。由图 7-7 所示的光伏系统的成本分布可知：在典型光伏系统的总成本支出中，占比最大的就是光伏系统的基本配置支出，占比为 67%。而根据市场调研结果，组件又在光伏系统的基本配置中占比很大，约占 70%。因此，组件价格将会极大地影响光伏系统发电 LCOE 值的大小。

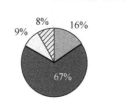

图 7-7　光伏系统的成本分布

由图 7-8 可知：随着组件价格的增加，光伏系统发电的 LCOE 值会有明显地上升，且 LCOE 的增益也会增加。这表明组件价格对 LCOE 的影响十分明显。以南京地区为例，当组件价格下降 0.1 元/W_p 时，LCOE 降低约 0.009 元/（kW·h）。这意味着与组件对应的其他系统配置（如支架、逆变器及安装施工、项目运维等）建设成本每下降 0.1 元/W_p，LCOE 值都会降低约 0.009 元/（kW·h）。组件价格几乎与 LCOE 的增益成正比，当组件价格从 3.1 元/W_p 增加到 3.2 元/W_p 时，LCOE 的增益从 1.53% 上升到 2.89%，增长了近 1 倍。这表明组件价格的大小会极大地影响光伏系统总成本的变化趋势，也表明降低光伏系统成本的有效措施就是降低组件价格。

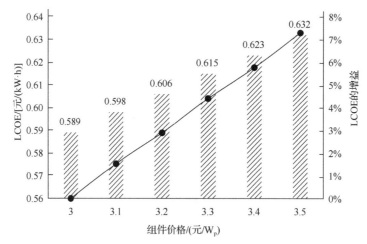

图 7-8　不同组件价格下的 LCOE 值及其增益变化

3. 系统效率

光伏系统的效率（PR）不同，其发电量收益也会有所差异。在不考虑系统效率损失与发电量贴现的情况下，年发电量 E' = 组件的数量×组件功率×年峰值小时数。为了比较不同系统效率下的 LCOE 值，就需要知道不同 PR 值下光伏系统的发电量收益。根据上述年发电量 E'（PR 值为 100%，即无效率损失的情况下），可由式（7-13）计算实际系统效率下的发电量，即

$$E_0 = E' \times PR \tag{7-13}$$

改变 PR 的值，就可以得到不同系统效率下的年发电量。一般光伏系统的效率为 78%～88%，据此可模拟计算在不同光伏系统效率下的 LCOE 值，如图 7-9 所示。其中，边界参数仍采用南京地区数据。

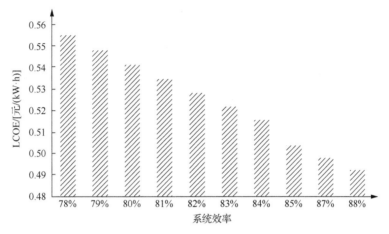

图 7-9　不同系统效率下的 LCOE 值

图 7-9 表明：随着系统效率的不断增加，LCOE 值成比例地下降。当系统效率为 78% 时，LCOE 值为 0.555 元/（kW·h）；当系统成本不变且系统效率为 88% 时，LCOE 值为 0.49 元/（kW·h），LCOE 值减少了约 11%。在其他条件不变的情况下，提高系统效率能够使光伏系统得到更充分、高效的利用。然而，系统效率会受多种因素影响。例如，系统中由于 GCR 值的不同引起的前、后排阴影遮挡损失，入射角修正（IAM）损失，积灰（或积雪）损失，以及组件的温度损失等。

LCOE 经过多种模型修订已经可以较全面、动态地评价光伏成本的波动情况。LCOE 分析不只应用在光伏系统领域，在其他电力类型中也存在 LCOE 分析[17-20]。针对 LCOE 计算的不足，也有学者提出一些基于 LCOE 的修正方法，如清洁发展机制（CDM）等，这使得 LCOE 在光伏系统成本分析与效益评定时更加全面、有效[18]。

第8章　光伏系统中太阳电池组件产品技术方向

太阳电池组件是光伏系统中最重要的部件，其产品技术直接影响光伏发电的竞争力。为进一步提升光伏发电性能，降低土地和运维成本等，太阳电池组件产品正朝高效、高可靠性、智能化、高发电量方向发展。

8.1　高效晶体硅太阳电池及其组件产品技术

随着分布式光伏系统装机容量的快速增长，国内光伏应用地区也从原来的西北部地区逐渐向中东部地区转移，与西北部地区相比，中东部地区光照资源较少，土地成本较高。因此，高效组件越来越受到人们的青睐。高效组件是降低组件度电成本、使光伏发电平价并网的有效解决方案之一，在相同电力输出情况下，高效组件可减少占地面积5%～10%，有效提高土地资源利用率，降低整体系统成本、安装成本、运维成本等[1]。就当前技术而言，提高组件效率的途径主要有以下两种：

（1）提升电池效率，采用新工艺、新材料、新技术，减少电池复合损失、光学损失以及电阻损失等，提高太阳电池效率。

（2）优化组件封装材料、工艺与设计，减少太阳光的反射，充分利用太阳光的各个波段，减少组件封装损失和焊带连接损失，增加光学利用率，提高组件转换效率。

8.1.1　高效晶体硅太阳电池及其组件产业化技术

近10多年来，晶体硅太阳电池及其组件规模迅速扩大。与此同时，产业化的太阳电池及其组件效率也大幅提升。太阳电池每年绝对效率提升0.2%～0.4%，高效多晶硅电池产业化平均效率达20%以上，单晶硅电池效率达22%以上；60片长度为156mm太阳电池的标准组件功率每年提升5W_p以上，多晶硅组件平均功率已达285W_p，单晶硅组件平均功率达300W_p。目前，光伏厂家主要通过先进金属化技术、选择性发射极技术、先进钝化技术、先进陷光技术，以及组件光学优化与低电阻连接等产业化技术，实现太阳电池及其组件的高效转化率。

（1）先进金属化技术。通过浆料的材料选择和配比优化，降低接触电阻以提高填充因子（FF）。结合印刷网版和其他设备，采用单次印刷实现理想的金属正电极高宽比，以降低阴影面积来提高电池转化效率。例如，热转印技术利用浆料在高温下的良好流动性来印刷图案，然后在空气中速冷而制备成高度更高的金属电极；再如，钢板印刷技术利用硬性的钢板取代丝网来制备高度更高的金属正面电极。此外，采用双次印刷提高了金属正面电极性能，优化两层印刷浆料和印刷条件，印刷叠加形成最终电极，实现更大高宽比的金属正电极，减少串联电阻，同时降低电极遮挡损失，使太阳电池绝对效率可提升 0.2% 以上。

（2）选择性发射极技术。应用该技术能降低太阳电池正电极栅线下面的发射极电阻以降低接触电阻，同时提高接收光线场区的发射极电阻以提高光电转化效率。通过优化电池的电极设计，避免了因发射极的高电阻造成接触电阻过高和低电阻造成光谱响应偏低的问题。选择性发射极技术的应用可以通过先大面积浅扩散，然后在栅线部分深扩散来实现；也可以通过先大面积深扩散，然后把除栅线外的场区部分蚀刻掉以深度提高方块电阻来实现；还可以利用激光掺杂在栅线处进行选择性扩散来实现。经过这些技术处理后，太阳电池绝对效率可提升 0.4%～0.5%。

（3）先进钝化技术。主要有以下 4 种：

① 氧化膜钝化技术。良好结晶的氧化膜可以有效减少硅晶体表面的复合中心；但是，含有杂质和缺陷的氧化膜并不能起到这一作用，因此氧化膜质量至关重要。

② 非晶硅薄膜和其他钝化技术。非晶硅薄膜具有最好的钝化效果，但不具备足够的热稳定性。当它面临 200℃ 以上的高温时，就会被晶化而失去钝化效果。

③ 背面或双面钝化技术。常见的背面钝化材料有 SiO_2、Al_2O_3、SiN_x。背面钝化使背面电极引出复杂化，这造成的技术挑战甚至大于背面钝化技术本身。

④ 激光烧结电极 LFC 方法。激光烧结的结果和钝化膜材料的厚度、密度、光吸收等多种特性相关。

（4）先进陷光技术。包括以下 4 种：

① 均匀小绒面"几何陷光"技术。通过化学反应过程，实现硅片绒面的小型化，以降低反射率。

② 黑硅片"几何陷光"技术。最初的黑硅片技术是通过反应离子蚀刻（RIE），将整齐紧密排列的纳米球图案完美地转移到硅片表面。近年来，精确定位的激光蚀刻技术已经能够取代复杂的 RIE，从而制作类似的蜂巢结构。除此之外，也有人研究通过等离子体蚀刻和氧化制作非掩膜的 RIE 黑色硅表面。

③ 背反射设计和优化。设计合适的薄膜（如 SiO_2）厚度和折射率，大大加强全反射。

④ 纳米结构的表面陷光技术。在硅片表面生长超低反射率的结构对太阳电池具有重大的意义。虽然当前研究结果离最终提高硅电池效率还有一定距离，但是利用在硅片表面生长纳米线结构来提高陷光效应在实验室中已成为现实。

（5）通过组件光学优化与低电阻连接实现组件的高效率，具体如下：

① 根据高效电池的电流和电压的提高，改变组件结构设计。例如，改变导电线结构，实现低电阻连接，可以提高输出功率 2%～3%。

② 配合电池光谱响应的变化，设计新型的封镀膜玻璃、乙烯-醋酸乙烯共聚物（Ethylene

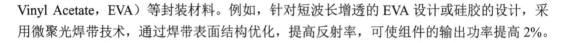

Vinyl Acetate，EVA）等封装材料。例如，针对短波长增透的 EVA 设计或硅胶的设计，采用微聚光焊带技术，通过焊带表面结构优化，提高反射率，可使组件的输出功率提高 2%。

8.1.2　高效晶体硅太阳电池及其组件研究进展

高效太阳电池及其组件技术在近年取得了较大进展。典型的高效太阳电池结构有 N 型全背电极电池（简称 IBC）、异质结（简称 HIT）太阳电池、射极钝化及背电极电池（Passivated Emitter and Rear Cell，PERC）、射极钝化及全背电极（Passivated Emitter and Rear Totally-diffused，PERT）电池等，都充分应用了多种提高效率的手段，如先进的陷光、钝化和电镀金属化技术等[5,6]。

近年来，一些光伏企业与科研机构关注并大量投入高效电池与组件的研发，其中单晶硅电池与组件效率的提升尤为显著。2014 年 11 月，天合光能股份有限公司结合背面钝化和先进电镀金属化技术，在 156 mm×156 mm 工业级大面积 P 型单晶硅方面创造了产业化电池效率 21.40%的世界纪录（经第三方机构德国 Fraunhofer ISE 测试实验室测试）；南京中电光伏有限公司的 PERC 高效电池，其背面钝化采用热氧化工艺与氧化铝工艺，已经获得很好的转换效率，其转换效率约为 20.44%；英利集团通过采用双面发电设计，使电池能够接收从其正面和背面射入的光线，从而实现双面发电功能；N 型硅太阳电池"熊猫"达到了 20.7%的实验室转换效率和 19.7%的平均效率；晶澳太阳能有限公司在 2014 年推出的 Percium 单晶硅太阳电池使用核心技术——PERT 电池技术，使电池平均转换效率超过了 20.3%。除了 PERC 量产型单晶硅组件，天合光能股份有限公司 IBC 电池技术也取得了突破，该公司与澳大利亚国立大学合作研发的小面积新型高效晶体硅太阳电池经德国 Fraunhofe ISE 测试实验室独立测试，光电转换效率高达 24.4%，创造了世界 IBC 晶硅太阳电池的新纪录，获得了 22.9%的光电转换效率，超过了之前 125mm×125mm 尺寸电池 22%的光电转换效率，这为其工业化量产打下了良好的基础。

除单晶硅太阳电池外，高效多晶硅太阳电池与组件技术与产品也得到了快速的发展。2014 年 12 月 5 日，晶科能源控股有限公司宣布 Eagle+组件样板在德国 TUV 莱茵上海测试中心的测试结果中创下 60 片多晶硅太阳电池组件功率新高，在标准测试条件下的组件功率达到 306.9 W_p；2014 年 11 月，天合光能股份有限公司研发人员在 156 mm×156 mm 工业级大面积 P 型多晶硅衬底上电池效率突破了 20.76%的世界纪录（经第三方机构德国 Fraunhofer ISE 测试实验室测试），该多晶硅太阳电池效率被写入由澳洲新南威尔士大学、美国可再生能源国家实验室（NREL）、日本国家先进工业科学和技术研究所、德国 Fraunhofer 太阳能系统研究所及欧盟委员会联合研究中心联合发表的《太阳电池效率》中，采用该电池技术的 60 片 156 mm×156 mm 多晶硅组件经 TUV 第三方测试，其峰值功率达到 324.5W，成为多晶硅太阳电池组件新的世界纪录。

在组件技术方面，叠瓦组件技术是一种将单片太阳电池沿着主电极栅线切成 4～6 片后，以导电胶等特殊材料将其焊接成串的技术。该技术使同样的组件面积内可以放置多于常规组件 13%以上的电池，大幅提升了组件效率。半片组件技术是利用激光划片技术将常规电池切割为两个半片，通过焊带再将其串/并联起来的组件封装技术。该技术会降低电池的内阻，电池电流失配损失减小，因此半片电池组件的输出功率比同版型整片电池组件高，且热斑温度比同版型整片电池组件的温度低。结合电池与组件技术，多主栅（MBB）技术通过增加电池主栅数量，增加了栅线对电流的收集能力，降低了内损，而单条主栅的宽度只有常规电池的三分之一，使得有效受光面积增大，从而提升组件功率。MBB 技术有别于传统主栅与焊带的设计，以圆形焊带替代平焊带，使焊带区域光学利用率从 5%以下提高到 30%以上[2]，减少了电池温度的分布不均。MBB 技术使单片电池细栅电流传导距离缩短，横向电阻损失下降；同时，组件中铜导线用量的增加，可以降低电池串联的损失。目前，高效组件产品多为多种先进组件技术相结合。其中，3 种主要组件技术的对比如表 8-1 所示。

表 8-1　3 种主要组件技术的对比

对比项目	半片组件技术	MBB 技术	叠瓦组件技术
功率提升	5 W	6 W	20 W
产能	约 6 GW	约 3 GW	约 2 GW
主要企业	REC Solar	LEG	Sunpower/DZSsolar
	Canadian Solar	天合	Seraphim
优势	串联损失减小	少银浆	高功率
技术难度	较易掌控	难度高	有难度且有专利争议
破片率及良率	较难控制	难控制	难控制
设备投资	设备投资较少	设备昂贵	设备投资多
组件面积	组件面积稍微变大	维持常规面积	组件面积稍微变大
微裂、隐裂	存在	无	存在
漏电	存在	无	存在

8.2　高可靠性组件

组件通过光学与电学优化，可提升效率，改善其在高温和低辐照度下的发电性能[8]。除了效率与短期发电性能，组件在户外使用过程中出现的各种形式的失效也会对光伏系统发电量造成很大影响。组件可靠性评估、组件材料可靠性研究以及不同环境气候下组件可靠性与实效分析等，对提升光伏系统综合性能十分重要。

8.2.1　高可靠性组件封装技术

针对户外严酷环境，如高温、低温、高湿、强紫外线、冷热循环、酸碱腐蚀等，研究机构与组件生产企业设计了高可靠性的双玻组件新产品，并在实验室对双玻组件新产品按

IEC 61215 进行了可靠性加严测试。测试结果表明，其功率衰减小于普通组件，在理论上具有更长的使用寿命。双玻组件的双面均采用半钢化玻璃结构，可以解决高分子材料较弱的耐候性能和高水汽透过率的问题，不仅保持了传统晶体硅组件效率高、量产化程度高、应用范围广等优点，而且在产品耐老化、耐酸碱、耐氧化、耐高温等方面具有优势[9]。近年来，随着生产良率的提升以及安装问题的解决，双玻组件的综合成本已经接近普通组件的，甚至比普通组件的成本更低，市场占有份额逐步增加。

除了双玻组件，部分组件生产企业采用硅胶代替 EVA 封装组件，提高了组件的输出功率和使用寿命，从而提高光伏系统的使用年限。硅胶相比于 EVA 耐候性能更加突出，用 EVA 封装的组件发电量的退化速度为-0.7%每年，而有机硅灌封胶组件发电量的退化速度低至-0.3%～0.5%每年。美国能源部国家可再生能源实验室（NREL）的研究表明，在高达 6000 小时的曝光后，在有机硅密封剂试验中硅胶没有表现出显著的损失率。硅胶封装光伏组件可靠性方面具有优势，但由于工艺相对复杂，成本较高，目前其实际使用量较少。

8.2.2　组件失效形式

组件失效形式众多，包括热斑失效，电势诱导衰减（Potential Induced Degradation，PID）失效，机械载荷失效，接线盒与二极管及组件分层、背板开裂等其他失效。以下对主要组件失效形式及其解决方案进行简要介绍。

1. 热斑失效

若组件中的单个或多个电池被遮挡或损坏，当其产生的光生电流小于组件工作电流时，该电池将处于反向偏置状态而成为负载，消耗其他正常电池产生的能量，进而引起被遮挡（有缺陷）电池的局部温度过高，即当组件的 I_{mp} 超过被遮挡的电池或是有缺陷电池的 I_{SC} 时，就可能发生热斑现象，如图 8-1 所示。产生热斑的电池将消耗组件功率，导致组件输出功率衰减[10]。导致热斑效应的原因主要有电池表面有异物，电池之间衰减不一致等造成的失配，二极管并联的电池数量过多或内部焊接不良等[11]。热斑效应将影响太阳电池组件的实际使用寿命，甚至可能导致安全隐患。实际应用中可通过电池与组件的电致发光（EL）测试、反偏电性能测试以及热斑耐久测试等，对热斑失效潜在风险进行测试与预防，通过评估组件经受热斑效应的能力，进而优化组件设计。

2. PID 失效

在实际运行的组件中，通常太阳电池与其边框之间长期存在较高电压。在高电压作用下，由于玻璃、封装材料之间存在漏电流，大量的电荷聚集在电池表面，组件的性能会产生持续的电势诱导衰减（PID）[12]。导致组件填充因子、短路电流、开路电压降低。在严重情况下，组件功率衰减将达到 50%以上，使组件性能大大低于设计标准。形成此类失效的原因分为外部原因和内部原因：外部原因如组件在高温潮湿的环境下，漏电流增大，从而加速组件的 PID 效应[13]；内部原因如电池减反膜层阻挡金属离子迁移的能力弱，组件封装材料电阻率低等。对于这种失效的探测与预防，主要从系统和组件两方面展开。在系统方面，通过将逆变器接地，降低易产生 PID 问题的组件（通常为负极端）中电池与边框之间的电压差。在组件方面，改变组件封装材料，例如使用抗 PID 的 EVA 的组装材料以及采用抗 PID 效应的电池，通过优化电池制作工艺提高反射层的折射率；合理选择电气的连接方式，例如在夜间组件的负极和大地之间施加正压，进行反 PID 效应[9]，使已经产生 PID 效应的组件恢复性能。

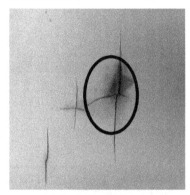 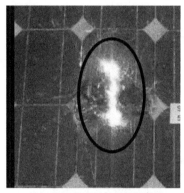

（a）组件热斑背面　　　　　　　　　　　　　（b）热斑效应引起的组件燃烧

图 8-1　组件热斑背面和热斑效应引起的组件燃烧

3. 机械载荷失效

组件在户外长期运行过程中，由于受到外界风沙、水汽、光照、氧气等的影响，特别是在飓风、暴雪及冰雹等恶劣天气下，组件会发生变形，可能导致组件内部电池出现隐裂、裂片等问题，如图 8-2 所示。产生此类失效的主要原因如下：在材料方面，存在玻璃的钢化度不够、型材的材质抗性差等问题；在设计方面，存在边框高度、壁厚、截面设计及安装孔尺寸、位置不合理，玻璃厚度不合适等问题；在安装方面，存在螺丝未锁紧、螺母长期动载后松脱等安装不当的问题。对于此类失效的探测与预防，主要通过机械载荷测试、材料强度测试，以及有限元分析理论设计模拟计算组件的抗飓风、积雪等的能力；在安装时，应严格根据安装手册规范安装。

4. 接线盒与二极管失效

组件中关键材料与部件直接影响组件的可靠性，其中接线盒与其内部的旁路二极管尤为重要。接线盒的主要作用是连接和保护组件，品质不佳的接线盒可能引起接线盒引线端子烧毁、组件背板烧焦以及破碎等失效形式[19]，甚至带来安全隐患，如图 8-3 所示。产生此类失效的主要原因如下：胶黏剂与盒体材料不匹配或胶黏剂固化不充分导致接线盒从背板脱落；接线盒密封性差，水汽渗入，导致接线盒内部金属部件被腐蚀；端子虚焊或脱焊，导致电弧起火及热斑，或者因焊接不良导致二极管过热。对于这类失效的预防，主要对接线盒的拉脱力进行测试、IP 等级测试，以及二极管的结温、静电、高/低温冲击测试等，减少或避免接线盒引起的组件失效。

（a）机械载荷失效　　　　　　　　　　（b）安装孔撕裂

图 8-2　组件产生机械载荷失效和安装孔撕裂

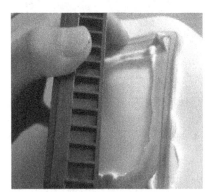 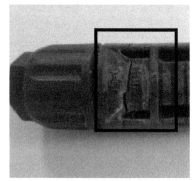

（a）接线盒脱落　　　　　　　　　　（b）接线盒烧毁

图 8-3　接线盒脱落和烧毁

5. 其他失效

组件工艺过程引起的分层、焊接不良等问题，也将严重影响组件的长期可靠性。组件分层主要指玻璃和 EVA 之间、EVA 和电池之间、背板和 EVA 之间、背板各层之间发生脱层。脱层现象不仅会影响组件外观，还会引起焊带、电池的腐蚀，从而导致组件输出功率下降，最终造成组件报废。产生此类失效的原因主要如下：封装材料对紫外线、湿气等敏感，导致材料之间的黏结力被破坏；材料中金属离子的污染、制备工艺参数（如 EVA 交联度）不好及硅胶密封性不好等。对于这类失效的探测与预防，主要对组件交联度、剥离强度以及组件可靠性等进行监控。

此外，由于焊接机定位系统异常、焊带弯曲度超标等导致焊带偏移，或者焊带与银浆之间、银浆与硅片之间的附着力不足，引起过焊、焊带偏移、焊带处白斑等焊接不良问题。这些焊接不良在户外环境高低温交变冲击下，易出现串联电阻增大、电池隐裂甚至电弧问题。另外，由于封装材料的水汽渗透率过高，或因 EVA 水解产生的醋酸对电池金属化材料的腐蚀等，导致电池的金属部分（电）发生化学腐蚀，进而在电池中部或边缘出现暗条纹，产生蜗牛纹问题[16]。这种问题在电池存在微裂纹的组件中尤为显著，虽然短期不会引起失效，但会出现功率小幅度衰减与外观不良。

8.2.3　不同气候地区的组件可靠性问题

太阳电池组件的短期与长期性能，受光、湿、热、灰尘等外界环境因素影响，不同气候地区的组件衰减比例和失效模式也不同。以下简要介绍湿热地区、干旱地区、沙漠地区以及寒冷地区的气候类型对组件的影响。

湿热气候地区具有温度高、湿度高等环境特点。在热带气候中，电池温度和相对湿度可以分别达到 70℃和 85%[17]以上。长期在湿热环境中使用，组件中的电池栅线、焊带、EVA、背板等材料性能受到影响，进而使组件输出功率和转换效率降低。此类地区的组件会因水汽进入而使电池栅线和焊带被腐蚀，使封装材料 EVA 变黄甚至严重脱层等。在此类地区可以选择受温度和湿度影响较小的组件，如双玻组件，其前后材料均为无机材料玻璃，耐候性远优于高分子背板和普通玻璃，在高温高湿条件下能更有效地保护电池组件，使电池组件的抗 PID 性能更加优异。

在我国新疆、内蒙古等干旱地区，光照资源充足，土地价格较低，适合发展大规模集中式光伏系统建设。然而，此类地区气候环境严苛，常年干旱少雨，光照强且年辐照量大，冬夏及昼夜温差大，且部分地区地表沙化严重。在此类地区工作的组件主要表现出组件发黄等外观失效，又因为普通组件背板材料耐磨性差，厚度薄，涂层易被风沙磨损，加速了组件的老化失效，导致组件的年平均功率衰减高于预期值。

沙漠地区属于干热气候条件，常年气候干燥，光照时间长，降水较少，冬夏温差较大。在这种气候条件下，由于环境温度高、风沙侵蚀严重、昼夜温差大、紫外线辐照度大等特点，组件会产生各种失效。在此类地区可以使用导电胶组件，提高机械载荷与抗温变冲击性能，同时结合聚光焊带，以提高功率。此外，还可以采用抗沙尘暴组件正面与背面封装材料，提高组件的耐抗性。当然，改善组件工作的外部条件也是提高组件效率和可靠性的重要途径，如合理种植植物等，不仅能起到保护光伏系统支架的作用，还可以有效降低地表温度，减少地表对组件的热辐射，提高沙漠地区组件的发电效率。

我国西北地区、东北北部和东部以及青藏高原东北部等地区属于多雪地区，冬季严寒且气候较为湿润，年降雪日数达一到两个月，甚至两个月以上。大量的降雪不仅会影响组件正常发电，而且过厚的积雪会造成组件隐裂等问题，影响组件寿命。在此类地区安装的组件，可以考虑优先使用无边框的双玻组件与双面发电组件，通过其背面吸收地面反射光，持续发电加热组件并融化正面积雪；同时，双玻组件的无框设计也有利于积雪的滑落。此外，在安装组件时，应注意使组件和地面保持适当的距离，确保气温上升时积雪可顺利从组件表面和组件上下的间隙滑落。

组件在户外不同环境中长期运行会遇到不同的风险并表现出不同的性能，在普通的实验中很难完全模拟组件在真实环境中所受到的冲击和环境的压力。因此，须在实验室标准测试的基础上，进一步完善组件可靠性评估方法，主要从组件结构、基于历史数据的可靠性评估、基于加速试验的可靠性评估等方面入手，分析组件可靠性影响因素。对于不同的组件，可以考虑采用不同的可靠性评估方法。例如，对 EVA-Si-TPT 型组件，宜采用基于历史数据的可靠性评估方法，而对其他类型的更新速度较快、使用寿命长的组件，结合组件失效机理，宜采用基于加速试验的可靠性评估方法[13]；结合典型气候地区的气候条件，采用多重影响因素的组合进行测试，使实验室可靠性评估更加准确，以更好地评估户外组件失效机理。

8.3　智能组件与系统

在光伏系统中，通常需要多个组件串联、并联在一起以满足系统电流、电压需求。当组件之间的电性能差异较大时，单个组件的性能缺陷将会影响一整串组件甚至整个太阳电池方阵的性能。在实际应用中光伏系统会存在一些无法避免的失配问题，如电池板部分被遮挡、空中的云、附近物体的反射、组件的倾斜角和方位角不同、组件灰尘、温度不均等，都会造成组件输出的伏安特性曲线呈多阶梯状，使组件的发电效率不完全一致，从而引起组件的失配问题，导致系统发电性能降低。智能组件通过对单个组件内部电流、电压工作点跟踪，采用 DC-DC 转化电流、电压来解决电池或组件之间的电性能失配问题，提升整个光伏系统的性能。

8.3.1　智能组件与系统分类

智能光伏系统建立在智能组件基础上，通过物联网把光伏系统中的所有设备进行有效连接，通常由智能组件、汇流箱、逆变器等组成，把太阳能转换为电能并输送到电网。采用智能光伏系统可以有效管理系统中的所有设备，实现组件级功率优化、检测和监控，实现智能告警、智能运维，为保证光伏系统运行至少 25 年提供了最有效的技术手段。

智能组件通常分为采用功率优化器的直流智能组件与采用微型逆变器的交流组件，其功能包含以下 3 大类：

（1）当组件系统的某部分发生异常时，功率优化器可以智能地调节这一部分的电流和电压参数，使得该部分仍能保持相应状态下的最大输出功率，并且不会对与之相连的其他部分组件造成任何影响。根据最大功率点跟踪（MPPT）的控制级别，功率优化器可分为系统级、组串级、组件级、子串级和电池级。

（2）通常微型逆变器功率等级为 200～500 W，为每个或每两个组件配备的低功耗逆变器模块[19]，可直接将组件产生的直流电变成满足电网电压要求的交流电，同时减少组件串/并联造成的失配损失。

（3）除了功率优化器与微型逆变器，智能组件还包含智能关断类组件，具有安全保护功能，如电弧保护、火灾保护等，确保光伏系统安全稳定地运行。近几年，美国国家电气规范（NEC）针对光伏系统普遍存在的直流高压风险问题，提出了快速关断的强制要求，即在遇到紧急情况时能够迅速关闭系统，消除直流高电压。为了实现组件独立快速关断的功能，市场上推出了众多智能快速关断模块。这些模块直接集成于组件接线盒内，同时还能监测组件的运行参数，让整个系统变得更加安全和智能。

直流分布式 MPPT（简称 DMPPT）光伏系统一般采用在组件的接线盒上安装功率优化器的方式，它具有以下优势：

（1）安装灵活，能按照光伏系统容量的大小方便地确定功率优化器的数量。

（2）兼容性较好，组件的输出接线与普通组件无异。

（3）功率优化器能有效提升组件的输出功率，并且降低接线盒损耗。功率优化器的输入/输出电压较低，可以采用低阻抗的二极管以降低开关损耗或提高开关频率，减小电感和电容的体积，在实现较高转换效率的同时又降低成本。在现有的商业化产品中，加权效率已达到 98.8%。采用功率优化器与微型逆变器的光伏系统都能在组件被遮挡时进行优化，从而有效降低了组件间的失配损失，提高了组件的可靠性。

国外公司对 DMPPT 光伏系统的研究颇多，意法半导体（ST）公司研发了集成电路 Solar Magic，将集成电路代替二极管运用在接线盒内，如图 8-4（a）所示。另外，来自以色列的 Tigo Energy 公司（联合我国天合光能股份有限公司）以及美国的 Tigo Energy 公司[20]也研发出了同类型的产品，如图 8-4（b）和图 8-4（c）所示。以上接线盒可完全替换普通接线盒，集成于组件背后，其中整合了 MPPT 和 DC/DC 功能。在发生遮挡时，能单独对组件进行优化，减小组件间的失配，提高方阵的输出功率。国内主要的组件生产商，如天合光能股份有限公司、阿特斯阳光电力有限公司、晶科能源控股有限公司等，结合上述接线盒推出了不同的组件产品，也获得了不少的关注。

（a）Solar Magic 接线盒　　　（b）Tigo Energy 与天合光能股份有限　　　（c）Solar Edge 公司生产的
　　　　　　　　　　　　　　　　公司合作生产的接线盒　　　　　　　　　　　　接线盒

图 8-4　3 种主流的 DMPPT 接线盒

虽然 DMPPT 产品颇多，对组件输出功率的优化效果也较为明显，但随着光伏系统应用环境复杂程度的加深和客户要求的不断提高，DMPPT 技术也需要不断创新。美国的美信（Maxim）公司设计了一种直流功率优化器芯片（如图 8-5 所示），它的创新之处在于将 MPPT 及 DC/DC 转换功能集成到芯片中，并由芯片控制单个子串。在发生遮挡时，功率优化器通过降低电池的电压来升高电流，避免了组件中的电池串联失配，从而使被遮挡的电池串不会被旁路，让电池串在被遮挡条件下仍能继续输出其产生的最大功率[21]。功率优化器的优化性能支持组件排与排间距的缩短，对于大型光伏项目能大幅缩减财务开支。此外，这类优化器体积小，可直接集成在接线盒内，无须悬挂，也无网络电缆和通信网关，结构简单，效率高，与传统组件相比成本提升较少。

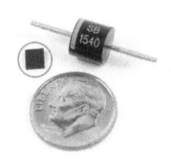

图 8-5　Maxim 功率优化器芯片（左上）与二极管（右上）、硬币（下）大小的对比

智能光伏系统可以针对系统级、组串级、组件级、子串级和电池级进行优化。系统级优化采用集中式 MPPT 模式控制整个光伏系统，一个系统只有一个监控点，但这种方式下管理的范围过大，不够精细；组串级优化针对的是一个方阵单元，对方阵组串进行独立的跟踪、监控和优化。对光伏系统而言，系统级和组串级优化由于控制的范围太大，不利于发挥系统的最大发电效率，已逐渐被淘汰。目前，组件级和子串级的优化已经成为新的研究热点，未来还将向着电池级优化方向发展。所谓组件级优化，是指对单个组件进行优化、检测和监控，当某块组件发生问题时，通过组件级优化能对该组件的电压和电流进行合理配置，匹配组串内其他正常组件，从而提升发电量；子串级优化是指优化深入到单个组件里面的一串电池，通过芯片控制和优化每一个电池子串的电流和电压，匹配各个电池子串的功率，从而保证单个组件发电量最优。相比于组件级优化而言，子串级优化监控的电池更少，因此精度高、优化好，更加智能。但是，级别越小且越精确的智能组件优化器意味着设计成本也越高，研究难度也越大，还有待继续研发。

8.3.2　智能组件优势分析

1. 减少组件失配引起的发电量损失

分布式光伏系统常会遇到可利用土地面积有限的情况，尤其是屋顶光伏系统，因房顶面积有限，太阳电池方阵的相对间距不会太宽，在早晨或者傍晚时由于太阳高度角很小，所以极易发生其后排被遮挡的情况。同时，外界的乌云、树木、灰尘、烟囱、鸟粪、栏杆等也会对屋顶光伏系统组件造成遮挡，再加上组件之间的不均匀辐照、不均匀温度分布、不均匀衰减等因素，造成电压、电流之间的差异增大，导致太阳电池方阵输出的功率小于各个组件最佳输出功率的总和，即失配。智能组件能实现直接对单个组件的最大功率点跟踪（MPPT），解决组件之间存在的失配问题，减少因失配带来的发电量损失，提高整个系统的输出功率。智能组件能保证正常状态下每个组件的输出功率最大化；当电池受到局部阴影遮挡或自身故障时，智能组件能主动协调电压与电流的分配，将失配损失降至最小，使遮挡造成的损失不扩散到整个组串或方阵，保证组件都在最佳工作状态下运行，使系统总体效率更高，发电量更大。智能组件实现了对组件的主动控制，根据实际情况给组件分配合适的电压、电流。

为了表示智能组件的优化性能，通常引入 E_r 表示优化器恢复功率的百分比。损失恢复的百分比是以年输出的能量为单位计算的，损失恢复百分比计算式如下：

$$E_r = \frac{E_{subMIC} - E_1}{E_a - E_1} \times 100\% \tag{8-1}$$

式中，E_{subMIC}——带有优化器组件的年发电量，单位为 kW·h；

E_1——传统组件的发电量，单位为 kW·h；

E_a——未被遮挡的组件的发电量，单位为 kW·h。

2. 消除太阳电池热斑效应，提高组件可靠性

智能组件具有良好的防热斑效果，下面对遮挡情况相同的普通组件和智能组件防热斑效果进行对比。普通组件的防热斑原理如图 8-6（a）所示，组件被分为 3 个组串，每个子串都有对应的输出电压、电流，并各自并联一个旁路二极管。从图中看出，未被遮挡的子串输出电流为 9A，电压为 11V，单串输出电压为 100W。当中间一个子串的单片电池被遮挡 50% 时，被遮挡电池的光生电流降低一半，即 4.25A。此时，还有 4.25A 电流从旁路二极管中流过，该子串两端的电压为 -0.7V。由于此子串未被遮挡的电池输出电流仍然很高，流经被遮挡电池的电流仍然大于被遮挡单片电池的短路电流，使被遮挡电池处于反偏状态。此时，遮挡电池消耗了此子串中其他电池产生的能量，形成热斑，被遮挡电池所在子串总的输出功率为 -5W。

图 8-6（b）中的情况则不大一样，此时每个子串串联一个智能芯片，芯片具备降压升流功能，并单独控制一个子串的输出电流和电压。当子串中的一片电池被遮挡时，这一子串的电流大小为被遮挡电池的短路电流，未处于反偏状态，芯片通过调节占空比以改变这一子串的输出电压和电流。例如，在此案例中，芯片把 4.25A 的电流调节为 9.5A 的电流，电压为 5.7V，整个子串的输出功率约 50W。也就是说，在相同的遮挡情况下，智能组件仍可以输出功率，并不会成为负载消耗能量，被遮挡电池两端也不会形成反向偏置电压，避免了光伏热斑问题。

3. 节省太阳电池方阵空间，提高安装密度

分布式屋顶光伏系统发展迅速，但由于屋顶面积资源有限，常常会发生组件相互遮挡而造成发电量降低的问题。若采用智能组件系统，则可以降低组件对于安装间距的要求，提高组件发电量。智能组件能根据组件实际失配情况智能地调节电流和电压，遮挡不严重时对整个光伏系统的发电量不会造成很大损失。同时，减小间距还可以增加方阵个数，使

整个光伏系统的发电量增加。此外，智能组件的应用还能使整个系统设计简单灵活，适用于不同的安装朝向与倾斜角，对组件级及子串级进行监控与反馈，实行智能关断进行保护，提高整个光伏系统的安全性与稳定性。

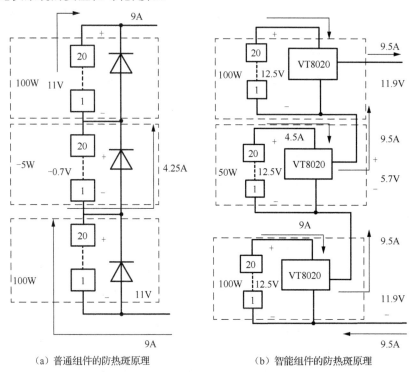

（a）普通组件的防热斑原理　　　　　　（b）智能组件的防热斑原理

图 8-6　遮挡 50%时智能组件和普通组件的防热斑效果对比

智能组件除了能提升发电量，还能避免热斑效应，降低光伏发电的要求，实现组件的智能监控等；智能组件的应用将创造一个更安全、更智能的光伏系统。此外，智能光伏系统通常还具有储能容量的优化配置、面集成电能变换监测、智能管理控制系统等功能，使发电系统管理者通过远程监测及时了解每个组件的运行状态，也可根据需要将组件逐个关闭或开启，从而增强了光伏系统的安全性。

8.3.3　智能光伏系统测试与评估方法

通常在组件功率测试仪上实现对普通组件功率的测量，即在密闭的黑暗空间内，通过将组件竖直安装在支架上，连接机台的控制部分，组件的正对面安放有太阳光模拟源，调至标准测试条件（辐照度为 1000W/m²，温度为 25℃，辐照光谱分布为 AM1.5）。随着太阳光模拟源的闪光，组件会输出功率，此时便可得到组件的 V-I 特性曲线及最大输出功率[22]。而由于智能组件接线盒内含有智能芯片，在测试时较易对测试仪产生干扰，须注意以下 3 个问题：

（1）在进行功率测试之前，接线盒内的芯片应处于不工作状态，因此须将组件放置于黑暗的房间内。

（2）智能组件的扫描方式为开路电压到短路电流，因此在选择扫描方向时应与普通组件相反。

（3）为了让芯片不处于工作状态，测试仪必须足够快，一次脉冲扫描的时间应小于100ms。

满足上述 3 点要求后，测试仪便可得到智能组件的实测 *V-I* 特性曲线。

在户外测试智能组件发电量时，不可避免地会遇到测试曲线被干扰的问题，测试的结果会对组件的输出功率值造成影响，干扰普通组件与智能组件的发电量收益对比[23]。传统组件的户外测试方法是将多块对比组件分别放置在不同的通道，测试时使用电子负载对组件进行扫描，记录组件此时的最大功率、组件温度、环境温度、辐照等数据。但对于智能组件，这种户外 *V-I* 特性曲线测试仪很难排除芯片的干扰。为了测试智能组件实际的户外表现，现搭建一套发电量测试平台，其测试方法如图 8-7 所示。首先将需要对比测试的组件安装在户外的支架上，串联后接入逆变器，然后并网。在逆变器端使用设备采集和测量太阳电池方阵的直流、交流值以及气象站的数据，在对收集到的数据进行处理后，剔除错误和无效的数据，再对数据汇总分类分析，最后得到对比的结果。

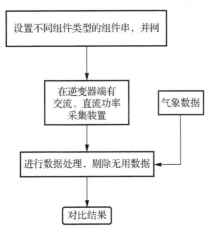

图 8-7　智能组件发电量测试方法

8.3.4　智能组件户外发电输出性能

为了对比内置子串级优化器的智能组件与普通组件在被遮挡情况下的发电性能，各选取了一块功率同为 265W_p 的普通组件和智能组件进行实验对比分析。测试用组件的结构如图 8-8 所示，选用 2.5mm 厚的深黑色不透光材料作为遮光板，任意选择组件的某一片电池，依次使用遮挡板遮挡单片电池，使遮挡比例为 0%～100%，以 10% 为间隔，并同时使用 *V-I* 特性曲线测试仪测试组件的输出功率。测试环境在稳定的辐照下进行，并使用 *V-I* 特性曲线测试仪的 STC 修正功能得到该遮挡条件下的最大输出功率。

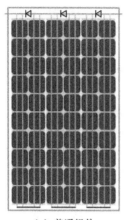
（a）普通组件

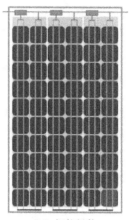
（b）智能组件

图 8-8　测试用组件结构

不同遮挡比例下的输出功率损失如图 8-9 所示。测试数据表明：单片电池的阴影遮挡对智能组件的影响是呈线性的，随着遮挡比例的增大，智能组件的输出功率成比例减小；当遮挡比例达到 100%时，被遮挡电池所在子串被旁通。对于普通组件，在遮挡比例为 50%时，被遮挡电池所在的子串就已经被旁路二极管旁通，此时组件的输出功率降低了 34.1%。而对于安装了优化器的智能组件，阴影遮挡对组件功率的影响相对较小。当单片太阳电池的遮挡比例达到 50%时，组件的输出功率损失仅为 15.9%；随着遮挡比例的增加，智能组件的输出功率呈等比例减小的趋势；在太阳电池遮挡比例达到 100%时，被遮挡太阳电池所在的子串被旁路二极管旁通，整个组件功率损失了三分之一。因此，在被遮挡情况下，智能组件内置的优化器能优化组件的输出功率，使阴影遮挡对组件输出影响降至最低。在不同的遮挡比例下，智能组件的功率损失较普通组件少。可见，优化器的存在明显提升了被遮挡组件的发电效率。

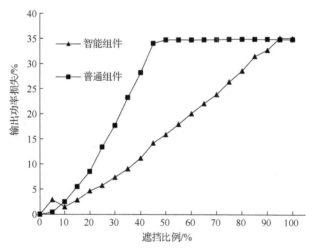

图 8-9　不同遮挡比例下的输出功率损失

1. 无遮挡时组串的发电量

为了测试智能组件在不同辐照情况下的发电性能表现，选取智能组件和普通组件各 6 块，组成两串，各连接一个 1.5kW 的逆变器。在逆变器的直流输出端接入高性能功率分析仪，用于收集组串的输出电压、电流和功率数据，消除逆变器个体差异对结果的影响。通过光伏系统气象站的辐射计收集辐照数据（数据的记录间隔为每分钟一次），将实验测得的所有辐照数据以 $100W/m^2$ 为间距，分 10 个区间，每个辐照数据对应组件的益值即标准小时发电量，把每个区间内组件的收益值平均化后，可得到智能组件对比普通组件的发电增益，如图 8-10 所示。

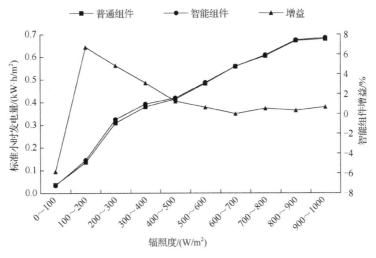

图 8-10 辐照度分 10 个区间的发电量对比

从图 8-10 可看出：在 $0\sim100W/m^2$ 辐照度区间内智能组件增益最低，为-5.84%；在 $100\sim200$ W/m^2 辐照度区间内智能组件增益最高，达到 6.73%；当辐照度大于 600 W/m^2 时，普通组件与智能组件的发电量相当。不同输入功率下智能组件和普通组件接线盒效率比较如表 8-2 所示。从表 8-2 中可知，在不同输入功率下，智能组件的接线盒效率都较普通组件低，且当输入功率较低时，智能组件发电量没有明显提升。主要原因是此时智能组件接线盒的芯片功耗损失了一部分功率，但由于低辐照情况下组件输出功率低，芯片损耗所占比例较高。

表 8-2 不同输入功率下智能组件和普通组件接线盒效率比较

输入功率/W	智能组件接线盒效率/%	普通组件接线盒效率/%
10	88.6	98.3
20	93.3	99.1
40	96.5	99.5
80	98.1	99.6
120	98.4	99.7
180	98.7	99.6
250	98.7	99.6

安装了子串级优化器的智能组件在辐照度为 $0\sim100~W/m^2$ 时发电量表现为负增益，表现较差的原因是在低辐照时，智能接线盒输入功率低（10%组件峰值功率以下），如表 8-2 所示，其效率明显低于普通接线盒，此时智能芯片损失大于失配优化的增益。辐照度为 $100\sim500W/m^2$ 区间内主要是多云天气，云层会对组件产生遮挡，辐照变化速率较快，智能组件接线盒内的芯片能发挥自身优势，快速跟踪最大功率点，减少失配造成的损失。因此，在多云天气时智能组件能有效提升发电量。

2. 不同比例遮挡时组串发电量

智能组件的组串通常在不同遮挡比例时的发电量均有一定提升，可通过简单实验得到比较数据。各选取 6 块 $260W_p$ 普通组件和智能组件分别串成一排，并各自连接 1.5kW 相同类型逆变器后并网。在晴天的自然光照下，使用黑色不透光的塑料板对每排中三块组件的一片电池进行不同比例的遮挡，得到不同比例遮挡下智能组件的发电量增益，如图 8-11 所示。由图 8-11 可知：智能组件在小比例遮挡时增益很小，此时子串间的失配很小；随着遮挡比例的增大，智能组件的增益也显著增大，并在 50%遮挡时达到最大值；达到 50%以上，智能组件增益随遮挡比例的继续增大而显著减小。随着子串间的失配越来越严重，两组中被遮挡的子串都会被旁路二极管旁通，智能组件的增益也随之下降。同时，组件的遮挡实验结果与单块组件的遮挡结果相对应。

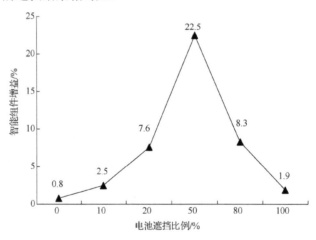

图 8-11　不同遮挡比例时智能组件的增益

8.4　双　面　组　件

除 IBC、PERC、半片、叠瓦等电池与组件先进技术外，在所有组件高效技术中，双面组件通过合适的光伏系统优化设计，对系统发电性能的提升效果非常显著。目前双面太阳电池、组件、系统相关技术发展迅速，利用双面组件技术提高发电效益，将是未来光伏发电的主要趋势之一。

8.4.1 双面太阳电池的工作原理

早在 1960 年，就有专家学者提出双面太阳电池工作原理的相关理论；但一直到 1980 年，双面太阳电池的工作原理才被 Luque 等人详细解读并运用于组件以提高发电效率，由此他们实现了太阳电池双面吸收太阳辐照的功能，开发了历史上第一个真正意义上的双面太阳电池。在此基础上，日本、美国先后研制出了发电功率在 270W_p 以上的高效率双面组件。但从全球的双面太阳电池申请专利数量来看，双面太阳电池的发展主要从 2009 年以后，特别是在 2010—2012 年，双面太阳电池的技术才得到了迅速发展。总体来说，目前双面太阳电池技术还处于技术发展阶段，仍具有很大的提升空间，是今后的光伏发电重点发展方向之一。

硅基双面太阳电池是由两面感光电池、带状电线、正反两面钢化玻璃以及 EVA 材料封装而成的新型太阳电池。常规的普通组件背面是镀铝的白色背板，严重阻挡了太阳光的吸收；而双面电池对电池背面进行了优化，使用金属栅线代替了全覆盖的金属背电极，并采用和正面一样的高透光钢化玻璃作为背板，这样的结构使太阳辐照也能从电池的背面入射，实现电池双面发电的功能。CdTe 太阳电池、GaAs 太阳电池、染料敏化太阳电池等双面太阳电池，都通过采用透明材料的背电极来实现双面受光的效果。

8.4.2 双面太阳电池的结构及分类

1. 硅基双面太阳电池

1）按电池封装技术分类

根据电池的封装技术，可将硅基双面太阳电池分为双面双玻组件和双面背板（带边框）组件。其中，双面背板（带边框）组件与常规单面组件一样，采用铝制边框结构，背面使用透明背板封装；而双面双玻组件采用无边框结构，减少了铝的使用，一方面降低了成本，另一方面还增强了组件的抗 PID 性能。市面上双面组件以双面双玻组件为主。

2）按电池基底分类

根据电池基底的不同，可将硅基双面组件分为 N 型和 P 型两种。其中，因为加工工艺和结构上的不同，N 型双面太阳电池又可以分为 N 型 PERT、PERL、HIT、HBC 等。考虑到成本和加工工艺，目前市面上应用比较多的双面太阳电池主要有 P 型 PERC、N 型 PERT 和 N 型 HIT 双面太阳电池。

（1）P 型 PERC 双面太阳电池。PERC 双面太阳电池的起源可以追溯到 20 世纪 80 年代，当时 MartinGreen 等人就 PERC 双面太阳电池结构进行了首次报道，在实验室条件下电池效率高达 22.8%。但直到 20 世纪初，随着沉积 AlO_x 产业化制备技术和激光加工工艺的引入，PERC 双面太阳电池才逐渐产业化。在最近几年，PERC 太阳电池才开始进入大规模的生产。其中，P 型 PERC 双面太阳电池作为 PERC 双面太阳电池的主要发展方向之一，获得了高速的发展。P 型 PERC 双面太阳电池的工艺流程相对简单，可以在 PERC 的基础上优化整合，且其产能几乎与 PERC 一致；而在度电成本上，P 型 PERC 组件与普通组件差不多，因此受到了市场的青睐。图 8-12 所示为 P 型 PERC 双面太阳电池的结构示意图，其电池以 P 型硅为衬底，通过硼扩散制成 N-P 型电池，双面均可产生电能，且均有 SiO_2 减反射薄膜，起到减反射和钝化硅表面悬挂键的作用。由于阳光照射到双面太阳电池背面时产生的载流子相对于太阳电池正面接受光照产生的载流子来说，需要跨过更长的距离才能到达 P-N 结，在这个过程中这部分载流子有更大的概率被复合。因此，双面太阳电池背面的转化效率要比正面低。目前，实验室的 P 型 PERC 双面太阳电池的总体效率达到了23%[24]。

（2）N 型 PERT 双面太阳电池。N 型 PERT 双面太阳电池采用双面钝化技术，其背面表面完全扩散，拥有良好的性能。图 8-13 所示为 N 型 PERT 双面太阳电池结构，它采用硼扩散形成发射极，采用磷扩散形成 N^+ 背场，采用等离子体增强化学气相沉积（PECVD）技术在正面和背面沉积减反射膜氮化硅，采用丝网印刷电池的背面和正面，形成正负电极，且正面和背面电极具有相同的栅线结构。相对于 P 型电池来说，采用 N 型单晶硅片的电池具有寿命更长的特点，且对金属杂质有更好的容忍度。通常，N 型 PERT 双面太阳电池的正面效率要比 P 型高 $3\sim5W_p$，背面效率接近正面效率的 90%；但是，N 型 PERT 双面太阳电池的生产成本较高，工艺流程复杂，须在原有的流程上再进行扩散、清洗、氧化等操作，当前并没有大量普及。目前，实验室的 N 型 PERT 双面太阳电池的正面效率已达到 24%，背面的效率达到 20%[25]。

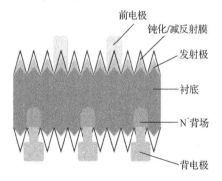

图 8-12　P 型 PERC 双面太阳电池结构示意图

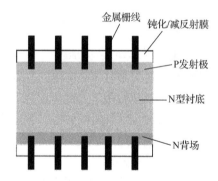

图 8-13　N 型 PERT 双面太阳电池结构

（3）N 型 HIT 双面太阳电池。N 型 HIT 双面太阳电池又称为双面晶体硅异质结型太阳电池，具有高效率、低成本的特点，主要是因为异质结电池具有良好的温度系数和开路电压，并且可以在低温环境下制造。图 8-14（a）所示为 N 型 HIT 双面太阳电池结构。在这类电池的两端沉积有透明导电氧化物薄膜（TCO），其目的是更好地收集横向电流，提高输出效率；但 TCO 因其功函数和非晶硅之间存在较大差距而在界面处形成了肖特基势垒[26]，这在一定程度上限值了电池效率的提升。N 型 HIT 双面太阳电池还增加了背场，背场形成的高低结对 N 区少子空穴有明显的阻挡和反射作用，降低了背表面的复合，从而提高了P-N 结对光生载流子的收集效率，改善了电池的长波效应[27]。虽然 N 型 HIT 双面太阳电池具有更高的转化效率，但是其电池结构也更加复杂，工艺要求更为严格，对设备的要求更高。目前，N 型 HIT 双面太阳电池的实验室效率达 23%[28]。

2. 薄膜双面太阳电池

1）CIGS 薄膜双面太阳电池

相对于传统的硅基电池，CIGS 薄膜双面太阳电池具有更高的稳定性和转换效率以及更低的成本，只要使用半透明材料并形成背面欧姆接触吸收层，就可以制成双面太阳电池，其结构如图 8-14（b）所示。目前，CIGS 薄膜双面太阳电池的实验室效率达到了 15.2%[29]。

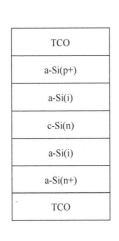

（a）N 型 HIT 双面太阳电池结构

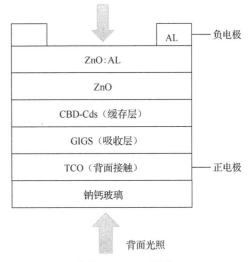

（b）CIGS 薄膜双面太阳电池结构

图 8-14 双面太阳电池结构

2）CdTe 薄膜双面太阳电池

CdTe 是 II-VI 族化合物半导体，其能量带隙为 1.45eV，与太阳光谱非常匹配，适合光电能量的转化，是一种良好的 PV 材料。同时，CdTe 容易快速沉积成大面积的薄膜，其性能也十分稳定，因此具有效率高和成本低的特点。但是，CdTe 的高电子亲和力和能量带隙的优势，制成双面容易造成其电接触的不稳定性，这成为制约其往双面太阳电池方向发展的主要因素。也有学者对此提出解决办法，G. Khrypunov 等人[30]利用 ITO 接触并淀积封闭式铜电极制成新型电池，使电池效率增加了 3.5%；Khanal R R 等人[31]则利用透明单壁碳纳米管（SWCNT）替代铜背电极，使电池效率增加了 6.5%。

3）钙钛矿双面太阳电池

钙钛矿太阳电池作为目前太阳电池的主要发展方向之一，近年来受到国内外专家学者的广泛关注，其实验室效率已达到 22.1%。同样，钙钛矿双面太阳电池也是光伏发电的研究热点之一。2016 年，Y. M. Xiao 等人[32]设计出了一种新型的钙钛矿双面太阳电池结构，在传统钙钛矿电池的基础上使用聚 3,4-乙烯二氧噻吩-聚苯乙烯磺酸作为透明导电极，其作用主要是作为空穴传输层和电子阻挡层。这种钙钛矿双面太阳电池的正面转化效率为12.33%，背面转化效率为11.78%，背面转化效率只比正面低了0.55%，具有很大的发展潜力。

8.4.3 双面双玻组件的优势及应用

1. 高发电量

基于双面双玻组件的正、背面发电结构，双面组件的发电量提升显著。按照组件常规的倾斜角安装，只要背面能接收到光线，就可以贡献额外的发电量，正面发电不受任何影响。与常规组件相比，在相同的安装环境下，双面双玻组件的背面发电量增益可以达到5%~30%。当然，背面的安装环境对发电量的增益有非常大的影响，安装地面的反射率越大，组件背面接收到的光照就越强，发电量增益也就越明显。

2. 高可靠性

双面双玻组件目前采取先进的双玻封装结构，背面采用玻璃替代传统的背板材料，在保证背面可以充分吸收光照的同时，也大大提升了组件整体的可靠性。其质保期从常规组件的25年延长到30年，同时年度衰减从0.7%下降到了0.5%，大大降低了系统成本。特别是其耐酸碱、零透水率和抗PID等特性，非常适用于水面、鱼塘等安装环境；因此，对于渔光互补项目，从发电量和可靠性角度，双面双玻组件是最优选择。

3. 耐酸碱盐雾

普通组件使用的高分子背板属于塑料材料，其防酸腐蚀性能并不出色，若长期暴露在空气中可能会造成黄变、开裂、降解和粉化等问题。而双面双玻组件的背板玻璃属于无机材料，具备优越的耐候性能，可以大幅度提高组件的可靠性能。

4. 抗PID性

目前业内主流观点认为PID产生的原因如下：由于传统组件边框接地和系统电压的存在，组件会产生对大地的偏压，在系统负偏压的作用下，玻璃内钠离子沿电场方向迁徙至电池表面，导致组件功率输出大幅下降，即产生PID现象。普通组件使用的高分子背板有一定的水汽透过率，若长时间暴露在水汽中，水汽穿过背板可能会对电池造成不同程度的破坏。而双面双玻组件的背面玻璃水汽透过率极低，可以更好地保护电池，从而提高组件的使用寿命，降低蜗牛纹和黑线的产生概率。同时，双面双玻组件既无边框也不需要接地，所以对大地不会形成大的偏压，很好地解决了PID问题。

5. 降低电池隐裂风险

双面双玻组件的双层玻璃结构设计类似于三明治，增加了组件的抗冲击和抗振动性能，可以减少组件在生产、运输、安装过程中产生的电池隐裂。双面双玻组件的高发电量、透明、美观等优势，使其在各种安装场景中都大放异彩，除了用于常规的光伏系统，对于屋顶、车棚、高速路隔音墙、建筑外墙等常规组件无法发挥作用的地方，双面双玻组件都提供了完美的解决方案。

双面双玻组件应用广泛，除普通光伏系统外，在水面光伏系统、雪地光伏系统、高速路隔音屏、农业大棚等方面已有较多应用案例，也展现了其高可靠性和高发电量的明显优势。与双面双玻组件相关的系统设计内容将在第 9 章详细介绍。

第9章　光伏系统新趋势

光伏发电在能源领域起到越来越重要的作用，为进一步提升其竞争力，近年来，光伏跟踪技术、新型光伏组件技术等快速地发展与应用，提高了系统效率，降低了发电成本，拓宽了光伏系统应用场景[1]。本章主要介绍较常见的光伏跟踪系统、水面漂浮光伏系统和双面双玻光伏系统三大类型。

9.1　光伏跟踪系统

一年之中由于地球的公转与自转导致太阳方位角、高度角变化，使得太阳电池方阵在固定安装的方式下无法实现太阳光线直射于太阳电池接收面，造成实际的太阳电池方阵利用率降低。在新型材料高效太阳电池的研究开发没有明显进展的情况下，利用太阳跟踪技术，使光伏系统在相同的太阳光照强度下获取更多的太阳辐照量，可以提高光伏发电效率，达到降低成本的目的。相关资料表明，与固定安装的光伏系统相比，通过跟踪太阳方位，使太阳光线垂直入射太阳电池，就能使现有光伏系统的发电能力提高 10%～35%，发电成本下降 2%～5%，并且光伏跟踪系统的装机容量越大，其设备成本投入就降低越多[2-5]。本节依据光伏跟踪系统调整朝向的能力对光伏跟踪系统进行分类，并简单介绍 3 种常见的光伏跟踪系统原理。

9.1.1　光伏跟踪系统类型

基于调整朝向的能力，光伏跟踪系统可分为单轴光伏跟踪系统和双轴光伏跟踪系统[6]。单轴光伏跟踪系统根据固定轴安装角度又可分为水平单轴光伏跟踪系统［如图 9-1（a）所示］和倾斜单轴光伏跟踪系统［如图 9-1（b）所示］；双轴光伏跟踪系统可根据两个轴的相对位置不同分为双轴太阳方位角-高度角光伏跟踪系统［如图 9-1（c）所示］和双轴仰角-时角光伏跟踪系统［如图 9-1（d）所示］。其中，双轴、倾斜单轴、水平单轴这 3 种光伏跟踪形式的性能对比如表 9-1 所示。和单轴光伏跟踪系统相比，双轴光伏跟踪系统跟踪更精确、跟踪范围大、效果好。在环境良好的地点，双轴光伏跟踪系统的年总发电量增益在 30%以上，但成本高，适合跟踪要求高的聚光光伏系统。光伏跟踪系统的微小偏差通常不会导致大的能量损失，但仍应尽量减小跟踪误差，以确保长期获得最大能量收益。

（a）水平单轴光伏跟踪系统

（b）倾斜单轴光伏跟踪系统

（c）双轴太阳方位角-高角度光伏跟踪系统

（d）双轴仰角-时角光伏跟踪系统

图 9-1　光伏跟踪系统类型

表 9-1　3 种光伏跟踪形式的性能对比

光伏跟踪形式	双轴	倾斜单轴	水平单轴
跟踪范围	太阳方位角：-90°～90° 太阳天顶角：0°～90°	太阳方位角：由具体跟踪方式决定 太阳天顶角：固定	太阳方位角：-90°～90° 太阳天顶角：0°
跟踪精度（组件法向与太阳直射光位置关系）	较好	一般	较差
提高发电量（基准线：固定）	较大	一般	一般
占地面积（基准线：固定）	较大	一般	较小
风速保护	有	无	有
可靠性	较高	较高	高
应用场合	大型光伏系统或示范光伏系统	大型光伏系统	大型光伏系统

基于角度调整频率，光伏跟踪系统又可分为连续调整式光伏跟踪系统与间歇调整式光伏跟踪系统。连续调整式光伏跟踪系统根据太阳运动速度连续调整自身的朝向角度；间歇调整式光伏跟踪系统则间隔一定的时间进行一次太阳定位检查，并相应地调整一次自身的朝向角度，从日出到日落按周期循环执行。

表 9-1 中 3 种光伏跟踪形式的优缺点比较如下：

（1）双轴光伏跟踪系统跟踪范围大，同时占地面积也大，其安装容量容易受安装环境影响；该系统的安装情况相对复杂，抗风能力一般，一次性投入相对较高，经济价值一般。双轴光伏跟踪系统实物如图 9-2 所示，其太阳电池组件通过绕固定轴转动实现对太阳的高度角和方位角的跟踪。

（2）倾斜单轴光伏跟踪系统单元安装容量、跟踪范围一方面受环境影响，另一方面受顶杆电动机行程约束，抗风能力较好，安装比较简单，性价比较高。如果把它安装在斜坡上，那优势更明显。倾斜单轴光伏跟踪系统实物如图 9-3 所示，其太阳电池组件通过绕南北方向倾斜角固定安装的轴转动，实现对太阳方位角的跟踪。

（3）水平单轴光伏跟踪系统跟踪范围大，安装简单、容易扩展容量；在容量大时造价低，抗风能力强，经济性能高，更适合在低纬度地区应用。水平单轴光伏跟踪系统实物如图 9-4 所示，其太阳电池组件通过绕南北方向水平固定安装的轴转动，实现对太阳方位角的跟踪。

总体上，自动跟踪的光伏系统相对于固定式的光伏系统，其太阳辐照利用率更高，日照时间更长，输出功率更高，增加的发电成本小于发电收益。因此，相对于固定安装的光伏系统，光伏跟踪系统在投入使用后能够在相对较短的时间内收回成本。

图 9-2　双轴光伏跟踪系统实物

图 9-3　倾斜单轴光伏跟踪系统实物

图 9-4　水平单轴光伏跟踪系统实物

9.1.2　光伏跟踪系统设计原则

光伏跟踪系统设计须满足光伏系统基本设计准则，本节列举关于光伏系统国家标准中的具体设计规范，作为参考设计原则。

依据《光伏发电站设计规范》（GB 50797—2012）[7]中的基本规定，光伏跟踪系统的设计应符合以下要求：

（1）坚持可靠性、稳定性、先进性及实用性原则。在可靠性、稳定性方面，要求光伏系统可以长期在野外恶劣的环境下工作并保持系统稳定、可靠地运行。在先进性方面，要求用简单的控制器电路和控制方案确定太阳的方位，实现精确跟踪，提高太阳电池组件的发电量。在实用性方面，要求设计出低功耗的光伏跟踪系统，降低太阳能发电成本。

（2）光伏系统设计应有冗余量，具有各种保护功能以满足系统可靠工作的配置，提高系统运行可靠性。同时，还应考虑到以后各种实验的需求。

（3）光伏系统设计应考虑建站地点的地理条件和环境气象数据，如潮湿环境、地点、纬度、经度和海拔等。

依据《光伏电站太阳跟踪系统技术要求》（GB/T 29320—2012）[8]中第 4.5 条技术要求确定的光伏跟踪系统的跟踪范围、第 4.6 条确定的跟踪精度要求，光伏跟踪系统的设计应符合以下要求。

跟踪角度范围：

（1）水平单轴光伏跟踪系统的跟踪范围应不小于±45°；

（2）垂直单轴光伏跟踪系统的跟踪范围应不小于±90°；

（3）倾斜单轴光伏跟踪系统的跟踪范围应不小于±45°；

（4）双轴光伏跟踪系统的太阳方位角范围以±90°为宜，太阳高度角范围以 9°～90°为宜，赤纬角范围以±23.45°为宜，时角范围以±90°为宜。

考虑经济性，跟踪精度一般要达到以下要求：

（1）平板单轴光伏跟踪系统的跟踪精度为±5°。

（2）平板双轴光伏跟踪系统的跟踪精度为±2°。

9.1.3　光伏跟踪系统控制原理及方案

图 9-5 所示是闭环跟踪控制系统方案流程图，该图符合不同类型的光伏跟踪系统方案。光伏跟踪系统通过角度偏差测定并与误差阈值比较，随后进行角度调整以满足光伏跟踪系统的角度要求。在目前的自动跟踪控制系统中，不论是单轴跟踪还是双轴跟踪，跟踪太阳的位置确定方法可分为时钟定位法、光强比较定位法和全景图像识别定位法等[1]。

时钟定位法是根据太阳在天空中每分钟的运动角度，计算出太阳辐照接收器每分钟应转动的角度，从而确定电动机的转速；或者通过计算某一时间太阳的位置，再计算出光伏跟踪系统的目标位置，最后通过电动机传动装置达到所要求的位置，实现对太阳高度角和方位角的跟踪。

光强比较定位法是使用光敏传感器来测定入射太阳光线和光伏跟踪系统主光轴间的偏差，当偏差超过一个阈值时，执行机构调整太阳电池组件的位置，直到使太阳光线与太阳电池组件垂直，实现对太阳高度角和方位角的跟踪。

上述两种方法虽然在不同的条件下有各自的优点，但是在实际应用过程中或多或少存在着误差大、灵活性差、非全天候跟踪等缺点。

在北回归线以北地区，从地面上观测到的太阳在运动轨迹上的方位角变化不超过180°。采用全景摄像机获取 0°～180°范围天空图像，对该图像进行变换处理、特征提取，最后智能识别出图像中的太阳光斑区域，找出该区域的中心点，从而确定太阳方位角和高度角，实现对太阳位置的准确定位，即全景图像识别定位。这是一种有效的太阳位置跟踪方法[9,10]。

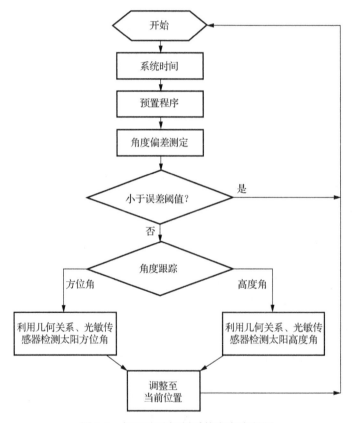

图 9-5　闭环跟踪控制系统方案流程图

1. 时钟定位法的光伏跟踪原理

在太阳能利用中，太阳位置的计算很重要。为了准确定位天上星体的位置，天文学家制定了一套坐标系来标示星体在天球上的位置，应用到地球上就是以经纬度表示的地理坐标系，其物理模型如图 9-6 所示。这套坐标系把天球分为赤纬和赤经。赤纬的算法从天球赤道开始至两极止，天球赤道为 0°，向北至天球北极为+90°，向南至天球南极为-90°。赤经的算法比较特别，和地球经度（由-180°至+180°）的算法不同，赤经是在天球赤道自西向东由 0 小时至 24 小时即把一周 360° 平均分成 24 份，可以知道其中的 1 小时就等于 15°。和时间一样，赤经的每小时可分为 60 分，每分可再细分为 60 秒。另外，这里的分秒是指时分时秒，和传统意义上的角分秒不同，1 时分=15 角分，1 时秒=15 角秒。赤经计算的起点为春分点，春分点是太阳在每年的春分（3 月 21 日前后）所处的位置。地球上的每一个位置可以用赤纬和赤经表示。太阳在某地的运行轨迹可以拟合成一个函数，函数的变量就是经度和纬度及时间（年、月、日、时、分、秒）。

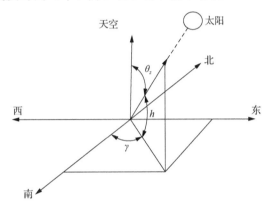

图 9-6　地理坐标系下的地球物理模型

2. 光强比较定位法的光伏跟踪原理

光强检测装置是光强比较定位法光伏跟踪系统中的一个核心环节，它主要利用阴影原理。如图 9-7 和图 9-8 所示，将一对特性完全相同的光敏电阻对称地固定在检测装置内，光敏电阻的特性是随着辐照度增强其阻值相应减小，对应的电气信号输出电压降低。如果一个光敏电阻被照射，而另外一个光敏电阻处在阴影中，那么这对光敏电阻将会产生一个电压差，从而实现将光信号的差异转换成电信号差异。如果两对特性完全相同的光敏电阻被对称地安装为四角形，那么可以完成对 4 个方向的光强检测。获得光强变化后的光敏电阻的电信号变化偏差，经过放大整形，送入 A/D 转换器进行数/模转换。转换后的数字信号输入处理器，处理器进行数据处理后输出相应的相序代码，驱动电动机控制伺服机构动作，实现跟踪器正对着太阳位置。通过东、西、南、北 4 个方向的光敏电阻来确定太阳的位置，只有当这 4 个方向的光强信号达到完全平衡时，才确定此时的太阳电池组件与太阳保持垂直正对的位置。这种定位方法灵敏度高，结构简单，设计方便，其最大的优点是可以直接与伺服系统组成光伏跟踪系统而不必知道太阳位置的具体数值。但是该方法受天气的影响很大，当乌云遮日（阴天）时，光强检测装置就会无法对准太阳方位，甚至会引起执行误差。因此，该方法的应用场合较少，比较适合西北地区。

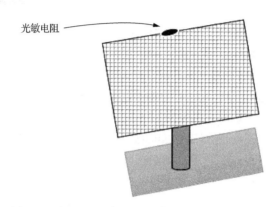

图 9-7 采用光强比较定位法的光伏跟踪系统示意图

图 9-8 光敏电阻布置示意图

光线跟踪控制原理和过程如下：

（1）早晨，太阳电池组件在面朝东的位置，准备日出后进行跟踪。

（2）提前设定每天系统开始发电时刻，控制器内设与外部同步的时钟，当到达发电时刻时自动跟踪控制系统就启动，开始自动跟踪太阳。

（3）在自动跟踪过程中，在阴天情况下光强检测装置会出现"迷茫"状态。此时，光强检测装置失效。为解决该问题，控制系统增设"记忆"环节，太阳电池组件每"动"一次，控制器记下这个时刻和旋转的方向。当控制器"发现"有半个小时没有旋转时，控制器判断当前处于"迷茫"状态。此时，控制器会强制使太阳电池组件向正方向旋转一定的角度。这样可以保证在阴天情况下，自动跟踪控制系统可以继续工作。

（4）自动跟踪控制系统在 4 个方向都设有限位开关。以水平方向为例，当跟踪到傍晚时，旋转机构会碰到西侧的限位开关。此时，电路断开，旋转机构停止旋转。

（5）提前设定每天傍晚太阳电池组件向东复位的时刻。每当到达傍晚复位时间，自动跟踪控制系统控制太阳电池组件向东旋转，直到碰到东侧的限位开关时停止旋转，等待第二天的日出。

3. 全景图像识别定位法的光伏跟踪原理

全景图像识别定位法是通过图像处理来确定太阳高度角与方位角的跟踪定位方法。其分析步骤如下：首先，对获得的全景图像，利用人眼对亮度敏感程度高的特点对图像进行处理，凸显全景图像中高亮度区域。其次，对得到的高亮度区域对全景图像按一定的变换模型进行透视图像的变换，以便在平面图像中精确地复现空中的图像信息，并且进行图像特征提取与判断。再次，根据各高亮度区域的外形轮廓、随时间变换的偏移量变化、面积大小等特征信息，动态识别太阳光斑区域。最后，通过全景图像中太阳斑区中心点，计算出太阳与视点之间的高度角与方位角，实现对太阳光源的全方位准确动态定位[9]。

在晴朗的天空图像中，太阳图像占据亮度最高的区域，基于图像处理的太阳位置识别的出发点就是利用这一特点，试图通过对天空图像的处理和坐标变换得到太阳的位置。在北回归线以北，太阳的运动轨迹可占据最大达 180°的视角（北回归线以南大于 180°，而在赤道上可达 360°）。一般的固定摄像镜头不能获取视角如此之大的广角图像；而鱼眼镜头（Fisheye Lens）则可获取大于 180°范围的天空图像，不过其图像边缘会产生畸变。从鱼眼图像到太阳的位置须经过如下步骤：

（1）通过图像处理，从鱼眼图像中寻找太阳中心的坐标。

（2）通过鱼眼图像到透视图像的坐标变换，得到太阳位置的透视图像坐标。

（3）由太阳的透视图像坐标转换为相对于观测者（在光伏系统中指太阳电池位置）的太阳高度角和方位角。

9.1.4　水平单轴光伏跟踪系统案例评估

1. 水平单轴光伏跟踪系统跟踪策略

当太阳电池方阵从东西方向跟踪太阳时，方阵之间存在相互遮挡的现象。水平单轴光伏跟踪系统的整体布局如图 9-9 所示，投影光线与方阵的关系如图 9-10 所示。定义太阳电池方阵宽度为 a，方阵东西间距为 L，方阵倾斜角（东西向倾斜角）为 θ。为了在太阳电池方阵表面得到最大辐照量，东西向太阳跟踪的角度与路线应根据 a 与 L 的比例关系确定[10]。

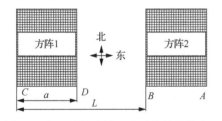

图 9-9　水平单轴光伏跟踪系统的整体布局

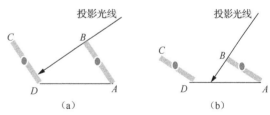

图 9-10　投影光线与方阵的关系

（1）如图 9-9 所示，在方阵 1 和方阵 2 这两个相邻方阵中，A 为方阵 2 底端点，B 为方阵 2 顶端点，C 为方阵 1 顶端点，D 为方阵 1 底端点，方阵倾斜角 θ 等于 $\angle BAD$。在早晨和傍晚，太阳高度角较小，如图 9-10（a）所示。此时，光线垂直入射到组件 CD 表面，组件 AB 对组件 CD 将产生阴影遮挡。为避免组件之间相互遮挡，投影光线入射角与组件宽度 a、方阵东西间距 L 的关系应该满足

$$\frac{a \times \sin(\angle BAD)}{\tan(\angle BDA)} + a \times \cos(\angle BAD) \geqslant L \tag{9-1}$$

为保证无阴影条件下方阵跟踪太阳获得最大辐照量，式（9-1）应取等号，即化简为

$$\frac{a}{\sqrt{1+X_p^2}}\left[1+\frac{X_p\tan(\theta_z)\sin(\gamma_s)}{1+\tan(\theta_z)\cos(\gamma_s)\tan(t_1)}\right]=L \tag{9-2}$$

式中，θ_z——太阳天顶角；

γ_s——太阳方位角；

$X_p=\tan(\theta)$。

（2）在中午，太阳高度角较大，如图 9-10（b）所示。此时，若光线垂直入射到组件 CD 表面，组件 AB 对组件 CD 不产生阴影遮挡，即方阵跟踪太阳时不易产生阴影遮挡，只需保证太阳光线垂直入射方阵表面即可。

2. 基于典型气象年的平均日水平面辐照度分布评估方法

水平单轴光伏跟踪系统的表面辐照量，须根据水平面直射辐照度和水平面散射辐照度评估得到。根据中国气象数据网等提供的典型气象年的数据，评估平均日水平面辐照度分布情况，从而实现对光伏跟踪系统表面年辐照度的评估。通过相关气象网站或气象软件获取典型气象年的年水平面总辐照量（$G_{a,y}$）数据、年水平面散射辐照量（$D_{a,y}$）数据及年法向直射辐照量（$B_{a,y}$）数据，以春分日作为全年辐照分布评估的平均日，对该天的法向直射辐照度 I_b 分布从日出到日落进行求和积分后，保持与典型气象年的平均日法向直射辐照量相同，即

$$\int_{t_{wst}}^{t_{wsd}} I_b dt = \frac{B_{a,y}}{365} \tag{9-3}$$

式中，t_{wsd}——日落时间，在春分日选为 18 时；

t_{wst}——日出时间，在春分日选为 6 时。

法向直射辐照度 I_b 可由式（9-4）表示：

$$I_b = rS_0(P)^m \tag{9-4}$$

将式（9-4）代入式（9-3）中，可求出作为固定常数的大气透明度指数 P 值，从而确定平均日法向直接辐照随时间变化的关系。

因此，水平面散射辐照度分布可根据 $B_{a,y}$ 与 $D_{a,y}$ 比例关系近似求得，其计算公式如下：

$$I_{h,d} = I_{h,b}\frac{D_{a,y}}{B_{a,y}} \tag{9-5}$$

式中，$I_{h,b} = I_b\cos(\theta_z)$。

图 9-11 所示为常州地区理想典型气象日水平直射辐照度、水平散射辐照度及法向直射辐照度分布曲线。

3. 水平单轴光伏跟踪系统表面太阳辐照度

水平单轴光伏跟踪系统表面太阳直射辐照度为

$$I_{t,b} = rS_0(P)^m\cos(\theta_i) \tag{9-6}$$

式中，m——大气质量，$m = \left[1229 + 614(\cos\theta_z)^2\right]^{1/2} - 614\cos\theta_z$；

$\qquad S_0$——太阳常数，其值为 1367W/m²；

$\qquad r$——日地距离修正系数，$r = 1 + 0.034\cos(2\pi n / 365)$；

$\qquad \theta_i$——组件表面太阳辐射角；

$\qquad P$——大气透明度指数。

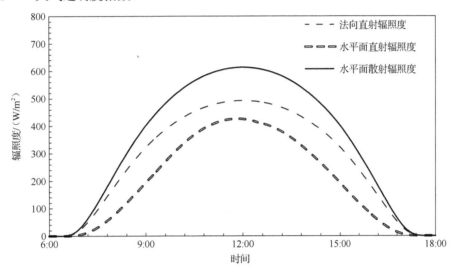

图 9-11　常州地区理想典型气象日水平面直射辐照度、
水平面散射辐照度及法向直射辐照度分布曲线

水平单轴光伏跟踪系统表面太阳散射辐照度为

$$I_{t,d} = I_{h,d}\left[\frac{I_{h,b}}{S_0}R_b + \frac{1}{2}\left(1 - \frac{I_{h,b}}{S_0}\right)(1 + \cos\beta)\right] \tag{9-7}$$

式中，$I_{h,d}$——水平面散射辐照度，单位为 W/m²；

$\qquad S_0$——太阳常数；

$\qquad R_b$——斜面与水平面直射辐照转换系数，$R_b = \dfrac{\cos(\theta_i^2)}{\cos(\theta_z)}$；

$\qquad \beta$——太阳电池组件与水平面夹角；

$\qquad I_{h,b}$——水平面直射辐照度，单位为 W/m²。

故水平单轴光伏跟踪系统表面总辐照度为

$$I_t = I_{t,b} + I_{t,d} \tag{9-8}$$

4. 水平单轴光伏跟踪系统辐照增益

水平单轴光伏跟踪系统辐照增益是将水平单轴与固定安装的光伏系统进行对比后获得的，其计算式为

$$k = \frac{G_t - G_0}{G_0} \qquad (9\text{-}9)$$

式中，k ——水平单轴光伏跟踪系统的辐照增益；

　　　G_t ——水平单轴光伏跟踪系统接收的辐照量，单位为（kW·h）/m²；

　　　G_0 ——以最佳倾斜角固定安装后接收的辐照量，单位为（kW·h）/m²。

根据上述方法，可得到以南京地区为例的不同方阵间距条件下的辐照量增益，如表 9-2 所示。随着方阵间距的增大，跟踪角度不断调整，辐照量增益随着方阵间距增大而增大。但方阵间距比增大到 3.5 时，辐照量增益趋于稳定。因此，为寻求土地面积成本和发电收益的平衡，方阵间距比可在 2～3.5 之间选择。

表 9-2　太阳电池方阵表面辐照量增益与方阵间距的关系

L/a 值	1	1.25	1.5	1.75	2	2.5	3
辐照量增益/%	0	13.25	19.25	23.28	25.25	27.94	29.34
L/a 值	3.5	4	4.5	5	5.5	6	∞
辐照量增益/%	30.12	30.59	30.89	31.07	31.20	31.28	31.49

9.2　水面漂浮光伏系统

我国中东部地区用电量大，但可用于建设大规模光伏系统的土地很少，用于建设分布式光伏系统的屋顶资源也日趋稀缺[11]。但我国中东部很多省市水资源相当丰富，水面漂浮光伏系统可解决这种供需不平衡问题。水面漂浮光伏系统利用漂浮装置与光伏支架、组件结合，使光伏系统能在湖面等水域安装使用。2011 年，美国等国开始报道了水面漂浮光伏系统示范与应用；欧洲地区与日本在水面漂浮光伏系统方面的发展也比我国早，已经有了一些成功案例[12]。相比于传统光伏系统，水面漂浮光伏系统具有降温，提升发电量，减少对耕地、林地、草地等土地的占用等优点[13]。根据国内外已建成的光伏系统和现有技术水平，水面漂浮光伏系统可以简单分为有支架漂浮式和无支架漂浮式。

9.2.1　有支架漂浮式

有支架漂浮光伏系统是利用中空的高密度聚乙烯浮筒或者其他易漂浮材料（如木材、泡沫等）提供浮力，采用刚性支架连接浮筒与组件，组件能够以一定角度排列，并且漂浮于水面上。利用码头浮筒与铝合金支架相结合的水面漂浮光伏系统如图 9-12 所示，利用特殊设计的浮筒与钢支架相结合的水面漂浮光伏系统如图 9-13 所示，浮筏式水面漂浮光伏系统如图 9-14 所示。

图 9-12　利用码头浮筒与铝合金支架相结合的水面漂浮光伏系统

图 9-13　利用特殊设计的浮筒与钢支架相结合的水面漂浮光伏系统

图 9-14　浮筏式水面漂浮光伏系统

　　现有主流供漂浮用的支架大部分采用高密度聚乙烯浮筒来提供浮力，具有良好的耐热性和耐寒性，化学稳定性好；还具有较高的刚性和韧性，机械强度高，介电性能和耐环境应力开裂性能也较好，使用环境温度可达 90℃。虽然高密度聚乙烯有诸多方面使用的优势，但是作为水面漂浮光伏系统的载体，高密度聚乙烯有易燃的缺点。因此，这种材料在用于制作水面漂浮支架时，必须经过改性，即添加一定量的阻燃剂。

　　支架材料采用经过特殊防腐处理的钢材或者铝合金材料制作。支架在设计时，除考虑正常的风荷载、雪荷载外，还应考虑支架自重对浮力产生的影响，以及波浪对支架稳定性的影响。考虑到水面漂浮光伏系统所承受的风荷载会稍高于地面光伏系统，其组件倾斜角度不宜过大，取 12°～20°为宜。

9.2.2　无支架漂浮式

如图 9-15 所示，无支架漂浮光伏系统不采用金属支架而采用纯高密度聚乙烯材料，利用吹塑或滚塑工艺制作成特殊设计的一体化浮筒。这种浮筒可以直接在它上面安装太阳电池组件，组件前后设置长方形走道，浮筒与走道之间采用相同材料的螺栓进行连接。

无支架漂浮光伏系统具有以下优点：

（1）所有的浮筒均通过模具一次性成型，外形美观，通用性好；现场安装极为方便，能够大幅减少施工成本。

（2）不存在钢结构件，全部为高分子材料，因而杜绝了金属件生锈的可能性。

（3）90%的浮体架台可回收，所利用的高密度聚乙烯可抗紫外线、抗腐蚀。

其缺点如下：

（1）现有的材料配方一般寿命为 15 年左右，尚未达到太阳电池组件 25 年质保期。

（2）因浮筒体积大，造成生产效率低下，故单个厂家很难满足大规模项目的供应需求。

（3）价格偏高。

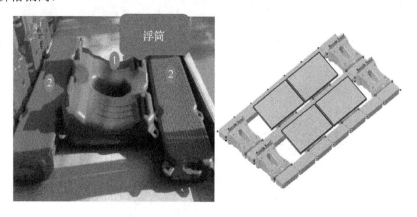

图 9-15　无支架漂浮光伏系统

9.2.3　锚固系统

水上光伏系统作为一个浮动的工程漂浮在水面，必须对其进行横向和纵向的固定，防止发电系统漂移。固定的方式主要有以下 3 种类型：

（1）离岸较近时采用活动铰接。将浮体和连接杆串联在一起，用缆绳锚固在岸上，如图 9-16 所示。这种固定方式的优点是结构简单，价格低廉；缺点是只能适用于小面积的水库或池塘。

图 9-16　锚固系统之一——活动铰接

（2）当水深小于 3m 时，采用打钢桩或预制桩固定。这种形式可在涨潮或退潮时自动调节浮台高度，如图 9-17 所示。这种固定方式适用于潮起潮落比较频繁的水域，固定可靠；缺点是固定桩容易产生阴影遮挡。

图 9-17　锚固系统之二——固定桩

（3）在水深大于 3m 而无法打桩时，采用锚块沉于水底，由缆绳牵引的方式固定。这种方法通过特制的拉簧连接浮体与水底预制锚块，拉簧由特殊的防腐天然纤维和金属组成，适用于高低水位落差在 6m 以内的各种水域。

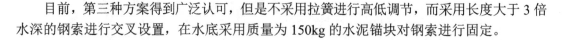

目前，第三种方案得到广泛认可，但是不采用拉簧进行高低调节，而采用长度大于 3 倍水深的钢索进行交叉设置，在水底采用质量为 150kg 的水泥锚块对钢索进行固定。

9.2.4　系统性能分析

目前，普遍认为漂浮光伏系统的发电量相对于普通光伏系统有很大程度的提高，主要原因是漂浮光伏系统的效率比普通光伏系统的高[13]。光伏系统在能力转换、传输过程中的损失包括阴影遮挡损失、相对透射率损失、弱光损失、温度损失、污秽损失、组件实际功率与标称功率之差损失、组件不匹配损失、汇集电缆损失、逆变器效率损失、逆变器出口至并网点损失等。其中，漂浮光伏系统与普通光伏系统存在差异的部分主要为温度损失、污秽损失等。下面就这两个方面对漂浮光伏系统的不同点进行简单阐述。

1. 温度损失

安装太阳电池组件的水面一般比较开阔且水面风速明显高于地面，太阳电池组件对流散射效果好。此外，水的比热容大，白天水面温度明显低于附近地面气温，组件对水面的辐照换热量大，因此漂浮光伏系统中太阳电池组件通常工作温度低。光伏系统中的温度损失与组件最大功率温度系数有关，以某品牌组件为例，其最大功率温度系数为 $0.41\%(\text{℃})^{-1}$，即当温度高于标准测试条件所规定的 25℃ 时，组件温度每升高 1℃，其最大功率下降 0.41%。而在漂浮光伏系统实际运行过程中，水面对太阳电池组件具有比较明显的调温作用。夏季，由于水面环境温度比地面低，组件对周边环境辐射散热效果好，相比于地面光伏系统，水面漂浮光伏系统中的组件温度降低 5℃ 以上。光伏系统整体效率上升 2% 以上。温度损失在不同地区的差异也比较明显，漂浮光伏系统的温度损失在年平均气温较高的地区更加明显。

2. 污秽损失

污秽损失是指由于组件表面上存在污秽而造成的发电量损失，该损失与当地的环境及运行管理水平有关。研究表明，在无人工清洗的情况下，同一地区的城市、郊区和农村的污秽对发电量的影响依次减小。如果当地环境良好，降水丰沛，那么该地区城市中发电量的年污秽损失仅为 2%~3%，郊区和农村仅为 1%~5%；在环境较差的城市、高速公路等灰尘较多的地方，污秽对发电量的年影响程度达到 6% 甚至更高。对于建设在水面上的光伏系统，由于水面不易产生扬尘、风沙，其实际运行环境与普通光伏系统相比更加良好。此外，在运维和清洗方面，漂浮光伏系统具有得天独厚的优势。漂浮光伏系统接近水面，运维和清洗时可以随时随地取水，可保证有足够的水资源将组件上的灰尘清洗干净。结合上述两方面的影响，漂浮光伏系统与普通光伏系统相比，其系统效率至少提高 2%~3%。

9.3　双面双玻光伏系统

因其正、背面均能发电的高效性，双面双玻光伏系统在国内市场乃至全球市场的影响力越来越大[14]。

9.3.1　双面双玻光伏系统应用

构成双面双玻光伏系统的组件采用双面玻璃的结构，可有效降低积雪、灰尘等对光线的阻挡，比常规组件具有更强的抗 PID 性能、耐磨性，良好的耐候性和高透光性，以及更长的使用周期等，被广泛应用在公路隔音墙、渔光互补、农光互补等分布式光伏系统中[15]。

1. 双面双玻水面光伏系统

由于中东部地区的土地成本居高不下，光伏系统由开始时的集中式向分布式发展，并与其他产业产生交集。渔光互补水面光伏系统就是发电与渔业相结合的产物，它充分利用鱼塘上方广阔的空间资源，在水面上方架设太阳电池组件。这样，除保证鱼塘养殖的收益外，还能通过光伏系统发电获得额外的经济收益[16]。

2. 公路上使用的双面双玻组件隔音屏

双面双玻组件与高速路隔音屏结合使用，既不占用额外土地且有较好的隔音效果，又能产生电力。与单面太阳电池组件相比，这种垂直安装的双面双玻组件隔音屏的正、反两面能同时接收太阳光，使单位面积发电量明显增加。我国中东部地区的公路交通发达，具有很大的发展潜力。例如，可在高速公路服务区的加油站设置光伏棚顶，在休息区设置光伏屋顶，与高速路隔音屏结合使用，为高速路照明、充电桩等提供电力，减少因高速公路电力需求增加对电网供电扩容的依赖。图 9-18 所示为隔音屏与双面双玻组件结合使用示意图。

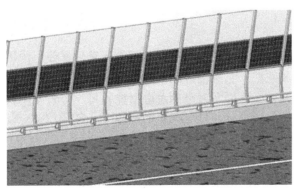

图 9-18　隔音屏与双面双玻组件结合使用示意图

利用太阳电池组件代替隔音屏原来的隔音板，可实现发电效益和隔音的双重效果，而且垂直安装的太阳电池组件表面不易积灰和积雪。

当公路是南北方向（双面双玻组件按东西方向垂直安装）时，太阳电池组件的发电功率在上午和下午均出现一个峰值；而在正午时分，太阳电池组件主要接收空中阳光散射和地面的阳光反射辐照，发电功率不高。全天的发电功率曲线呈现一个类似"驼峰"的波动曲线[17]。即使是按南北方向垂直安装，双面双玻组件背面也能接收大量的空中阳光散射和地面的阳光反射辐照，使其具有较好的发电量增益。

9.3.2 双面双玻组件背面的太阳辐照计算方法

1. 双面双玻组件背面的太阳辐照来源

如图 9-19 所示，双面双玻组件背面的太阳辐照主要来源为地表反射辐照，以及从空中直接入射至组件背面的散射辐照；个别地方受安装地区纬度或组件安装地点太阳方位角的影响，双面双玻组件背面有可能接收空中直射辐照[18]。

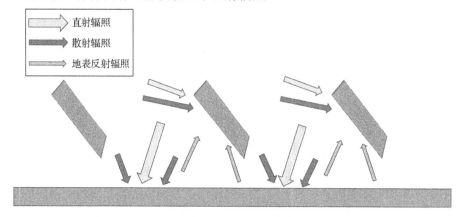

图 9-19　双面双玻组件背面接收的辐照主要来源示意图

2. 视角系数模型

目前，对于双面双玻组件背面反射辐照的理论计算，常使用传热学中的辐射角系数，其简化计算方法有交叉线法、三维辐射角系数法等。

辐射角系数表示从一个表面发射出的总辐射能被另一个表面接收的百分数，是反映相互辐射的不同物体之间几何形状与位置关系的系数[19]。如图 9-20 所示，假设从平面 A_1 表面向外漫反射，平面 A_2 接收到的辐照量为

$$G_{2\text{in}} = G_{1\text{out}} \cdot F_{1\to 2} \qquad (9\text{-}10)$$

式中，$G_{2\text{in}}$——平面 A_2 接收到的辐照量，单位为$(\text{kW·h})/\text{m}^2$；

$G_{1\text{out}}$——平面 A_1 发射出的总辐照量，单位为$(\text{kW·h})/\text{m}^2$；

$F_{1\to2}$——平面 A_2 相对于平面 A_1 的辐射角系数。

辐射角系数 $F_{1\to2}$ 的计算公式为

$$F_{1\to2} = \frac{1}{A_1} \int_{A_1} \int_{A_2} \frac{\cos\theta_1 \cos\theta_2}{\pi r^2} \mathrm{d}A_1 \mathrm{d}A_2 \tag{9-11}$$

式中，r——平面 A_1 与平面 A_2 上任意点的连线；

　　　θ_1——平面 A_1 的法线与连线 r 的夹角；

　　　θ_2——平面 A_2 的法线与连线 r 的夹角。

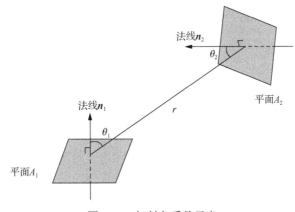

图 9-20　辐射角系数示意

1）地表散射辐照的反射量计算

PVsyst 软件在计算太阳电池方阵排布下地表散射辐照分布情况时，也采用类似的方法。图 9-21 所示为 PVsyst 软件模拟上海地区的太阳电池方阵在不同安装高度（h）下的地表散射辐照比例分布。

在图 9-21 的函数图像中，除安装高度为零的情况外，其余的函数图像在模拟间距内都是地表散射辐照比例先减小后增大，再减小至初始值。安装高度越小，曲线变化越明显。当安装高度达到一定值后，地表的散射辐照比例分布近似为一条直线，即地表散射辐照趋近于均匀分布。

正常安装的太阳电池方阵的地表散射辐照比例最低值对应点，主要受其正上方组件的影响。地表散射辐照比例最低值对应点的横坐标求解示意图如图 9-22 所示。在图 9-22 中，假设线段 AB 是长度为 d、安装倾斜角为 a、安装高度为 h 的组件。x 轴上的点 E 与线段 AB 两端连线的夹角 $\angle AEB$ 越大，则该点的散射辐照比例越小。根据圆周角定理可知，当经过线段 AB 所作的圆与 x 轴相切时，$\angle AEB$ 最大。作 AB 的延长线交 x 轴于点 C，作以 CB 为直径的半圆，作线段 AD 垂直于 CB，与半圆 CBD 交于点 D，在 x 轴上找点 E 使得线段 $CD=CE$，则点 E 就是圆 P 与 x 轴的切点。根据三角形的相似原理，可以算出线段 $CE = \sqrt{CA \cdot CB}$。经计算，点 E 的坐标为 $\left(\frac{h}{\sin a}\sqrt{\frac{h+d\cos a}{h}} - \frac{h}{\tan a}, 0 \right)$。计算时，一般只考虑前后 3 排组件的遮挡情况。

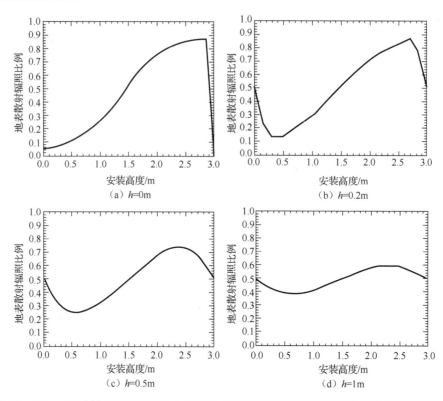

图 9-21　PVsyst 软件模拟上海地区的太阳电池方阵在不同安装高度下的地表散射辐照比例分布

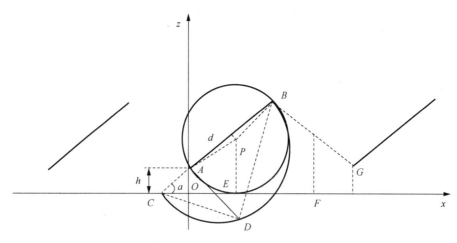

图 9-22　地表散射辐照比例最低值对应点的横坐标求解示意图

　　而散射辐照比例最大值对应点的确定，可选择线段 BG 在 x 轴上投影的中点 F。当组件安装倾斜角为 0°时，散射辐照比例最大值对应点正好是点 F。随着倾斜角的增加，最大值对应点的横坐标向右偏移。为了方便计算，统一取点 F，其坐标为 $\left(\dfrac{D+d\cos a}{2},0\right)$，（其中，$D$ 为组件的安装间距）。同理，可求得最大值对应点的散射辐照比例大小。

综上所述，考虑双面双玻组件背面能接收到的地表直射反射范围（其示意图如图 9-23 所示），散射辐照分布比例函数 $\mu(x_1)$ 可以表达如下：

对于单排组件，

$$\mu(x_1) = \begin{cases} b_1 + k_1 x_1, & \left(-\dfrac{h}{\tan a} \leqslant x_1 \leqslant \dfrac{h}{\sin a}\sqrt{\dfrac{h + d\cos a}{h}} - \dfrac{h}{\tan a} \right) \\ b_2 + k_2 x_1, & \left(\dfrac{h}{\sin a}\sqrt{\dfrac{h + d\cos a}{h}} - \dfrac{h}{\tan a} < x_1 \leqslant 3 \right) \end{cases} \tag{9-12}$$

对于多排组件，

$$\mu(x_1) = \begin{cases} b_1 + k_1 x_1, & \left(-\dfrac{h}{\tan a} \leqslant x_1 < \dfrac{h}{\sin a}\sqrt{\dfrac{h + d\cos a}{h}} - \dfrac{h}{\tan a} \right) \\ b_2 + k_2 x_1, & \left(\dfrac{h}{\sin a}\sqrt{\dfrac{h + d\cos a}{h}} - \dfrac{h}{\tan a} \leqslant x_1 < \dfrac{D + d\cos a}{2} \right) \\ b_3 + k_3 x_1, & \left(\dfrac{D + d\cos a}{2} \leqslant x_1 \leqslant \dfrac{D(h + d\sin a)}{d\sin a} - \dfrac{h}{\tan a} \right) \end{cases} \tag{9-13}$$

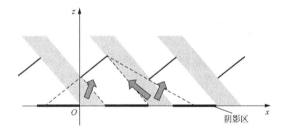

图 9-23　双面双玻组件背面能接收到的地表直射反射范围示意图

图 9-24 为双面双玻组件背面任一点能接收到的地表散射反射范围示意图。对同一块双面双玻组件背面，下半部分能接收到的地表散射反射范围要大于上半部分的。一般在计算整个地表散射反射对于组件背面的辐射角系数时，只计算组件最上方能接收到的地表散射反射范围（图 9-24 中的粗线段）。

若考虑散射辐照在地表上的分布，则散射辐照的地表相对于组件背面的辐射角系数为

$$F_d = \frac{1}{A_1} \int_{A_1} \int_{A_2} \mu(x_1) \frac{\cos a \cdot z_2^2 + \sin a \cdot z_2 \cdot (x_1 - x_2)}{\pi \left[(x_1 - x_2)^2 + (y_1 - y_2)^2 + z_2^2 \right]^2} dA_1 dA_2 \tag{9-14}$$

因此，散射辐照从地表反射至双面双玻组件背面的辐照量为

$$G_{dr} = I_d \rho A_1 F_d \tag{9-15}$$

式中，I_d——水平散射辐照度，单位为 W / m^2；

ρ——地表反射率。

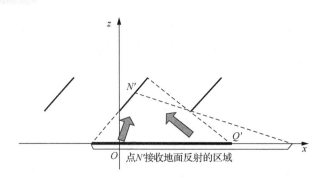

图 9-24　双面双玻组件背面任一点能接收到的地表散射反射范围示意

2）地表直射辐照的反射量计算

不同于散射辐照入射至地表的情况，直射辐照以平行于太阳光线的方向入射至地表。因此，穿过太阳电池方阵时，会在地表上形成阴影。地表直射辐照相对于组件背面的辐射角系数 F_b，可由式（9-11）求出。

根据图 9-22 所示建立直角坐标系，选取正南方向安装的双面双玻组件上的任一点 $N(x_2, y_2, z_2)$，其随直射辐照在地表上的投影坐标为 $N'\left(\dfrac{z_2 \cos \gamma_\mathrm{s}}{\tan \theta_\mathrm{s}} + x_2,\ \dfrac{z_2 \sin \gamma_\mathrm{s}}{\tan \theta_\mathrm{s}} + y_2,\ 0\right)$。其中，$\theta_\mathrm{s}$ 为太阳高度角，γ_s 为太阳方位角，两者均随时间而变。因此，F_b 值也会随时间而变化，需要选择合适的时间节点进行计算。

直射辐照从地表反射至双面双玻组件背面的辐照量为

$$G_\mathrm{br} = I_\mathrm{b} \rho (A_\mathrm{bt} F_\mathrm{bt} - A_\mathrm{bs} F_\mathrm{bs}) \tag{9-16}$$

式中，I_b——水平直射辐照度，单位为 $\mathrm{W/m^2}$；

F_bt——总地表相对于组件背面的辐射角系数，其范围同求 F_d 时的地表范围；

F_bs——地表阴影区相对于组件背面的辐射角系数；

A_bt——F_bt 对应的地表面积，单位为 $\mathrm{m^2}$；

A_bs——F_bs 对应的地表面积，单位为 $\mathrm{m^2}$；

3）双面双玻组件背面接收的空中散射辐照计算

可采用精度较高的 Perez 散射辐照模型来计算直接入射至组件背面的散射辐照度。环日散射是环绕在太阳入射圆锥角周围的散射。对于纬度在北回归线以上向南安装的双面双玻组件，其背面是无法接收到环日散射的。水平散射辐照是位于水平面上方一定范围的辐射带。角度 ξ 是衡量这个辐射带宽度的经验值，取 $\xi = 5°$，则组件背面上任一点接收的空中散射辐照度为

$$G_\mathrm{dc} = \begin{cases} \dfrac{I_\mathrm{d} \phi (1 - F_1)}{180°} + I_\mathrm{d} F_2, & \theta_\mathrm{z} - \alpha \leqslant 5° \\[3mm] \dfrac{I_\mathrm{d} \phi (1 - F_1)}{180°}, & \theta_\mathrm{z} - \alpha > 5° \end{cases} \tag{9-17}$$

式中，ϕ——组件背面上的一点沿组件向上的延长线与后排组件顶端连线的夹角；

　　　　F_1——水平增强系数；

　　　　α——太阳时角，一般取 15°；

　　　　θ_z——太阳天顶角。

4）双面双玻组件背面接收的总辐照度

双面双玻组件背面接收的辐照度可表示为

$$I_r = I_b \rho F_b + I_d \rho F_d + I_{dc} \tag{9-18}$$

图 9-25 所示为组件背面接收的各部分辐照的计算示意图。

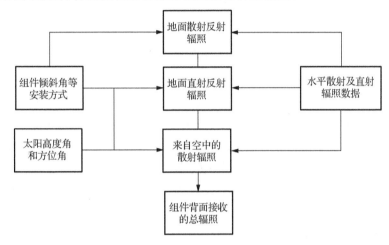

图 9-25　组件背面接收的各部分辐照的计算示意图

在一天中，水平面的辐照数据和太阳位置参数都随时间而变，若每个时刻都要进行详细计算，则计算量大而烦琐。因此，可以选择适当的时间节点，将计算出的组件背面瞬时辐照度乘以时间步长，可求得组件背面在一天中接收的辐照量。

9.3.3　双面双玻组件背面发电量增益的影响因素

双面双玻组件是一种能够实现正、背面发电的太阳电池组件，其背面可以利用安装场地的反射光和周围环境的散射辐照来发电。受组件安装方式和环境的影响，双面双玻组件背面接收到辐照量的主要影响因素有安装场地的地表反射率、组件安装间距、组件安装高度、组件安装倾斜角等[20]。

1. 地表反射率对双面双玻组件背面发电量增益的影响

地表反射率是影响双面双玻组件背面发电量增益的主要因素之一。不同材料的地表反射率差异较大，导致双面双玻组件背面发电量增益有较大偏差。韩金峰等人[18]使用了 4 种不同颜色的背景材料（尺寸都为 5m×7m）进行实验，保证了组件背面能充分接收不同反射率背景的反射，组件安装高度和倾斜角分别为 0.55m 和 35°。不同地表反射率下双面双玻组件背面发电量增益实验结果如表 9-3 所示。实验结果表明，地表反射率对双面双玻组件背面发电量增益有较大影响，地表反射率越高，发电量增益越大。

表 9-3　不同地表反射率下双面双玻组件背面发电量增益实验结果

背景颜色	模拟材料	地表反射率	双面双玻组件背面发电量增益
绿色	草地	25%	9%
灰色	光滑的水泥地面	50%	15%
银白色	明亮的屋顶	78%	25%
白色	雪地	90%	30%

2. 组件安装间距对双面双玻组件背面辐照量的影响

双面双玻组件背面接收的辐照量与组件的安装倾斜角以及其前、后排间距有着密切关系。前、后排组件的存在，阻碍了双面双玻组件背面对来自地面的反射辐照和空中的散射辐照的接收。前、后排组件间距越大，组件背面接收的辐照量越多。在前、后排组件间距不变的情况下，组件的安装倾斜角越大，入射至前、后排组件间地表的辐照量就越大，并且从空中直接入射至组件背面的散射辐照量也越大。在一般情况下，双面双玻组件背面接收的辐照量随组件的安装倾斜角增大而增大。

3. 组件安装高度对双面双玻组件背面辐照量的影响

图 9-26 所示为高度可调的组件支架。在组件正中间下方安装辐射计，以 5min 为一个时间步长，更改组件的高度，采集水平直射和散射辐照及辐射计采集的数据，将瞬时的水平方向的总辐照量数据进行对比，对辐射计所采集的数据进行归一化处理。再利用上述章节介绍的理论模型进行计算，理论值与实测值的对比结果如图 9-27 所示。

图 9-26　高度可调的组件支架

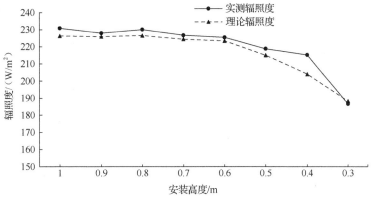

图 9-27　不同安装高度下双面双玻组件背面的辐照度理论值与实测值的对比结果

　　总体上，由相关模型计算出的双面双玻组件背面的辐照度理论值低于实测值。除高度为 0.4m 的点外，通过模型的计算结果与实测值的误差均小于 5%。从图 9-26 中可以看出：理论值与实测值随安装高度的变化趋势基本相同，当安装高度小于 0.6m 时，双面双玻组件背面接收的辐照度随安装高度的变化较大；当安装高度大于 0.6m 时，双面双玻组件背面接收的辐照度趋于平稳。

4. 安装倾斜角对双面双玻组件背面辐照量的影响

　　最佳安装倾斜角受多因素影响，需要在各种系统参数确定的条件下才能给出最佳安装倾斜角。Yusufoglu 等人[21]通过测试发现，在其他安装条件固定的情况下，双面双玻组件的最佳安装倾斜角会比常规组件的倾斜角略大，而且随着地表反射率的增加，双面双玻组件最大发电量所对应的最佳安装倾斜角也变大。

　　以常州地区为例，结合 PVsyst 模拟计算常州地区双面双玻组件的最佳安装倾斜角。图 9-28 所示是地表反射率为 0.3 和双面因子为 0.95 时的双面双玻组件正、背面的年总辐照量。

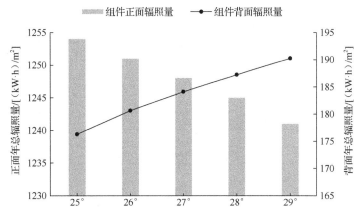

图 9-28　地表反射率为 0.3 和双面因子为 0.95 时的双面双玻组件正、背面的年总辐照量

当安装倾斜角在 25°～29° 范围内变化时，双面双玻组件正面的最佳安装倾斜角为 25°。双面双玻组件正面的年总辐照量随倾斜角的增大而减小，而背面的年总辐照量随倾斜角的增大而增加，且两者的变化量较为接近。因此，组件正、背面的年总辐照量随倾斜角的改变量并不大。同时，地表反射率和组件的双面因子与组件背面地表反射辐照量呈正相关关系。这两个因素可以使组件的最佳安装倾斜角发生改变。当双面因子为 0.95 时，不同地表反射率和安装倾斜角下的双面双玻组件正、背面的年总辐照量如表 9-4 所示。当地表反射率≤0.3 时双面双玻组件的最佳安装倾斜角为 28°，当地表反射率>0.3 时双面双玻组件的最佳安装倾斜角为 27°，均略高于常规组件的最佳安装倾斜角。

双面双玻组件正、背面的发电效率存在差异，一般情况下组件背面的输出功率是小于组件正面的。双面因子（BIFI）是衡量组件背面相对于正面的发电能力，其值是在标准测试条件下组件背面与正面的输出电流的比值。双面因子的改变同样会使双面双玻组件背面辐照量占比发生改变。表 9-5 所列为双面因子为 0.8 时，不同地表反射率和安装倾斜角下的双面双玻组件正、背面的年总辐照量。地表反射率的提高明显使年辐照量收益增加，在安装倾斜角为 26° 时达到最佳值。

表 9-4　双面因子为 0.95 时，不同地表反射率和安装倾斜角下的双面双玻组件正、背面的年总辐照量

地表反射率	不同安装倾斜角下的年总辐照量/［(kW·h)/m²]				
	25°	26°	27°	28°	29°
0.1	1353.14	1353.92	1354.41	1354.77	1354.12
0.2	1391.71	1392.78	1393.26	1393.50	1392.69
0.3	1430.28	1431.64	1432.11	1432.22	1431.26
0.4	1468.86	1470.50	1470.96	1470.94	1469.83
0.5	1507.43	1509.36	1509.81	1509.67	1508.40
0.6	1546.00	1548.22	1548.66	1548.39	1546.97
0.7	1584.57	1587.08	1587.51	1587.11	1585.54
0.8	1623.14	1625.94	1626.37	1625.84	1624.12
0.9	1661.71	1664.80	1665.22	1664.56	1662.69

表 9-5　当双面因子为 0.8 时，不同地表反射率和安装倾斜角下的双面双玻组件正、背面的年总辐照量

地表反射率	不同安装倾斜角下的年总辐照量/［(kW·h)/m²]				
	25°	26°	27°	28°	29°
0.1	1333.31	1333.34	1333.13	1332.82	1331.49
0.2	1364.17	1364.43	1364.21	1363.80	1362.35
0.3	1395.03	1395.51	1395.29	1394.78	1393.21
0.4	1425.88	1426.60	1426.37	1425.75	1424.06
0.5	1456.74	1457.69	1457.45	1456.73	1454.92
0.6	1487.60	1488.78	1488.53	1487.71	1485.78
0.7	1518.46	1519.86	1519.61	1518.69	1516.64
0.8	1549.31	1550.95	1550.69	1549.67	1547.49
0.9	1580.17	1582.04	1581.77	1580.65	1578.35

9.3.4 水面双面双玻组件应用案例分析

表 9-6 所示为典型地表反射率。雪面和水面的反射率是比较特殊的，前者与积雪的厚度、密度和干净程度有关，后者除水质外还与太阳高度角有关。而且，从表 9-6 中可以看出，当太阳高度角大于 30° 时，春、夏、秋季水面的反射率不通常不超过 9%，这对双面双玻组件是不利的。

表 9-6 典型地表反射率

地表	沙漠	裸地	草地	雪面（紧、洁）	雪面（湿、脏）	水面（太阳高度角>25°）	水面（太阳高度角<25°）
反射率/%	25.46	9.25	15.25	75.95	25.75	<9	9.70

在一天中水面反射率呈先减小后增大的变化趋势，也随着季节而发生变化。孙志方等人在鲁西北地区测算了不同月份、不同太阳高度角条件下的水面太阳总辐照量月平均反射率（如表 9-7 所示），这对不同纬度地区仍有一定的参考价值[23]。

表 9-7 水面太阳总辐照量月平均反射率

太阳高度角/（°）		9	20	30	40	50	60	70	80
月平均反射率	1 月	—	0.25	0.20	0.16	0.11	—	—	—
	2 月	—	0.23	0.16	0.12	0.1	0.08	—	—
	3 月	0.38	0.16	0.11	0.09	0.08	0.07	0.06	—
	4 月	0.26	0.11	0.08	0.07	0.07	0.06	0.06	0.06
	5 月	0.22	0.9	0.08	0.07	0.06	0.06	0.06	0.06
	6 月	0.02	0.09	0.07	0.06	0.06	0.06	0.06	0.06
	7 月	0.22	0.11	0.08	0.07	0.06	0.06	0.06	0.06
	8 月	0.24	0.11	0.09	0.07	0.06	0.06	0.06	—
	9 月	0.31	0.13	0.9	0.08	0.07	0.06	0.06	0.06
	9 月	0.36	0.15	0.14	0.11	0.08	0.07	0.06	—
	11 月	0.48	0.20	0.16	0.12	0.08	0.07	—	—
	12 月	—	0.24	0.18	0.15	0.9	0.08	—	—

在相同太阳高度角的情况下，夏天的水面反射率是小于冬天的水面反射率的。这是因为太阳短波辐照反射率与水体理化特性关系密切，池塘水体除具有一般水体反射率的特性外，还与池塘中浮游植物的生产量存在良好的负相关。

根据表 9-7 所示的数据，可以通过计算不同太阳高度角与平均水面反射率，进而拟合出水面反射率随太阳高度角变化的曲线，如图 9-29 所示。图中，相关指数 R^2 大于 0.99，水面反射率变化函数的可靠性较高。把拟合出的公式再乘以水体透明度等随季节变化的修正参数，就可以计算出水面反射率。

图 9-30 所示为常州市某渔光互补太阳电池方阵排布，组件架设在距池塘水面约 1.5m 处。其中，颜色较深的前 3 个小方阵为 N 型双面双玻组件方阵，其最大功率为 290Wp，采

用横向安装方式；其余的均为常规多晶硅双面双玻组件，其最大功率为255W$_p$，均采用竖直安装方式。所有太阳电池方阵固定安装，两种组件的尺寸基本相同，安装倾斜角均为26°，两个太阳电池方阵之间的距离为6m。

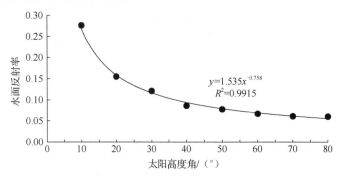

图9-29 水面反射率随太阳高度角变化的曲线

图9-30 常州市某渔光互补太阳电池方阵排布

根据从2017年1月20日开始在逆变器端收集的整个水面光伏系统在2017年的发电量数据，通过与常规单面组件的对比，研究双面双玻组件方阵的增益。图9-31所示为常规单面组件与双面双玻组件每月的发电量增益对比。可以看出：双面双玻组件每月的发电量均高于常规单面组件的每月发电量，发电量增益最大的月份是12月（增益达到11%左右）；全年发电量增益曲线呈现两边高、中间低的特点，全年发电量增益为7%左右。

常州市年太阳总辐照量约为4500 MJ/m^2。常州市7月份的太阳总辐照量最大，其次是8月份和5月份。6月份正午太阳高度角虽最大，但6月期间天空遮蔽度比5月份、7月份、8月份大，总辐照量比5月份、7月份、8月份要小，因此6月份组件的发电量也相对较低。根据2017年常州市天气预报，8月份、9月份、10月份的天气大多是多云和阴雨天。在这些月份内组件的发电量较低，甚至低于 11 月份和 12 月份的发电量。

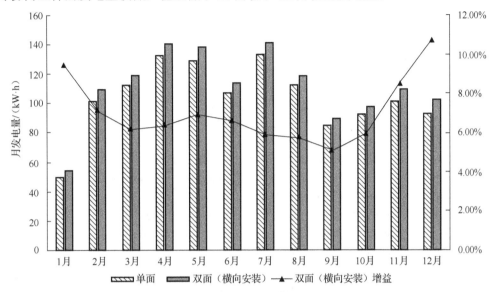

图 9-31 常规单面组件与双面双玻组件每月的发电量增益对比

参 考 文 献

第 1 章

[1] 何道清, 何涛, 丁宏林. 太阳能光伏发电系统原理与应用技术[M]. 北京：化学工业出版社, 2012.

[2] 刘春明. 我国空间用光伏电池发展现状[C]. 中国太阳能光伏会议. 2006.

[3] 伍光和. 自然地理学[M]. 北京：高等教育出版社, 2009.

[4] 王金奎. 日总辐射及逐时辐射模型的适用性分析[D]. 西安建筑科技大学, 2006.

[5] 陈维. 户用光伏建筑一体化发电系统及太阳能半导体照明技术研究[D]. 中国科学技术大学, 2006.

[6] 姜世中. 气象学与气候学[M]. 北京：科学出版社, 2011.

[7] 李安定, 吕全亚. 太阳能光伏发电系统工程[M]. 北京：化学工业出版社, 2012.

[8] 王峥, 任毅. 我国太阳能资源的利用现状与产业发展[J]. 资源与产业, 2010, 12(2): 89-92.

[9] 文小航. 中国大陆太阳辐射及其与气象要素关系的研究[D]. 兰州大学, 2008.

[10] 曹雯. 近 40 年来中国地面太阳总辐射状况及日总辐射模型的研究[D]. 南京信息工程大学, 2008.

[11] 刘瑞兰. 对太阳能光伏发电系统的研究分析[J]. 硅谷, 2013(4): 46-47.

[12] 赵杰. 光伏发电并网系统的相关技术研究[D]. 天津大学, 2012.

[13] 蒋焱. 我国光伏发电产业发展的问题与对策研究[D]. 华北电力大学, 2012.

[14] 王得发. 基于分布式光伏发电的调度并网研究[D]. 青岛科技大学, 2016.

[15] 杨洋. 微网能量管理机制与控制体系的完善[D]. 上海交通大学, 2011.

[16] 苏建欢, 蓝良生, 郑述星. 农村光伏微网研究及设计[J]. 科技资讯, 2018(4).

[17] 万庆祝, 王鑫. 户用光伏微网优化运行的研究新进展[J]. 电气工程学报, 2016, 11(11): 33-39.

[18] 茆美琴, 金鹏, 张榴晨, 等. 工业用光伏微网运行策略优化与经济性分析[J]. 电工技术学报, 2014, 29(2): 35-45.

[19] 崔琳, 吴姗姗, 栾富刚, 等. 可再生能源利用对海岛可持续发展的贡献与问题思考[J]. 海洋开发与管理, 2016, 33(z2): 34-41.

[20] 李国全. 21 世纪我国太阳能发电的趋势[J]. 农村电工, 2005, 13(4): 44.

[21] 中商产业研究院. 中国光伏行业发展前景研究报告[J]. 电器工业, 2018, 215(10):54-59.

[22] 张军彦. 分布式光伏项目可行性评估研究[J]. 轻工科技, 2018(6): 67-68.

[23] 赛迪智库光伏产业形势分析课题组. 2018 年中国光伏产业发展形势展望[J]. 电器工业, 2018(2).

[24] 张东. 光伏产业发展趋势及现状分析[J]. 轻工科技, 2018(3).

[25] 吴慧芬, 严明明, 陆淑娴, 等. 光伏产业技术瓶颈问题研究综述[J]. 现代工业经济和信息化, 2016, 6(7): 3-4.

第 2 章

[1] 杨金焕. 太阳能光伏发电应用技术(第 2 版)[M]. 北京: 电子工业出版社, 2014.

[2] Tsai H L, Tu C S, Su Y J. Development of Generalized Photovoltaic Model Using MATLAB/SIMULINK[J]. Lecture Notes in Engineering & Computer Science, 2008, 2173(1).

[3] 徐林, 崔容强, 庞乾骏, 等. 对太阳电池 I-V 曲线进行拟合的数论方法[J]. 太阳能学报, 2000, 21(2): 160-164.

[4] Bana S, Saini R P. A mathematical modeling framework to evaluate the performance of single diode and double diode based SPV systems[J]. Energy Reports, 2016, 2: 171-187.

[5] 杨桂红. 太阳能电池双二极管模型显式表达方法研究[D]. 渤海大学, 2015.

[6] Bonkoungou D. Modelling and simulation of photvolotaic module considering single-diode equivalent circuit model in MATLAB[J]. International Journal of Emerging Technology and Advanced Engineering, 2013,3(3): 493-502.

[7] 刘志. 太阳能电池输出特性及环境监测[D]. 湖南大学, 2013.

[8] 冯志诚. 太阳能光伏发电性能影响因素的研究[D]. 内蒙古工业大学, 2013.

[9] 马久明. 基于吸湿材料的太阳电池组件蒸发冷却实验研究[D]. 广东工业大学, 2015.

[10] 王兆安, 刘进军. 电力电子技术(第5版)[M]. 北京: 机械工业出版社, 2009.

[11] 张兴, 曹仁贤太阳能光伏并网发电及逆变控制[M]. 北京: 机械工业出版社, 2011: 68-71.

[12] 杨雄鹏, 周晓东, 陈长安, 等. 基于Flotherm分析的光伏逆变器的散热设计[J]. 电力电子技术, 2013, 47(3): 54-56.

[13] Messo T, Jokipii J, Puukko J, et al. Determining the Value of DC-Link Capacitance to Ensure Stable Operation of a Three-Phase Photovoltaic Inverter[J]. IEEE Transactions on Power Electronics, 2013, 29(2): 665-673. .

[14] Zhou D, Wang H, Blaabjerg F, et al. Degradation effect on reliability evaluation of aluminum electrolytic capacitor in backup power converter[C]. International Future Energy Electronics Conference and Ecce Asia. IEEE, 2017: 202-207.

[15] Fuchs F W. Some diagnosis methods for voltage source inverters in variable speed drives with induction machines - a survey[C]. Industrial Electronics Society, 2003. IECON '03. the, Conference of the IEEE. IEEE, 2003: 1378-1385 Vol. 2.

[16] Lahyani A, Venet P, Grellet G, et al. Failure prediction of electrolytic capacitors during operation of a switchmode power supply[J]. IEEE Transactions on Power Electronics, 1998, 13(6): 1199-1207.

[17] 舒志兵, 刘俊泉, 林锦国, 等. PWM逆变中IGBT的驱动与保护[C]. 中国自动化学会电气自动化专业委员会, 中国电工技术学会电控系统与装置专业委员会学术年会, 2002.

[18] 李伟, 李晓祎, 张佳杰. 光伏逆变器可靠性现状分析[J]. 无线互联科技, 2016(4): 90-94.

[19] 郑琼林. 电力电子电路精选[M]. 北京: 电子工业出版社, 1996.

[20] Wang X, Castellazzi A, Zanchetta P. Regulated cooling for reduced thermal cycling of power devices[C]// Power Electronics and Motion Control Conference. IEEE, 2012: 238-244.

[21] 刘继茂. 三相光伏并网逆变器可靠性研究[D]. 哈尔滨: 哈尔滨工业大学, 2012.

[22] 工信部. 光伏制造行业规范条件(2018年).

[23] 沈文忠. 太阳能光伏技术与应用[M]. 上海: 上海交通大学出版社, 2013.

[24] 陈锦梅, 梁萍, 杨伟伟, 等. 光伏发电系统用电缆综述[J]. 电世界, 2017, 58(2): 1-3.

[25] Zhang O, Yu S, Liu P. Development mode for renewable energy power in China: Electricity pool and distributed generation units[J]. Renewable & Sustainable Energy Reviews, 2015, 44: 657-668.

[26] Wang M H, Tan S C, Lee C K, et al. A Configuration of Storage System for DC Microgrids[J]. IEEE Transactions on Power Electronics, 2017:1-1.

[27] 张坤, 彭勃. 郭姣姣, 等. 化学储能技术在大规模储能领域中的应用现状与前景分析[J]. 电力电容器与无功补偿, 2016, 37(2).

[28] 孙文, 王培红. 钠硫电池的应用现状与发展[J]. 上海节能, 2015(2): 85-89.

[29] 赵钢, 孙豪赛, 罗淑贞. 基于BP神经网络的动力电池SOC估算[J]. 电源技术, 2016, 40(4): 818-819.

[30] 杨孝敬, 钟宁. 基于神经网络的动力电池SOC研究[J]. 电源技术, 2016, 40(12): 2415-2416.

[31] 林程, 张潇华, 熊瑞. 基于模糊卡尔曼滤波算法的动力电池SOC估计[J]. 电源技术, 2016, 40(9): 1836-1839.

[32] 汤露曦. 电动汽车动力电池SOH在线实时估计算法研究[D]. 广东工业大学, 2015.

[33] 高栋, 黄妙华. 基于IGA-MRVR的锂离子电池剩余使用寿命预测[J]. 自动化与仪表, 2017, 32(7): 10-15.

[34] 王鑫, 郭佳欢, 谢清华, 等. 超级电容器在微网中的应用[J]. 电网与清洁能源, 2009, 25(6): 18-22.

[35] 林铭山. 抽水蓄能发展与技术应用综述[J]. 水电与抽水蓄能, 2018, 4(1):1-4.

[36] 耿晓超, 朱全友, 郭昊, 等. 储能技术在电力系统中的应用[J]. 电子技术与软件工程, 2016, 4(5): 54-59.

第 3 章

[1] Yao W, Li Z, Zhao Q, et al. A new anisotropic diffuse radiation model[J]. Energy Conversion & Management, 2015, 95: 304-313.

[2] 郭强. 光伏系统损耗分析及效率优化[J]. 城市建设理论研究(电子版), 2016(9).

[3] 任元会. 工业与民用配电设计手册[M]. 北京: 中国电力出版社, 2005.

[4] 郎朗. 浅析独立光伏系统的设计优化[J]. 时代经贸, 2013(8): 180-180.

[5] 巩志强. 离网式光伏发电系统设计优化研究[D]. 西安工业大学, 2014.

[6] 赵书安. 太阳能光伏发电及应用技术[M]. 南京: 东南大学出版社, 2011.

[7] 司良群, 吴刚, 王锐, 等. 光伏发电系统太阳能电池方阵及蓄电池容量设计[C]. 2010 年电工理论与新技术学术年会, 2010.

[8] 刘世超, 付力. 移动通信基站太阳电池容量的计算方法[J]. 信息通信, 2013(3): 168-169.

[9] 王晨华, 潘忠涛, 王暖. 光伏组件的串联数量及环境温度影响分析[J]. 科技创新与应用, 2016(25): 202-202.

[10] 赵富鑫. 太阳电池及其应用[J]. 太阳能, 1985(1): 22-31.

[11] 李丽, 高海涛. 浅谈 UPS 蓄电池的选择与维护[J]. 科学技术创新, 2012(25): 44-44.

[12] 李永胜, 陈雪. 浅谈光伏发电及产业格局[J]. 中国科技博览, 2011(29): 244-244.

[13] 杨爱军. 太阳能逆变器的选用及检测常见问题分析[J]. 计量与测试技术, 2014(11): 6-7.

[14] 曹海英. 光伏逆变器选型的探讨[J]. 建筑工程技术与设计, 2015(11).

[15] 尹静. 光伏并网逆变器的研究及可靠性分析[D]. 山东大学, 2009.

[16] 王远, 吴麟章, 廖家平, 等. 光伏微网发电系统[J]. 通信电源技术, 2011, 28(6): 77-79.

[17] 王成山, 杨占刚, 武震. 一个实际小型光伏微网系统的设计与实现[J]. 电力自动化设备, 2011(6): 6-10.

第 4 章

[1] IEC standard 61724. Photovoltaic system performance monitoring—guidelines for measurement, data exchange and analysis[S].

[2] Pooltananan N, Sripadungtham P, Limmanee A, et al. Effect of spectral irradiance distribution on the outdoor performance of photovoltaic modules[C]// International Conference on Electrical Engineering/Electronics Computer Telecommunications and Information Technology. IEEE, 2010: 71-73.

[3] 孙丽兵, 李肖艳, 张丽莹. 光伏电站 PR 效率研究[J]. 上海电力, 2015(1): 9-11.

[4] Khalid A M, Mitra I, Warmuth W, et al. Performance ratio – Crucial parameter for grid connected PV plants[J]. Renewable & Sustainable Energy Reviews, 2016, 65: 1139-1158.

[5] Achim Woyte, Mauricio Richter, David Moser, et al. MONITORING OF PHOTOVOLTAIC SYSTEMS: GOOD PRACTICES AND SYSTEMATIC ANALYSIS[J]. medical physics, 2013, 37(6):3899-3899.

[6] Khalid A M, Mitra I, Warmuth W, et al. Performance ratio – Crucial parameter for grid connected PV plants[J]. Renewable & Sustainable Energy Reviews, 2016, 65: 1139-1158.

[7] H.S. Huang, J.C. Jao, K.L. Yen, et al. Performance and availability analyses of PV generation systems in Taiwan[J]. Int J Electr Comput Electron Commun Eng, 2011,5: 6.

[8] Leloux J, Narvarte L, Trebosc D. Review of the performance of residential PV systems in Belgium. Renew Sustain Energy Rev, 2012, 16: 178-84.

[9] Leloux J, Narvarte L, Trebosc D. Review of the performance of residential PV systems in Belgium. Renew Sustain Energy Rev,

2012, 16: 1369-76.

[10] Marion B, Adelstein J, Boyle K, et al. Performance parameters for grid-connected PV systems[C]. IEEE, 2005: 1601-1606.

[11] Steve Ransome, Juergen Sutterlueti, Roman Kravets. How kWh/kWp modelling and measurement comparisons depend on uncertainty and variability[C]. Photovoltaic Specialists Conference. IEEE, 2011.

[12] Copper J, Bruce A, Spooner T, et al. Australian Technical Guidelines for Monitoring and Analysing Photovoltaic Systems. Version 1. 0, The Australian Photovoltaic Institute (APVI), 2013.

[13] IEC61215. Crystalline Silicon Terrestrial Photovoltaic (PV) Modules-Design Qualification and Type Approval (IEC 61215: 2005, IDT). Malaysia, Deparment Of Standards. 2006.

[14] King D L, Kratochvil J A, Boyson W E. Photovoltaic Array Performance Model[J]. 2004.

[15] Dierauf, T, Growitz, A, Kurtz, S. et al. weather-corrected performance ratio[R]. NREL/TP-5200-57991, 2013.

[16] Ishii T, Otani K, Takashima T, et al. Solar spectral influence on the performance of photovoltaic (PV) modules under fine weather and cloudy weather conditions[J]. Progress in Photovoltaics Research & Applications, 2013, 21(4): 481-489.

[17] Pooltananan N, Sripadungtham P, Limmanee A, et al. Effect of spectral irradiance distribution on the outdoor performance of photovoltaic modules[A]. International Conference on Electrical Engineering/electronics Computer Telecommunications and Information Technology[C]. Chiang Mai, 2010.

[18] 陈荣荣, 孙韵林, 陈思铭, 等. 多晶硅与非晶硅光伏组件发电性能对比分析[J]. 太阳能学报. 2016, 37(12): 3009-3013.

[19] Hussin M Z, Omar A M, Zain Z M, et al. Performance of Grid-Connected Photovoltaic System in Equatorial Rainforest Fully Humid Climate of Malaysia[J]. international journal of applied power engineering, 2013, 2(3).

[20] Gueymard, C. A. SMARTS2, a simple model of the atmospheric radiative transfer of sunshine: algorithms and performance assessment[M]. Florida Solar Energy Center, Florida (1995).

[21] Mano H, Rahman M M, Kamei A, et al. Impact estimation of average photon energy from two spectrum bands on short circuit current of photovoltaic modules[J]. Solar Energy, 2017, 155: 1300-1305.

第5章

[1] 鲍官军, 张林威, 蔡世波, 等. 光伏面板积灰及除尘清洁技术研究综述[J]. 机电工程, 2013, 30(8): 909-913.

[2] 孙玲, 王小磊, 谢卫东, 等. 大气灰尘对光伏发电的影响及清洗消除的探讨[J]. 清洗世界, 2017, 33(7): 35-40.

[3] 邢尚林. 并网型光伏电站发电功率预测与优化运营系统设计及应用[D]. 华北电力大学, 2016.

[4] 王锋, 张永强, 才深. 西安城区灰尘对分布式光伏电站输出功率的影响分析[J]. 太阳能, 2013(13): 38-40.

[5] 白恺, 李智, 宗瑾, 等. 积灰对光伏组件发电性能影响的研究[J]. 电网与清洁能源, 2014, 30(1): 102-108.

[6] 徐巧年, 魏进文. 西北地区灰尘对光伏组件发电效率的影响及除尘方法的探索[J]. 产业与科技论坛, 2016, 15(23): 69-70.

[7] Hacke P, Button P, Hendrickson A, et al. Effects of PV Module Soiling on Glass Surface Resistance and Potential-Induced Degradation[R]. 2015, NREL/PO-5J00-65303.

[8] 焦锦绣. 灰尘对光伏发电的影响及其清洗方式分析[J]. 经营管理者, 2017(12).

[9] Guan Y, Zhang H, Xiao B, et al. In-situ, investigation of the effect of dust deposition on the performance of polycrystalline silicon photovoltaic modules[J]. Renewable Energy, 2017, 101: 1273-1284.

[10] 官燕玲, 张豪, 闫旭洲, 等. 灰尘覆盖对光伏组件性能影响的原位实验研究[J]. 太阳能学报, 2016, 37(8): 1944-1950.

[11] 张宇, 白建波, 曹阳. 积灰对屋顶光伏电站性能的影响[J]. 可再生能源, 2013, 31(11): 9-12.

[12] 汪天尖. 蒸发冷却填料的除尘性能研究[D]. 广州大学, 2015.

[13] 董晶. 物联网数据共享交换技术与标准研究[J]. 信息技术与标准化, 2016(5).

[14] Xu R, Ni K, Hu Y, et al. Analysis of the optimum tilt angle for a soiled PV panel[J]. Energy Conversion & Management, 2017,

148(sep.):100-109.

[15] 居发礼. 积灰对光伏发电工程的影响研究[D]. 重庆大学, 2010.

[16] Guo B, Javed W, Figgis B W, et al. Effect of dust and weather conditions on photovoltaic performance in Doha, Qatar[C]// Smart Grid and Renewable Energy. IEEE, 2015: 1-6.

[17] 李栋梁, 王春学. 积雪分布及其对中国气候影响的研究进展[J]. 大气科学学报, 2011, 34(5): 627-636.

[18] Makkonen L. Estimating Intensity of Atmospheric Ice Accretion on Stationary Structures. [J]. Journal of Applied Meteorology, 2010, 20(5): 595-600.

[19] Makkonen L. Estimation of wet snow accretion on structures[J]. Cold Regions Science & Technology, 1989, 17(1): 83-88.

[20] Kobayashi D. Snow accumulation on a narrow board[J]. Cold Regions Science & Technology, 1987, 13(3): 239-245.

[21] Kuroiwa D, Mizuno Y, Takeuchi M. Micromeritical Properties of Snow[J]. Physics of Snow & Ice Proceedings, 1967, 1(2): 751-772.

[22] Barnes P, Tabor D, Walker J C F. The Friction and Creep of Polycrystalline Ice[J]. Proc. royal Soc. london A, 1971, 324(1557): 127-155.

[23] Malcolm M. Engineering Properties of Snow[J]. Journal of Glaciology, 1977, 19(81): 15-66.

[24] 谢应钦, 张金生. 雪层内太阳的穿透辐射[J]. 冰川冻土, 1988, 10(2): 135-142.

[25] 周晅毅, 张运清, 顾明. 建筑屋面滑移雪荷载的模拟方法研究[J]. 工程力学, 2014, 31(6): 190-196.

[26] Townsend T, Powers L. Photovoltaics and snow: An update from two Tarboton D G, Luce C H, Service U F. Utah Energy Balance Snow Accumulation and Melt Model (UEB)[J]. 1996. https://www.researchgate.net/publication/313647216_Utah_energy_balance_snow_accumulation_and_melt_model_UEB_computer_model_technical_description_and_users_guide.winters of measurements in the SIERRA[C]// Photovoltaic Specialists Conference. IEEE, 2011: 003231-003236.

[27] Townsend T, Powers L. Photovoltaics and snow: An update from two winters of measurements in the SIERRA[C]// Photovoltaic Specialists Conference. IEEE, 2011: 003231-003236.

[28] 高扬. 光伏组件清洁方法浅谈[J]. 太阳能, 2013(9): 63-64.

第 6 章

[1] 史文秋, 王昊轶. 关于光伏组件热特性模型的调查分析[C]. 中国光伏大会暨 2014 中国国际光伏展览会, 2014.

[2] 刘升, 张宇, 白建波. 光伏阵列运行过程中温度及功率特性研究[J]. 计算机仿真, 2014, 31(9): 156-160.

[3] 肖泽成. 太阳电池组件的水冷冷却流动传热特性及方法研究[D]. 广东工业大学, 2012.

[4] 陈剑波, 于海照, 姚晶珊. 表面水降温太阳能光伏组件的应用特性研究[J]. 太阳能学报, 2016, 37(7): 1768-1773.

[5] Jones A D, Underwood C. A thermal model for photovoltaic systems[J]. Solar Energy, 2001, 70(4): 349-359.

[6] García M C A, Balenzategui J L. Estimation of photovoltaic module yearly temperature and performance based on nominal operation cell temperature calculations[J]. Renewable Energy, 2004, 29(12): 1997-2010.

[7] 梁振南. 太阳能-空气能双源一体式高效集热器及太阳电池热性能研究[D]. 广东工业大学, 2009.

[8] 任建波, 李忠伟, 王一平, 等. 屋顶光伏与建筑负荷之间的相互影响[J]. 太阳能学报, 2008, 29(7): 849-855.

[9] 马久明. 基于吸湿材料的太阳电池组件蒸发冷却实验研究[D]. 广东工业大学, 2015.

[10] 贾力. 太阳能光伏组件热斑效应的检测与控制措施研究[J]. 山东工业技术, 2017(4): 73-75.

[11] 伊纪禄, 刘文祥, 马洪斌, 等. 太阳电池热斑现象和成因的分析[J]. 电源技术, 2012, 36(6): 816-818.

[12] 赖宇宁, 宋记锋, 李建昌, 等. 利用 PVT 组件降低热斑效应危害的研究[J]. 科技资讯, 2015, 13(20): 64-65.

[13] Alonso-García M C, Ruiz J M, Chenlo F. Experimental study of mismatch and shading effects in the characteristic of a photovoltaic module[J]. Solar Energy Materials & Solar Cells, 2006, 90(3): 329-340.

[14] 时素铭. 光伏组件输出特性测试仪[D]. 北京交通大学, 2016.

第 7 章

[1] Branker K, Pathak M J M, Pearce J M. A review of solar photovoltaic levelized cost of electricity[J]. Renewable & Sustainable Energy Reviews, 2011, 15(9): 4470-4482.

[2] Doty G N, Mccree D L, Doty J M, et al. Deployment Prospects for Proposed Sustainable Energy Alternatives in 2020[C]// ASME 2010, International Conference on Energy Sustainability, 2010: 171-182.

[3] Sauer D U. Handbook of Photovoltaic Science and Engineering[M]. 2005. http://xueshu.baidu.com/usercenter/paper/show?paperid=c088ed8bae2220ec93e72c 7574a5a24d&site=xueshu_se&sc_from=hhu.

[4] 陈荣荣, 孙韵琳, 陈思铭, 等. 并网光伏发电项目的 LCOE 分析[J]. 可再生能源, 2015, 33(5): 731-735.

[5] Doubleday K, Deline C, Olalla C, et al. Performance of differential power-processing submodule DC-DC converters in recovering inter-row shading losses[C]// Photovoltaic Specialist Conference. IEEE, 2015: 1-5.

[6] Campbell M, Blunden J, Smeloff E, et al. Minimizing utility-scale PV power plant LCOE through the use of high capacity factor configurations[C]// Photovoltaic Specialists Conference. IEEE, 2009: 000421-000426.

[7] 刘鹏. 兆瓦级地面大型光伏电站多目标优化设计及技术经济评估研究[D]. 沈阳工程学院, 2017.

[8] Cannaday R E, Colwell P F, Paley H. Relevant and Irrelevant Internal Rates of Return[J]. The Engineering Economist, 1986, 32(1):17-38.

[9] 孙凯, 全鹏, 唐悦巍, 等. LCOE 建模及关键影响因子分析[J]. 太阳能, 2017(10): 21-23.

[10] 孙建梅, 陈璐. 基于 LCOE 的分布式光伏发电并网效益分析[J]. 中国电力, 2018, 51(3): 88-93.

[11] 邵松, 曹海英. 光伏发电站容配比问题的探讨[J]. 科技创新与应用, 2017(23): 29-29.

[12] 梅文广. 光伏发电系统最优容配比分析[J]. 建筑电气, 2017, 36(10): 58-62.

[13] 董瑞钧. 太阳能光伏电站逆变器特性分析及应用[D]. 华北电力大学, 2015.

[14] 申彦波, 王香云, 王婷, 等. 中国典型地区水平总辐射辐照度频次特征[J]. 风能, 2016(8): 70-76.

[15] 文小航, 王式功, 杨德保, 等. 近 40 年来中国太阳辐射区域特征的初步研究[C]. 中国气象学会年会. 2007.

[16] 张运洲, 黄碧斌. 中国新能源发展成本分析和政策建议[J]. 中国电力, 2018, 51(1): 10-15.

[17] 梁燕红, 朱永强, 王欣. 基于平准化电力成本分析的微网电源优化配置[J]. 南方电网技术, 2016, 10(2): 56-61.

[18] 田里, 王永庆, 刘井泉, 等. 平准化贴现成本方法在核动力堆项目经济评价中的应用[J]. 核动力工程, 2000, 21(2): 188-192.

[19] 黄燾, 马溪原, 雷金勇, 等. 考虑分时电价和需求响应的家庭型用户侧微网优化运行[J]. 南方电网技术, 2015, 9(4): 47-53.

[20] 丁明, 王波, 赵波, 等. 独立风光柴储微网系统容量优化配置[J]. 电网技术, 2013, 37(3): 575-581.

[21] 张帆. 基于商业智能的光伏发电定价模型的设计验证及预测[D]. 湖南大学, 2012.

第 8 章

[1] Shvili L, Byrne J, et al. The value of module efficiency in lowering the levelized cost of energy of photovoltaic systems[J]. Renewable and Sustainable Energy Reviews, 2011, 15(9): 4248-4254.

[2] 俊帆, 赵生盛, 高天, 徐玉增, 张力, 丁毅, 张晓丹, 赵颖, 侯国付. 高效单晶硅太阳电池的最新进展及发展趋势[J]. 材料导报, 2019, 33(01): 110-116.

[3] 刘良玉, 张威, 禹庆荣. 晶体硅太阳电池技术及进展研究浅析[J]. 中国设备工程, 2017(18): 175-176.

[4] 杜文龙, 刘永生, 司晓东, 雷伟, 徐娟, 郭保智, 林佳, 彭麟. 晶体硅电池表面钝化的研究进展[J]. 材料科学与工程学报, 2015, 33(04): 613-618.

[5] 常欣. 高效晶体硅太阳电池技术及其应用进展[J]. 太阳能, 2016(08): 33-36.

[6] 宋登元, 郑小强. 高效率晶体硅太阳电池研究及产业化进展[J]. 半导体技术, 2013, 38(11): 801-806+811.

[7] 申织华, 张新生, 江新峰, 等. 光伏组件 PID 效应问题研究[J]. 电源技术, 2016, 40(6): 1327-1329.

[8] Shvili L, Byrne J, et al. The value of module efficiency in lowering the levelized cost of energy of photovoltaic systems[J]. Renewable and Sustainable Energy Reviews, 2011, 15(9): 4248-4254

[9] Joshi H, Dave R, Venugopalan V P. Competition Triggers Plasmid-Mediated Enhancement of Substrate Utilisation in Pseudomonas putida[J]. Plos One, 2009, 4(6): 60-65.

[10] 肖华锋. 光伏发电高效利用的关键技术研究[D]. 南京航空航天大学, 2010.

[11] 韩金峰, 赵维维, 郭政阳, 等. 影响双玻双面发电组件背面发电的因素[J]. 科技与企业, 2015(22): 238-238.

[12] 姜猛, 张臻, 丁宽, 等. 建筑一体化太阳能电池组件实际发电性能分析研究[C]. 中国光伏大会暨展览会. 2010.

[13] 杨康, 李景天, 刘祖明, 等. 10MW 地面光伏电站热斑检测分析[C]. 中国光伏大会暨 2014 中国国际光伏展览会. 2014.

[14] 邓士锋, 琚晨辉, 闫新春, 等. 高效组件热斑风险研究[C]. 中国光伏大会暨 2017 中国国际光伏展览会. 2017.

[15] 葛华云. 基于光伏组件的电位诱发功率衰减的研究[D]. 吉林大学, 2013.

[16] Naumann V, Hagendorf C, Grosser S, et al. Micro structural root cause analysis of potential induced degradation in C·Si solar cells[J]. Energy Procedia, 2012, 27: 1-6.

[17] 杨俊峰, 谷航, 唐彬伟, 等. 光伏组件蜗牛纹现象成分研究和应对策略的现状[J]. 材料导报: 纳米与新材料专辑, 2017(S1): 169-173.

[18] Ogbomo O, Amalu E H, Ekere N N, et al. A review of photovoltaic module technologies for increased performance in tropical climate[J]. Renewable and Sustainable Energy Reviews, 2017, 75: 1225-1238.

[19] 刘桂雄, 何建林, 余荣斌. 光伏组件可靠性评估的研究现状与思考[J]. 现代制造工程, 2014(12): 123-126.

[20] Martins D C, Demonti R. Grid connected PV system using two energy processing stages[C]. Photovoltaic Specialists Conference, 2002. Conference Record of the Twenty-Ninth IEEE. IEEE, 2002: 1649-1652.

[21] Solórzano J, Egido M A. Automatic fault diagnosis in PV systems with distributed MPPT[J]. Energy Conversion & Management, 2013, 76(12): 925-934.

[22] 时素铭. 光伏组件输出特性测试仪[D]. 北京交通大学, 2016.

[23] Solheim H J, Fjær H G, Sørheim E A, et al. Measurement and Simulation of Hot Spots in Solar Cells [J]. Energy Procedia, 2013, 38: 183-189.

[24] Dullwebert, Kranz C, Peibst R, et al. PERC+: industrial PERC solar cells with rear Al grid enabling bifaciality and reduced Al paste consumption [J]. Progress in Photovoltaics Research and Applications, 2016, 24 (12): 1487-1498.

[25] 吴翠姑, 吕学斌, 张雷, 等. N 型硅双面发电光伏组件及其应用[J]. 半导体技术, 2017, 42(3): 200-204.

[26] 任瑞晨, 张研研, 史力斌, 等. 双面 HIT 太阳电池 TCO 与非晶硅界面势垒的模拟优化[J]. 原子与分子物理学报, 2013, 30(4): 659-664.

[27] Zhang Y Y, Ren R C, Shi L B. Simulation optimizing of back surface field of bifacial HIT solar cell on ntype substrate[J]. Journal of Synthetic Crystals, 2012, 41 (5): 1446-1450.

[28] Heng J B, Fu J, Kong B, et al. 23% high-efficiency tunnel oxide junction bifacial solar cell with electroplated Cu gridlines[J]. IEEE Journal of Photovoltaics, 2015, 5 (1): 82-86.

[29] Schermer J J, Mulder P, Bauhuis G J, et al. Thin-film GaAs epitaxiallift-off solar cells for spaceap plications[J]. Prog Photovolt: ResAppl 2005, 13: 587-96

[30] Khrypunov G, Meriuts A, Shelest T, et al. The role of copper in bifacial CdTebased solar cells[J]. Semiconductor Physics Quantum Electronics and Optoelectronics, 2011, 14 (3): 308-312.

[31] Khanalrr, Phillips A B, Song Z, et al. Substrate configuration, bifacial CdTe solar cells grown directly on transparent single wall carbon nanotube back contacts[J]. Solar Energy Materials and Solar Cells, 2016, 157: 35-41.

[32] Xiao Y M, Han G Y, Wu J H, et al. Efficient bifacial perovskite solar cell based on a highly transparent poly (3, 4-ethylenedioxythiophene) as the p-type hole transporting material [J]. Journal of Power Sources, 2016, 306: 171-177.

第 9 章

[1] 徐晓冰. 光伏跟踪系统智能控制方法的研究[D]. 合肥工业大学, 2010.

[2] Ratismith W, Favre Y. Novel non. tracking solar collector with metalto. water contact[C]. Proc. IEEE 15th Int. Conf. Environ. Elect. Eng. , 2015: 347–351.

[3] Skouri S, et al. Design and construction of sun tracking systems forsolar parabolic concentrator displacement[J]. Renewable Sustain. Energy Rev. 2016, 60: 1419–1429,

[4] Ajdid R, Ouassaid M, Maaroufi M, Evaluation of potential solar irradiance on fixed and two. axes solar panel in Morocco[C]. Proc. IEEE Renewable Sustain. Energy Conf. , 2014: 157–162.

[5] Ashi et al. A PV solar tracking system: design, implementation andalgorithm evaluation[C]. Proc. IEEE Int. Conf. Inf. Commun. Syst. , 2014: 1-6.

[6] 张峰, 王垚, 陈正安. 光伏电站跟踪系统的技术分析和比较[C]. 中国电机工程学会清洁高效燃煤发电技术协作网 2009 年会, 2009.

[7] 中华人民共和国住房和城乡建设部. GB 50797—2012 光伏发电站设计规范[M]. 北京：中国计划出版社, 2012.

[8] GB/T 29320—2012 光伏电站太阳跟踪系统技术要求[S].

[9] Wang Xihui, Wang J, Zhang C. Research of an Omniberaing Sun Locating Method with Fisheye Picture Based on Transform Domain Algorithm. Lecture Notes in Control & Information Sciences 345(2006): 1169-1174.

[10] Zhang Zhen, et al. The Effects of Inclined Angle Modification and Diffuse Radiation on the Sun. Tracking Photovoltaic System. IEEE Journal of Photovoltaics, 2017(99): 1-6.

[11] 潘霄, 曾杰, 李德, 等. 水面漂浮式光伏电站浮式基础结构分析研究[J]. 人民长江, 2017, 48(20): 80-85.

[12] 王泓宇, 王佩明, 李艳红, 等. 水上漂浮式光伏发电系统[J]. 华电技术, 2017, 39(3): 74-76.

[13] 高赞, 赵娜, 贺文山, 等. 水上光伏电站设计要点和经济性分析[J]. 太阳能, 2017(6): 18-22.

[14] 代智华. 双面太阳能电池专利技术综述[J]. 数字通信世界, 2016(8).

[15] 陈育淳, 余鹏, 唐舫成, 等. 双玻组件用 EVA 胶膜的制备及封装工艺研究[J]. 广东化工, 2013, 40(18): 41-42.

[16] 王旭. B 县鱼塘水面光伏发电项目效益评价研究[D]. 华北电力大学, 2017.

[17] 王宁, 徐刚, 舒杰, 等. 双面太阳电池垂直安装发电性能测试分析[J]. 太阳能学报, 2008, 29(8): 976-979.

[18] 韩金峰, 赵维维, 郭政阳, 等. 影响双玻双面发电组件背面发电的因素[J]. 科技与企业, 2015(22): 238.

[19] Wang S, Wilkie O, Lam J, et al. Bifacial Photovoltaic Systems Energy Yield Modelling [J]. Energy Procedia, 2015, 77: 428-433.

[20] Yusufoglu U A, Pletzer T M, Koduvelikulathu L J, et al. Analysis of the Annual Performance of Bifacial Modules and Optimization Methods[J]. IEEE Journal of Photovoltaics, 2014, 5(1): 320-328.

[21] Yusufoglu U A, Lee T H, Pletzer T M, et al. Simulation of Energy Production by Bifacial Modules with Revision of Ground Reflection [J]. Energy Procedia, 2014, 55: 389-395.

[22] 洪军. 水面光谱与底质关系研究[D]. 南京师范大学, 2009.

[23] 孙志方. 鲁西北地区鱼塘水体反射率[J]. 湖泊科学, 1996, 8(3): 222-228.